工业和信息化普通高等教育“十三五”规划教材立项项目
21世纪高等教育计算机规划教材

C++面向对象程序设计（微课版）

C++ Object-Oriented Programming

鲁丽 张翼 殷福安 编著
章勤 审

人民邮电出版社
北京

图书在版编目（CIP）数据

C++面向对象程序设计 ：微课版 / 鲁丽，张翼，殷福安编著. -- 北京 ：人民邮电出版社，2018.12（2024.1重印）
21世纪高等教育计算机规划教材
ISBN 978-7-115-50051-9

Ⅰ. ①C… Ⅱ. ①鲁… ②张… ③殷… Ⅲ. ①C++语言－程序设计－高等学校－教材 Ⅳ. ①TP312.8

中国版本图书馆CIP数据核字(2018)第254940号

内 容 提 要

本书结合 C++语言，介绍了面向对象程序设计的基本知识及应用。全书内容包括 C++语言基本知识、C++面向过程的程序设计、C++面向对象的程序设计、C++二级考试相关考点解析，为读者学习 C++语言建立了完整的学练平台。本书主要分为三个部分：第一部分为基础部分，包括第 1 章，主要介绍面向对象程序设计的基本概念和相关技术，以及 C++对面向对象技术的支持；第二部分为面向过程部分，包括第 2 章，主要介绍 C++语言面向过程程序设计；第三部分为面向对象部分，包括第 3 章～第 9 章，着重介绍了 C++语言面向对象程序设计的特点：封装性、继承性、多态性、I/O 流以及泛型程序设计等。本书结构清晰，语言通俗易懂，内容由浅入深、循序渐进，实例丰富，习题具有代表性。全书贯彻传授知识、培养能力、提高素质的教学理念。

本书可以作为应用类高等院校非计算机专业面向对象程序设计的教材，也可以作为学习 C++语言程序设计的自学教材，同时还可以作为准备参加计算机二级考试的读者和计算机工程技术人员的参考书。

◆ 编　　著　鲁　丽　张　翼　殷福安
审　　　章　勤
责任编辑　邹文波
责任印制　彭志环

◆ 人民邮电出版社出版发行　　北京市丰台区成寿寺路 11 号
邮编　100164　　电子邮件　315@ptpress.com.cn
网址　http://www.ptpress.com.cn
廊坊市印艺阁数字科技有限公司印刷

◆ 开本：787×1092　1/16
印张：21.5　　　　2018 年 12 月第 1 版
字数：566 千字　　2024 年 1 月河北第 9 次印刷

定价：65.00 元

前言

C++语言是兼容 C 语言的面向对象程序设计语言。随着软件工程技术和面向对象程序设计技术的发展，C++语言迅速成为主流的面向对象程序设计语言。面向对象技术集抽象性、封装性、继承性和多态性于一体，实现了代码的高效重用和扩充，提高了软件开发的效率。C++是常用的面向对象程序设计语言，理解和掌握 C++语言需要面向对象技术的支持。因此，教师们通常会结合 C++语言介绍面向对象技术的原理和方法，通过介绍面向对象技术深入说明 C++语言特性。

自 20 世纪 90 年代中期开始，C++语言逐步成为各类高校，尤其是理工类和综合性高校开设的高级语言程序设计课程的教学语言之一，同时也是非计算机专业计算机等级考试和计算机专业程序员水平与资格考试规定语言之一，C++程序设计课程也因此成为国内外高校普遍开设的计算机基础课程。根据 2014 年全国高等学校计算机基础教育研究会发布的计算机基础教育的纲领性文件——“中国高等院校计算机基础教育课程体系 2014”的精神，人们又将“程序设计”课程定位为各专业大学生计算机公共基础课程之一。

本书力求避免烦琐的语法规则的讲解，着力于提高学生编程能力，培养学生的计算机思维，提高学生解决专业问题的能力，旨在实现“以人为本、传授知识、培养能力、提高素质、协调发展”的教育理念，使学生的计算机知识、技能、能力和素质得以协调发展。

本书针对高等院校学生的特点和认知规律，全面、系统地介绍了 C++面向对象程序设计及应用知识。本书在内容的组织上由浅入深、循序渐进，符合读者的认识规律和编程能力的形成规律，便于教学的组织、实施和考核，有利于教学效果的巩固和教学质量的提高。

在编写本书的过程中，编者不避难点，力求突破，对教学和实践编程中的难点（如指针、动态内存分配、虚函数等）挑选多个范例程序，力求讲清讲透，帮助读者更快地突破难点，学以致用。书中大量的范例程序是经过编者精心挑选和设计的，范例程序表达准确、简练、书写规范，示范性强。

全书分为 9 章，其中第 1 章、第 2 章的 2.7 节、第 3 章、第 4 章、第 5 章、第 6 章由鲁丽编写；第 2 章的其他部分、第 7 章、第 8 章、第 9 章及附录部分由张翼编写；殷福安负责全书程序的调试工作；鲁丽负责全书的统稿工作。另外，特别感谢章勤教授和杨有安副教授的审阅。本书在编写的过程中得到华中科技大学文华学院各级领导的大力支持，在此表示衷心的感谢。

由于编者水平有限，加之时间仓促，书中难免存在不足之处，敬请读者批评指正。

编　者

2018 年 9 月

目　录

第1章 面向对象程序设计概念

面向对象技术使软件开发的方法与过程尽可能地接近人类认识世界、分析问题、解决问题的方法与过程。与过程化的程序设计方法不同，它能更直接地描述客观世界，通过增加代码的可重用性、可扩充性和程序自动生成功能来提高编程效率，进而大大提高软件开发效率，减小软件维护的开销。本章从宏观上阐述面向对象技术的全貌，首先介绍了面向对象技术的基本概念和基本特征，然后介绍了C++对面向对象技术的支持及发展现状。希望通过对本章的学习，读者能够从整体上了解面向对象技术。

1.1 面向对象技术的基本概念

1.1.1 面向过程与面向对象

面向对象技术强调在软件开发过程中面向客观世界或问题域中的事物，采用人类在认识客观世界的过程中普遍运用的思维方法，直观、自然地描述客观世界中的有关事物。相对于过程化的程序设计方法，面向对象技术更符合人对客观世界的认识规律。

在面向对象方法出现以前，程序员都采用面向过程的程序设计方法。早期的计算机主要被设计用来进行数据计算，例如：最初是为了计算炮弹的飞行轨迹。为了完成计算任务，需要将计算过程分解为若干个步骤完成，软件设计的主要工作是分解问题，并设计求解问题的过程。

随着计算机硬件系统的高速发展，计算机的应用领域不仅仅限于数学计算，它所处理的问题的规模也变得日益庞大、复杂，程序也越来越庞大。传统的面向过程的方法中数据和针对数据的操作在实质上高度依赖，但在形式上又是绝对分离的。这种矛盾使得大型程序后期的升级、维护变得异常复杂。当需要多人合作编写程序完成任务时，程序员之间很难读懂对方的代码，更谈不上代码的重用，软件开发周期无限期延后，基于这些原因，面向对象技术应运而生。

面向对象技术将数据及对数据的操作放在一起，成为一个不可分割的整体——对象。针对同类对象抽象出共同的数据和操作，形成类；根据需要，设定类中大部分的数据只能被本类的方法处理；设定一些外部接口与外界发生关系，对象与对象之间通过消息进行通信。

面向对象的软件开发方法使开发软件的方法与过程尽可能地接近人类认识世界、分析问题和解决问题的方法和过程。面向对象的软件开发技术是以面向对象方法学为基本指导思想的软件开发技术。

1.1.2　对象与类

与人们认识客观世界的规律相同，面向对象技术认为客观世界是由各种各样的对象组成的；在要解决的问题中，客观存在很多事物，对象是对这些事物的抽象，每个对象都有自己的特征，包括静态特征（一般用数据来描述）和动态特征（对象所表现的行为或具有的功能）。

把系统中要考虑的对象归类，在归类的过程中忽略与当前要考虑的系统无关的特征，只考虑那些与当前目标有关的本质特征，从而找到事物的共性，把具有相同属性和行为的对象划为一类，并通过一个统一的概念来描述它。例如：学生、教师、教室等。

如图 1-1 所示，有多个洗衣机对象，每个对象都有自己的特征，包括属性和行为两部分，如图 1-2 所示。

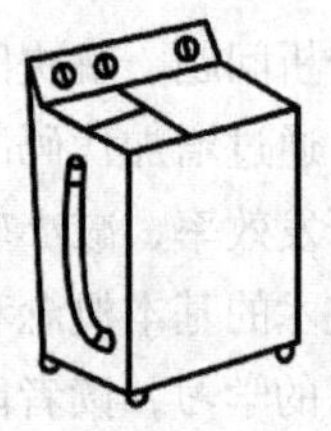  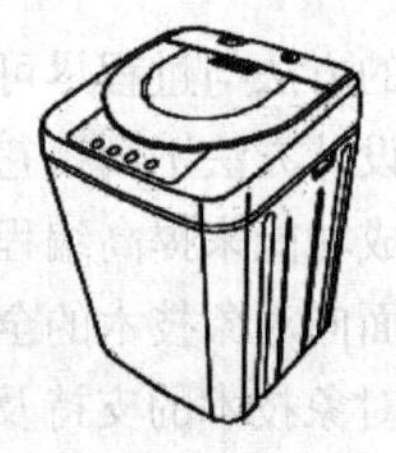 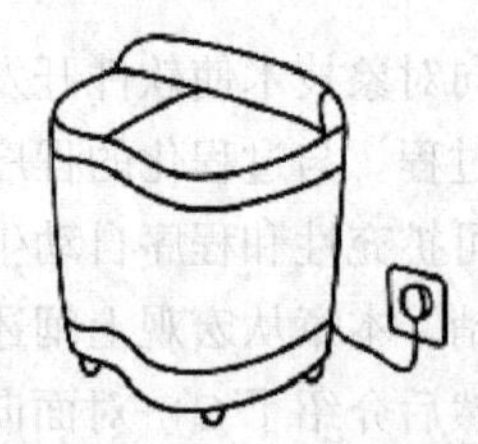

图 1-1　洗衣机对象

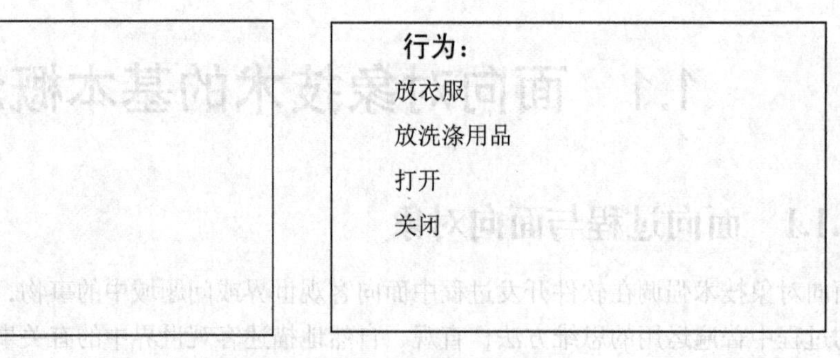

图 1-2　每个洗衣机对象都具有的属性和行为

将具有相同特征的对象集抽象就形成了类。类为属于该类的全部对象提供了统一的抽象描述，类是生成对象的模板，其内部包括属性（数据）和行为（操作）两个部分。通过类可以生成一个具体的对象，对象是类的一个实例。

上述洗衣机对象可以抽象用洗衣机类表示。

这是一台洗衣机=这是洗衣机类的一个实例

简单来说，类是用户自定义的一种抽象的数据类型，对象就是通过这种数据类型定义的变量。

类与对象的示例代码如下：

```
class Car
{
    int color;
    int door_number;
    int speed;
    char manufacturer[50];
    char style[10];
    int price;
```

```
        void brake() {…}
        void speedup() {…}
        void slowdown() {…}
    };
    Car        car1;
    Car        car2;
```

面向对象技术将现实问题中的对象映射为程序中的一个整体——类；使用类将具有相同属性和行为的对象抽象为程序中的一个整体。类突破了传统数据与操作分离的模式。

1.1.3　封装和消息

消息是描述事件发生的信息，消息是对象之间发出的行为请求。封装使得对象成为一个独立的实体，消息则使得对象之间动态地联系起来，对象的行为能互相配合，构成一个有机的运行系统。

封装信息的隐蔽性反映了事物的相对独立性，用户可以只关心它对外所提供的接口，即能做什么，而不注意其内部细节，即怎么提供这些服务。封装对于用户而言，使得操作变得更加简单，对于对象本身而言，封装使得使用者不能随意去修改对象内部的属性，使对象安全性得到提高。用陶瓷封装起来的一块集成电路芯片，其内部电路是不可见的，而且使用者也不关心它的内部结构，只关心芯片引脚的个数、引脚的电气参数及引脚提供的功能，通过这些引脚，使用者就能将各种不同的芯片连接起来，就能组装成具有一定功能的模块。一个封装起来的电视机对于使用者来说，只需要了解基本的开关按钮、调换频道、调音量按钮等功能，而不需要知道电视机内部复杂的结构就可以很方便地使用它。对于电视机对象而言，封装使对象本身更加安全；对于电视机对象的使用者来说，封装使操作变得更加简单。

一方面，封装使对象以外的部分不能随意存取对象的内部属性，从而有效地避免了外部错误对它的影响，大大减小了查错和排错的难度；另一方面，即使对象内部被修改，由于它只通过少量的外部接口对外提供服务，因此同样减小了内部的修改对使用者的影响。

封装机制将对象的使用者与设计者分开，使用者不必知道对象行为实现的细节，只需要使用设计者提供的外部接口。封装实际上隐藏了内部结构复杂性，并提高了代码重用性，从而降低了软件开发的难度。

对象使用者向对象发送消息，完成需要进行的操作，消息传递模型如图 1-3 所示。

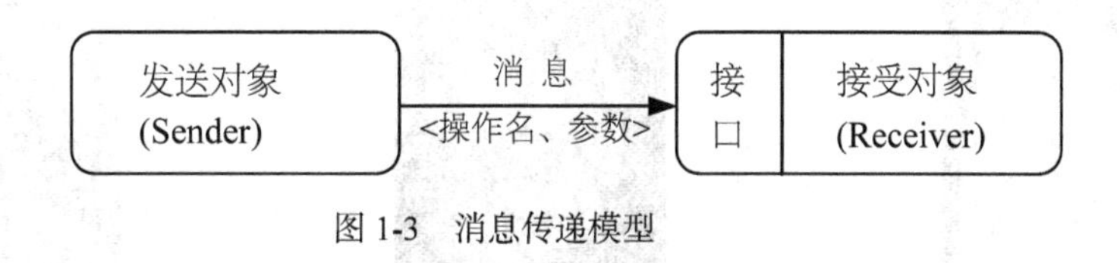

图 1-3　消息传递模型

例如，电视观看者可以向电视对象发送换频道的消息，开机或关闭的消息。示例代码如下：

```
TVSet    tv;
tv.ChangeChannel(5);
```

1.2　面向对象技术的基本特征

面向对象技术强调在软件开发过程中面向客观世界或问题域中的事物，采用人类在认识客观世界的过程中普遍运用的思维方法，直观、自然地描述了客观世界中的有关事物。面向对象技术的基本特征包括：抽象性、封装性、继承性和多态性。

1.2.1 抽象性

忽略事物中与当前目标无关的非本质特征，抓住事物中与当前目标有关的本质特征。找出系统中事物之间的共性，并把具有共性的事物划为一类。例如，在设计一个学生成绩管理系统时，考察学生李三这个对象时，只考虑他的学号、专业、成绩等，忽略他的身高、体重等信息。但是如果我们设计一个类似于“非诚勿扰”的牵手系统时，考察会员李四这个对象时，就需要考虑他的身高、体重等信息，忽略其他无关因素。

1.2.2 封装性

封装性是把对象的属性和行为组合在一起作为一个独立的单位，同时对外隐藏内部细节。封装有两层含义：一是把对象的全部属性和行为结合在一起，形成一个不可分割的独立单位。对象的属性值（除了公有的属性值）只能由这个对象的行为来读取和修改；二是尽可能隐藏对象的内部细节，对外形成一道屏障，只能通过外部接口实现与外部的联系。

1.2.3 继承性

继承（Inheritance）是一种联结类与类的层次模型，继承性是指特殊类的对象拥有其一般类的属性和行为。继承意味着“自动地拥有”，即特殊类中不必重新定义已在一般类中定义过的属性和行为，它会自动地拥有其一般类的属性与行为。

1.2.4 多态性

多态性（Polymorphism）是指不同的类可以有同名的方法，但它们的具体实现和结果可以各不相同。可以使用相同的方法请求，同一消息为不同的对象接受时可产生完全不同的结果。如图 1-4 所示，显示了不同类的对象咆哮的方式不同。

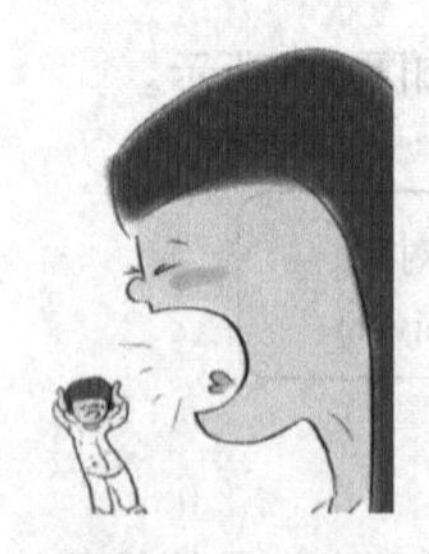

图 1-4 不同类对象不同的咆哮方式

示例代码如下。

```
mum.roar();
orang.roar();
wukong.roar();
```

利用多态性，用户可以发送一个通用的消息，而将所有的实现细节都留给接受消息的对象自行决定。

1.3　C++对面向对象技术的支持

1.3.1　C++的发展历史

C++是在 C 语言的基础上开发的一种集面向对象编程、泛型编程和过程化编程于一体的编程语言。C 语言是 1972 年由美国贝尔实验室的 D.M.Ritchie 开发，它采用结构化编程方法，遵从自顶向下的原则。在操作系统和系统使用程序以及需要对硬件进行操作的场合，用 C 语言明显优于其他高级语言，但在编写大型程序时，C 语言仍面临着挑战。1983 年，在 C 语言的基础上，贝尔实验室的 Bjarne Stroustrup 推出了 C++。C++进一步扩充和完善了 C 语言，是一种面向对象的程序设计语言，它支持过程化程序设计方法，增加了面向对象的能力，是一种混合型程序设计语言。为了扩充 C++的设计能力，许多大学和公司为 C++编写了各种不同的类库，如 Microsoft 公司的 MFC，奇趣公司的 Qt，MFC 在国内外都得到了广泛应用，Qt 支持移动平台的特性也得到了广泛应用。

C++目前在各个领域都有广泛的应用。早期它主要应用于系统程序设计，很多系统的关键部分都用 C++设计；C++还用于编写设备驱动程序，或者其他对运行效率及响应时间有特殊要求的系统中，如电信领域核心控制程序。C++还能被应用到游戏、图画、设计等领域。

1.3.2　C++——带类的 C 语言

C 语言是 C++的基础，C++和 C 语言在很多方面是兼容的。

C 语言是一个结构化语言，它的重点在于算法与数据结构。C 语言程序的设计首先考虑的是如何通过一个过程，对输入（或环境条件）进行运算处理得到输出（或实现过程（事物）控制）。而 C++程序，首要考虑的是如何构造一个对象模型，让这个模型能够契合与之对应的问题域，这样就可以通过获取对象的状态信息得到输出或实现过程（事物）控制。所以 C 和 C++的最大区别在于它们解决问题的思想方法。

C++对 C 语言的“增强”，表现在以下六个方面。

（1）类型检查更为严格。

（2）增加了面向对象的机制。

（3）增加了泛型编程的机制（Template）。

（4）增加了异常处理。

（5）增加了运算符重载。

（6）增加了标准模板库（STL）。

1.3.3　C++的优点与缺点

1. C++的优点

C++简洁灵活，运算符的数据结构丰富、具有结构化控制语句、程序执行效率高。而且 C++同时具有高级语言与汇编语言的优点，与其他高级语言相比，C++具有可以直接访问物理地址的优点；与汇编语言相比又具有良好的可读性的可移植性。

总之，C++的主要特点表现在两个方面，一是兼容 C 语言，二是支持面向对象的方法。它保持了 C 语言的简洁、高效的接近汇编语言等特点，对 C 语言的类型系统进行了改良和扩充，因此 C++比 C 语言更安全，C++的编译系统也能检查出更多的类型错误。另外，由于 C 语言的广泛使用，在一定程度上也促进了 C++的普及和推广。

C++最有意义的方面是支持面向对象的特征。虽然与 C 语言的兼容使得 C++具有双重特点，但他在概念上与 C 语言完全不同，更具面向对象的特征。

出于保证语言的简洁和运行高效等方面的考虑，C++的很多特性都是以库（如 STL）或其他的形式提供的，而没有直接添加到语言本身里。

C++引入了面向对象的概念，使得开发人机交互类型的应用程序变得更为简单、快捷。包括使用 Boost、Qt、MFC、OWL、wxWidgets、WTL 在内的很多优秀的程序员一般认为，使用 Java 或 C#的开发成本比 C++低。但是，如果充分分析 C++和这些语言的差别，会发现这句话的成立是有条件的。这个条件就是：软件规模和复杂度都比较小。如果不超过 3 万行有效代码（不包括生成器产生的代码），这句话基本上还能成立。否则，随着代码量和复杂度的增加，C++的优势将会越来越明显。造成这种差别的就是 C++的软件工程性。程序框架都使用 C++。

2. C++的缺点

C++由于语言本身过度复杂，甚至使人们难以理解其语义。C++的编译系统受到 C++的复杂性的影响，非常难以编写，即使能够使用的编译器也存在了大量的问题，这些问题大多很难被发现。

由于本身的复杂性，复杂 C++程序的正确性也难以保证。

1.4 二级考点解析

1.4.1 考点说明

本章二级考点主要包括：面向对象的基本概念的理解。

1.4.2 例题分析

1. 下面关于对象概念的描述，（　　）是错误的。

A. 对象就是 C 语言中的结构变量

B. 对象代表着正在创建的系统中的一个实体

C. 对象是一个状态和操作（或方法）的封装体

D. 对象之间的信息传递通过消息进行的

解析：在 C++中，对象是类的实例，类与 C 中结构体有着本质的差别，类中包括有数据和操作函数，而 C 语言中的结构体只包含有数据。

答案：A

2. C++对 C 语言做了很多改进，下列描述中（　　）使 C 语言发生了质变，即从面向过程变成面向对象。

A. 增加了一些新的运算符

B. 允许函数重载，并允许设置默认参数

C. 规定函数说明必须用原型

D. 引进类和对象的概念

解析：C 与 C++的本质差别在于 C++中引进了类和对象的概念、支持面向对象的程序设计。
答案：D

1.5 本章小结

本章介绍了面向对象技术的基本概念，面对对象程序设计的主要特征，以及 C++语言的特点。通过对本章的学习，读者应了解面向对象的程序设计方法更接近人们认识自然的规律。在进行面向对象程序设计时，首先从要解决的问题里找出事物的主要特征，并从特征出发将具有共性的事物组合在一起——通过抽象及封装完成类的定义；然后通过继承可以从已有的类出发生成新的类，不同的类可能具有相同的接口，这就是面向对象的多态性。

C++是一种混合型面向对象程序设计语言。C++具有 C 语言底层接口的优势，已经发展成为一种可视化面向对象程序设计语言，并在一些库及框架技术的支持下具有强大的功能。

1.6 习　题

1. 选择题

（1）下面关于类概念的描述中，（　　）是错误的。
　A. 类是抽象数据类型的实现
　B. 类是具有相同行为的若干对象的统一描述体
　C. 类是创建对象的样板
　D. 类就是 C 语言中的结构体类型

（2）C++语言是以（　　）语言为基础发展演变而成的一种程序设计语言。
　A. Pascal　　B. C
　C. Basic　　D. Simula 67

（3）下列关于 C++与 C 语言关系的描述中错误的是（　　）。
　A. C++是 C 语言的超集
　B. C++对 C 语言进行了扩充
　C. C++与 C 语言都是面向对象的程序设计语言
　D. C++包含 C 语言的全部语法特征

（4）面向对象程序设计思想的主要特征不包括（　　）。
　A. 封装性　　B. 多态性
　C. 继承性　　D. 功能分解，逐步求精

（5）下列关于 C++类的描述中错误的是（　　）。
　A. 类与类之间可以通过一些手段进行通信和联络
　B. 类用于描述事物的属性和对事物的操作
　C. 类与类之间必须是平等关系，而不能组成层次关系
　D. 类与类之间可以通过封装而具有明确的独立性

（6）下列不正确的选项是（　　）。

A. C语言是一种面向对象的程序设计语言，它支持面向对象思想中3个主要特征

B. 标点符号是在程序中起分割内容和界定范围作用的一类单词

C. iostream是一个标准的头文件，定义了一些输入/输出流对象

D. 类与类之间可以进行通信和联络

（7）下列不正确的选项是（　　）。

A. 封装是一种信息隐藏技术

B. 标识符是由字母、数字、下划线组成的字符串，必须以数字或下划线开头

C. 编译是由源程序文件转换到目标文件的过程

D. 一个C++程序可以认为是函数串

（8）下列关于多态性说法错误的是（　　）。

A. 不同的对象调用相同的名称的函数，并可导致完全不同的行为的现象称为多态性

B. C++语言中多态性通过使用封装技术来支持

C. 多态是面向对象程序设计的一个重要机制

D. 多态性是人类思维方式的一种模拟

2. 填空题

（1）一个C++程序的开发步骤通常包括编辑、编译、________、运行和调试。

（2）在面向对象程序设计框架中，________是程序的基本单元。

（3）C++是C语言的________。

（4）________是指一种事物保留了另外一种事物的全部特征，并且有自身的独有特征。

第2章 C++语言基础

本章先通过“hello world!”示例程序介绍如何编写最简单的 C++程序。本章主要介绍输入/输出、程序基本结构、C++数据类型、函数等知识。学过 C 语言的同学会发现，本章的知识点有很多与 C 相似的地方；同时，C++还增加了很多新机制，注意类比！

2.1 hello World!

Visual Studio 是微软公司推出的开发环境，是目前流行的 Windows 平台应用程序开发环境。下面我们通过“hello World!”程序介绍如何在 Microsoft Visual Studio 2012（VS 2012）集成开发环境中创建一个简单的 C++程序。

1. 创建工程与源文件

Step1：打开 VS 2012，在 VS 2012 主窗口的主菜单栏中选择 File（文件），然后选择 New（新建），并单击 Project（工程），如图 2-1 所示。

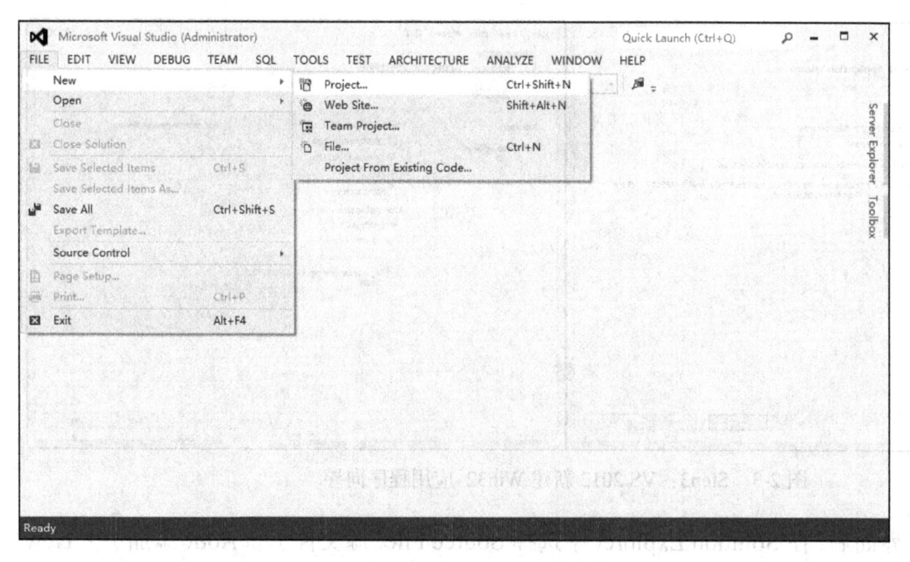

hello World!

图 2-1 Step1：VS 2012 新建项目

Step2：屏幕上出现一个 New Project（新项目）对话框，如图 2-2 所示，在左侧菜单下选择

Installed（已安装）→ Templates（模板）→ Visual C++ → Win32，在右侧窗口选择 Win32 Console Application。同时在下方设置 Name（即项目名称，本例设为 2-1）、Location（即存放路径和位置，本例设为 D:\workspace\2-1）、Solution name（即解决方案名称，一个 Solution 可以包含多个 Project，本例设为 2-1）。设置完毕后，单击 OK 按钮确定。

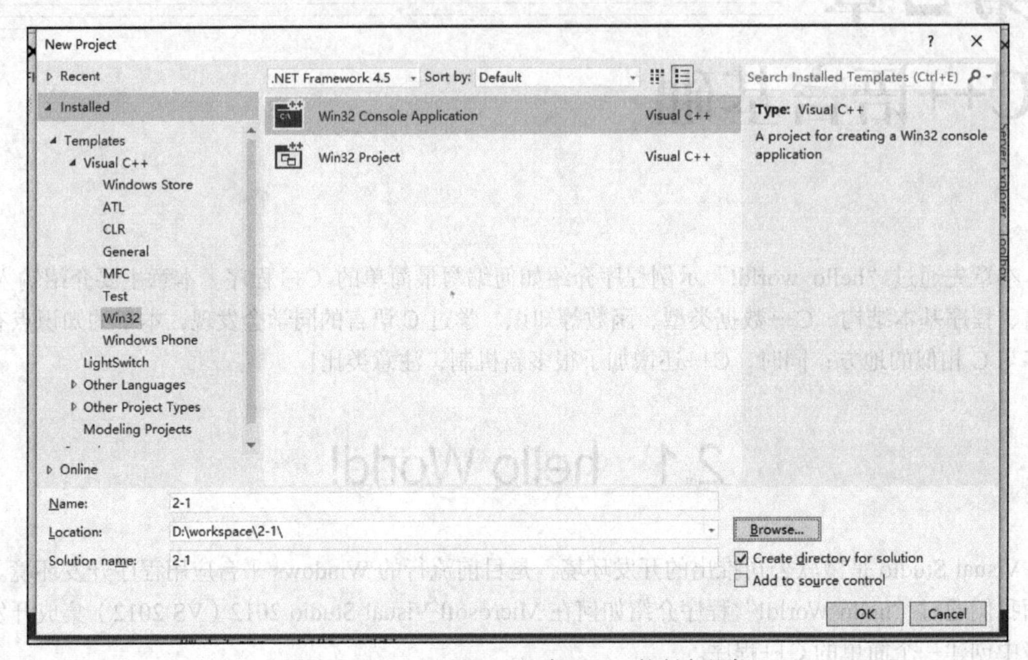

图 2-2　Step2：VS 2012 新建 Win32 控制台程序

Step3：接下来进入 Win32 应用程序向导，单击 Next 按钮，在 Application Settings（应用设置）中勾选 Empty project（空项目）。单击 Finish 按钮结束，如图 2-3 所示。

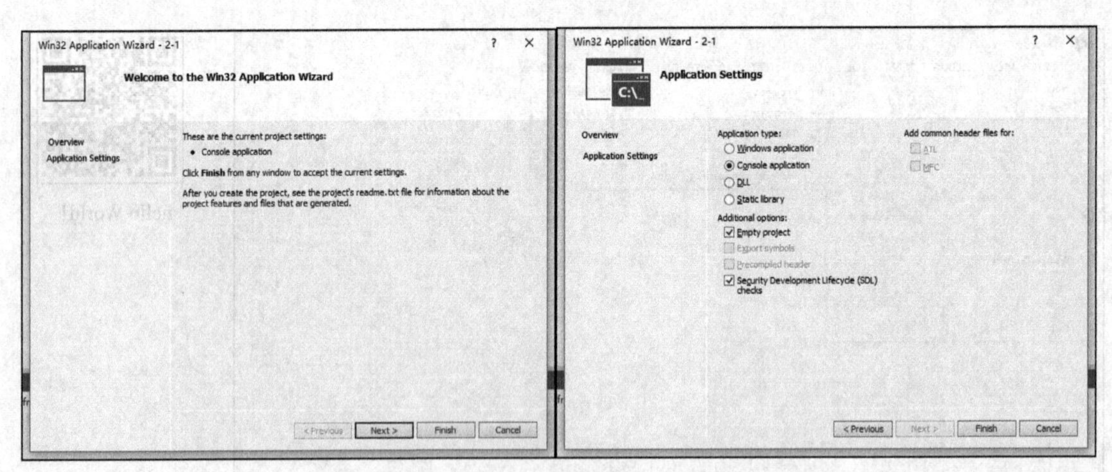

图 2-3　Step3：VS 2012 新建 Win32 应用程序向导

Step4：进入主界面后，在 Solution Explorer 中选择 Source File（源文件）→ Add（添加）→ New Item（新建项），如图 2-4 所示。

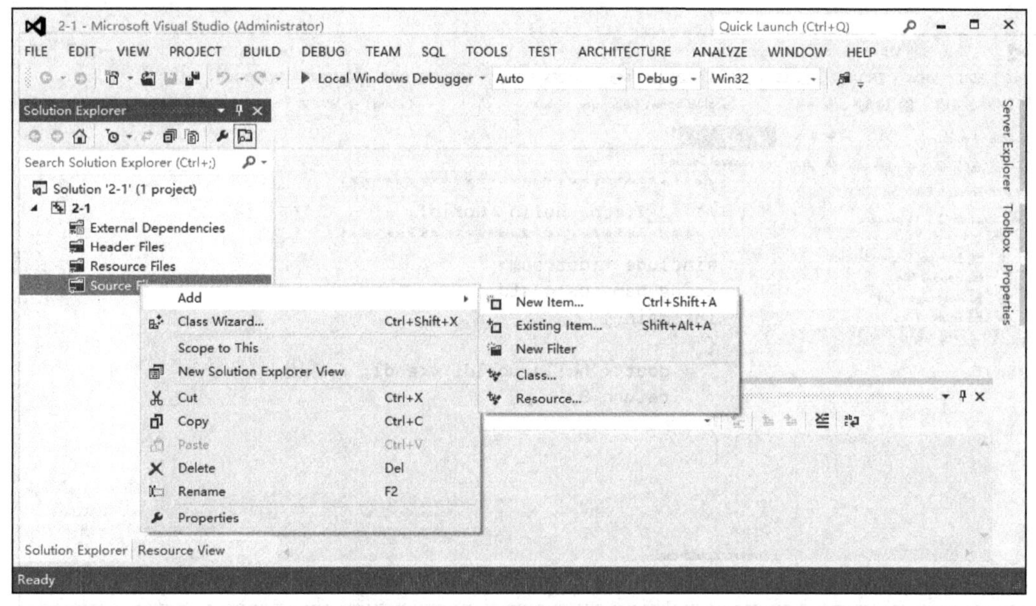

图 2-4　Step4：VS 2012 添加源文件

Step5：在弹出的 Add New Item 对话框中，选择 Visual C++以及 C++ File（.cpp），并为该文件命名（本例中为 2_1.cpp），单击 Add 按钮添加，如图 2-5 所示。

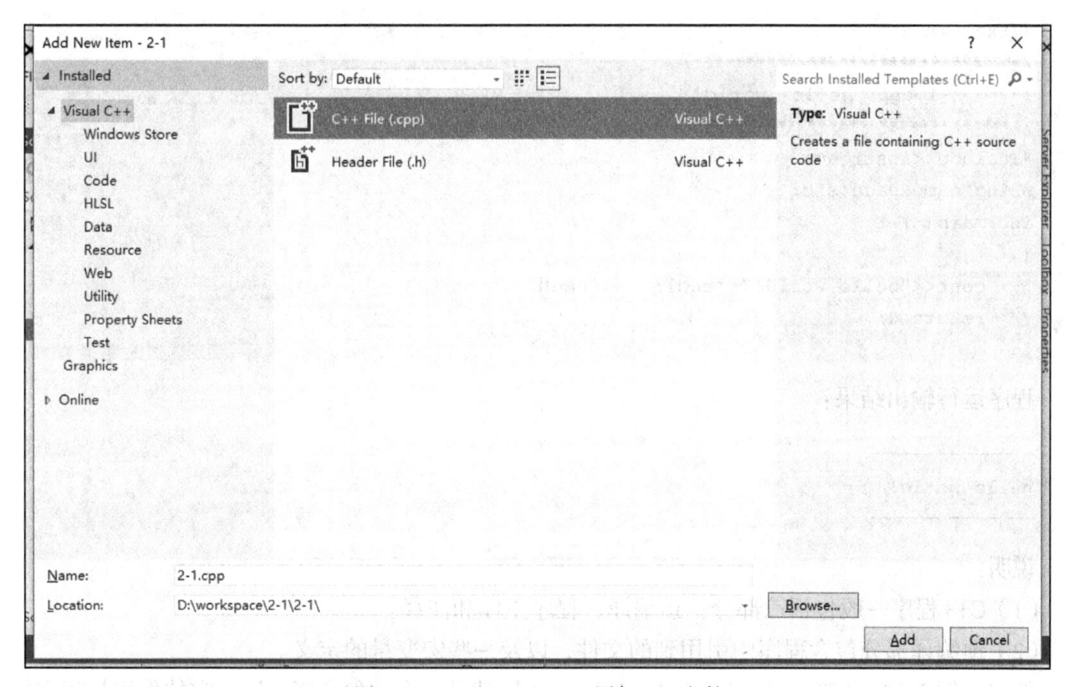

图 2-5　Step5：VS 2012 添加.cpp 文件

2. 编写代码

在主界面中，左侧 Solution Explorer 的 Source Files 中，双击 2_1.cpp，进入该文件的编辑页面，输入例 2-1 的代码，如图 2-6 所示。

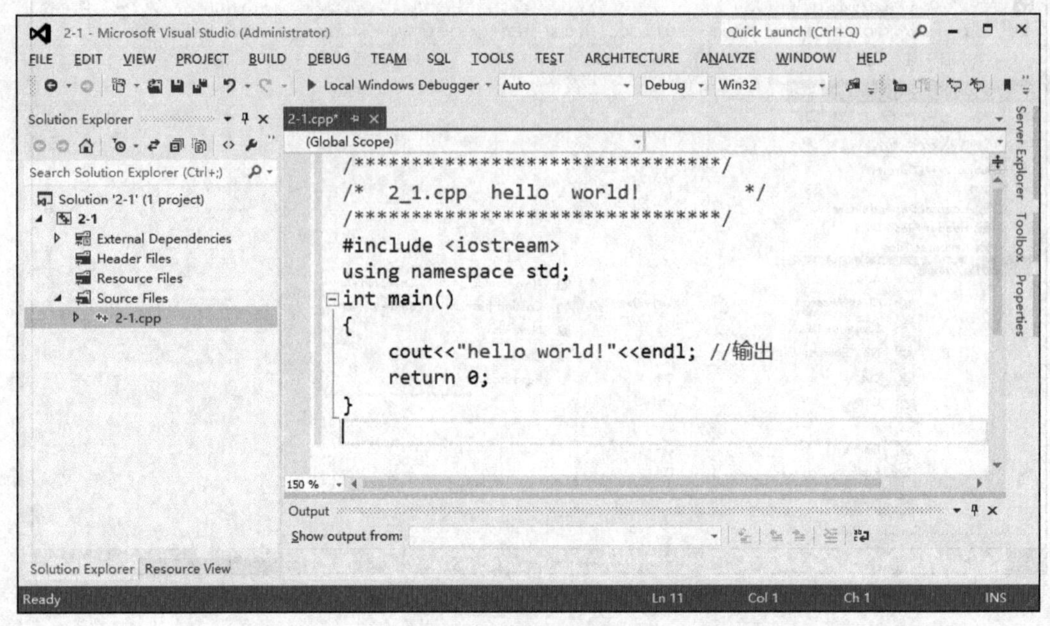

图 2-6　VS 2012 编写代码

例 2-1　hello world！程序。

```
//Example 2-1
/*********************************/
/*    2-1.cpp  hello  world!             */
/*********************************/
#include <iostream>
using namespace std;
int main( )
{
    cout<<"hello world!"<<endl;     //输出
    return 0;
}
```

程序运行输出结果：

```
_______________
hello world!
_______________
```

说明：

（1）C++程序一般包括三部分：预编译、程序主体和注释。

（2）预编译部分包含程序中引用到的文件，以及一些宏变量的定义。

例如，例 2-1 中的第一行“#include <iostream>”就是一个“包含指令”，它的作用是将文件“iostream”的内容包含到该程序文件中，iostream 表示“输入/输出流”的意思，可以向程序提供输入/输出时所需要的信息，在程序中可以使用 cout 将一些语句输出到屏幕上，功能类似于 C 语言中的语句“#include<stdio.h>”。

例 2-1 中的第二行“using namespace std;”的意思是“使用命名空间 std”。C++标准库中的类和函数都是在命名空间 std 中声明的，因此只要用到 C++标准库（例如#include 指令时），使用该句就能让程序正常运行，避免编译出错。

（3）与 C 语言一样，每一个可执行的 C++程序都有一个 main 函数，也叫主函数，这是程序执行的入口。函数体用{ }括起来，表示起止。所有 C++语句后面都带有一个分号。在 main 函数结束前，程序用“return 0;”语句向操作系统返回 0，意味着该程序正常结束。如果程序不能正常执行，则自动向操作系统返回其他非零值。

（4）在主函数中，通过语句“cout<<"hello world!"<<endl;”将“hello world！”信息输出到屏幕上。cout 是 C++中用于输出的语句，它可以将“<<”右侧的字符串插入到输出流队列中，C++系统再将输出流的内容输出到指定的设备（一般为显示器）中。“endl”表示换行符。

（5）注释是程序中必不可少的一部分。**注释是给程序员看的，而不是让计算机操作的语句**。注释一般包含序言性注释和解释型注释，都是为了让阅读者更好地理解程序。

例如，例 2-1 中的

```
/********************************/
/*    2-1.cpp  hello  world!    */
/********************************/
```

就是一段序言性注释，包含在/*……*/之间。用来说明文件的版权、版本号、版本历史等信息，或者函数的参数、返回值以及函数的功能。

而程序第五行中的 “//输出”，就是解释型注释，针对程序中的某些语句进行解释。

3. 编译和运行程序

接下来，我们来编译和运行程序，选择菜单栏中的 DEBUG 下的 Start Without Debugging，或者使用组合键【Ctrl+F5】，或者单击菜单栏下方的 Local Windows Debugger，如图 2-7 所示。

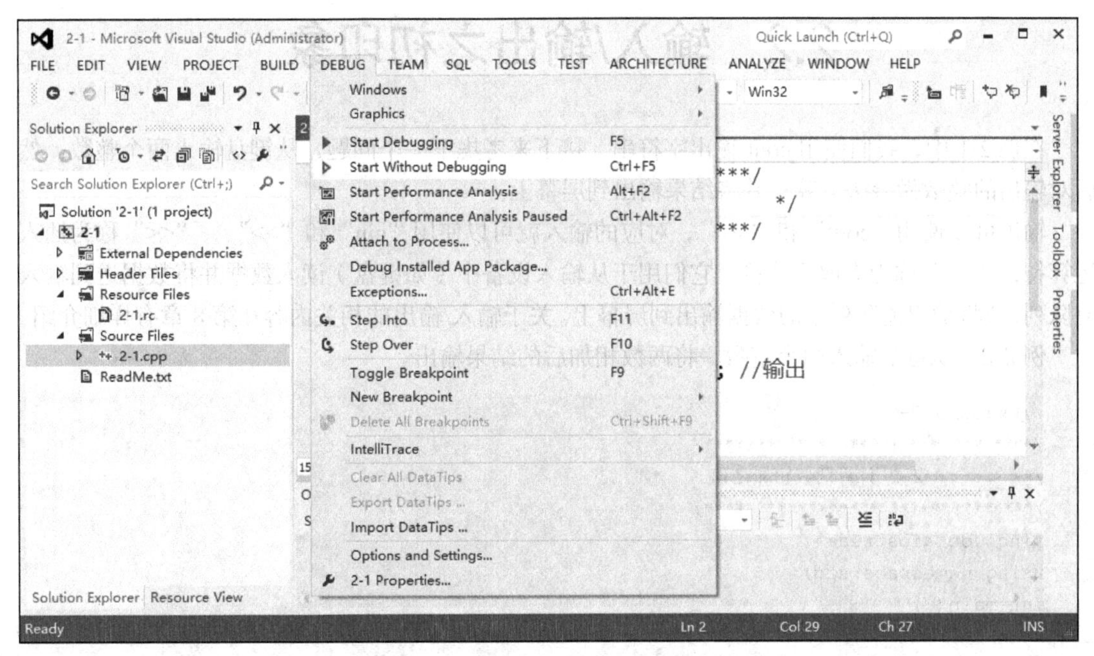

图 2-7　VS 2012 编译和运行程序

如果程序有错误，则在下方的 Output 窗口会显示错误提示，要求程序员更改错误。如果程序正常运行，则用户可以在命令行窗口看到输出“hello world！”，如图 2-8 所示。

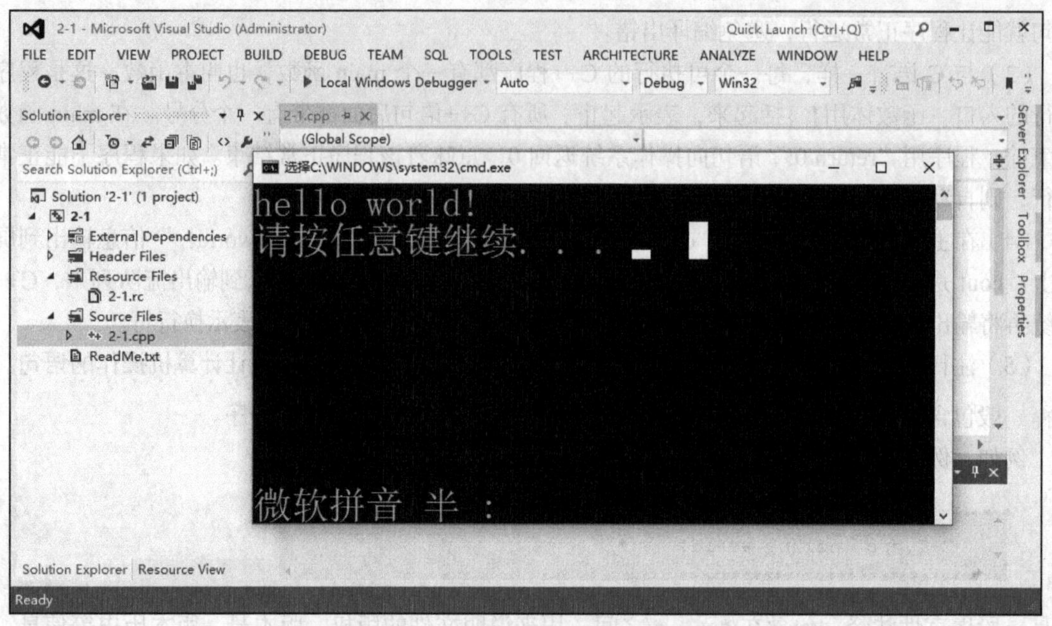

图 2-8 VS 2012 程序运行结果

（1）请在 VS 2012 中完成上述程序，运行后查看输出结果。

（2）如果要在屏幕上输出你的姓名和身份证号，应如何修改程序？

2.2 输入/输出之初印象

在例 2-1 中，我们使用 cout 输出字符串。接下来考虑下一个问题，从键盘输入两个整数，然后对输出的整数做乘法运算，并将结果输出到屏幕上。

输出可以使用“cout”和“<<”，对应的输入就可以使用“cin”和“>>”。“<<”称为插入运算符，“>>”称为提取运算符，它们用于从输入设备中（如键盘）读入数据并将数据送到输入流队列，或将输出流队列中的数据输出到屏幕上。关于输入/输出的相关内容在第 8 章有详细介绍。

例 2-2 从键盘输入两个整数，将两数相加后的结果输出。

```
//Example 2-2
/**********************************/
/*          2-2 计算两数相加之和      */
/**********************************/
#include <iostream>
using namespace std;
int main( )
{
    int  a, b;
    cout<<"请输入两个整数：";
    cin>>a>>b;
    cout<<"两个数的和为：";
    cout<<a+b<<endl;     //输出
```

```
    return 0;
}
```

键盘输入

程序运行输出结果：

```
请输入两个整数：3 5↙
两个数的和为：8
```

思考

（1）尝试在 VS 2012 中完成上述程序，输入两个整数，并查看输出结果。
（2）从键盘上输入你的出生年份，要求计算并输出你的年龄，应如何修改程序？

2.3　变量与数据类型

define 常量与 const 常量

从例 2-2 中得知，如果用户要从键盘输入数据（信息）到程序内存中，以便进行后期处理，必须事先在内存中声明一些“盒子”存放这些需要输入的信息，这些盒子在程序设计中被称为变量。变量就像是内存中的一个个盒子，在程序里用来存放各种信息，它必须先声明再使用。因为各类信息存放所需要的变量大小不同，因此在声明变量的时候，必须指明所需盒子的大小，即指明变量的类型。变量的声明形式如下所示：

```
变量数据类型          变量名 1，变量名 2，……变量名 n;
```

例如：

```
int       a, b;
double    d1, d2;
```

2.3.1　C++中常用的基本数据类型

C++中常用的基本数据类型如表 2-1 所示。

表 2-1　　C++中常用的基本数据类型

名　称	描　述	大小（字节）	表 示 范 围
char	字符型/小整数	1	signed:　−128 ~ 127 unsigned:　0 to 255
short int（short）	短整型	2	signed:　−32768 ~ 32767 unsigned:　0 ~ 65535
int	整型	4	signed:　−2147483648 ~ 2147483647 unsigned:　0 ~ 4294967295
long int（long）	长整型	4	signed:　−2147483648 ~ 2147483647 unsigned:　0 ~ 4294967295
float	浮点型	4	3.4e−38 ~ 3.4e+38
double	双精度浮点型	8	1.7e−308 ~ 1.7e+308
long double	长双精度浮点型	8	1.7e−308 ~ 1.7e+308
bool	逻辑型	1	{false，true}

（1）对于整型数据，有十进制、八进制（以数字 0 开头，如 01007）、十六进制（以 0x 开头，如 0x83fd）的形式。同时要注意整型变量的取值范围。

（2）对于字符型数据，可以取 ASCII 值为−128 ~ 127 的字符，声明字符型常量要用单引号把字符括起来，例如，'A'、'#'、'\n'。而双引号括起来的一般表示字符串，如"Hello"。

（3）对于浮点型数据，float 和 double 的主要区别在于占用的字节数不同，前者为 4 字节，后者为 8 字节。当用户需要保持多次反复迭代的计算的精确性时，double 是更好的选择。

（4）对于布尔型数据，只有两个值：true 和 false，表示真和假两种逻辑状态，对应整型值 1 和 0，一般作为逻辑判断时的标志。注意其值不要写成 TRUE 和 FALSE。

2.3.2 变量的声明及初始化

（1）int　x;

（2）float　mywage;

（3）double　pi = 3.1415926;

（4）unsigned int　error_number;

（5）long int id;

（6）char c='C';

（7）bool flag = true;

变量初始化有如下两种形式：

```
type  identifier = initial_value ;
type  identifier (initial_value) ;
```

例如：　int a = 0;

　　　　int a (0);

这两个语句是等价的。

说明

（1）变量在使用前一定要先指明变量类型和变量名；

（2）对变量进行命名时，要符合 C++的标识符规则，即：只能由字母、数字、下画线组成，且第一个字符必须是字母或下画线。

2.3.3 常量

C++的数据有常量和变量之分，它们都属于表 2-1 所述的类型。如果一个标识符初始化后，不需要再修改它的值，可以将其声明为常量。了解 C 语言的读者可能记得 C 语言中也有一个用得比较多的常量——使用#define 定义的宏常量。C++兼容 C 语言中的#define 常量，同时也可以通过 const 关键词声明 const 常量，具体方法如下：

```
const type identifier= initial_value;
const type identifier(initial_value);
```

例如：

```
const int a=5;               //用 const 声明的常变量，值始终为 5
const float b=3*1.75;        //b 的值被指定为 3*1.75
```

关于 const 常量的声明及使用要注意以下几个问题：

（1）通过 const 可以声明常量；在定义常变量时必须同时对它初始化，此后其值不能改变。因此，不能写成：

```
const int a;
a=5;
```

（2）与#define 所“定义”的宏替换常量不同，#define 定义的符号常量是不占用内存空间的，而用 const 声明的常量在内存中有相应大小的空间，具有变量的特征，可以用 sizeof 测量长度，因此被称为常变量，也称只读变量。

思考

运行例 2-3a 和例 2-3b，分别观察输出结果，比较 const 常量与 define 常量的区别。

例 2-3a　define 常量的用法。

```
//Example 2-3a
#include <iostream>
using namespace std;
int main( )
{
        int a = 10;
        #define T1  a+a
        #define T2  T1-T1
        cout<<"T2 is "<<T2<<endl;
        return 0;
}
```

例 2-3b　const 常量的用法。

```
//Example 2-3b
#include<iostream>
using namespace std;
int main( )
{
        int a = 10;
        const int T1 = a+a;
        const int T2 = T1-T1;
        cout<<"T2 is " << T2<<endl;
        return 0;
}
```

说明

（1）对使用#define 定义的符号常量来说，只是单纯的字符串替换，因此 T2 应该替换为 a+a−a+a，其结果应该为 20。

（2）对于常变量来说，T1 和 T2 都占有各自的内存空间，即都可以保留一个常量值，其中 T1 的值指定为 20，同理 T2 的值指定为 0。

2.3.4　运算符与表达式

1. 运算符

如表 2-2 所示，C++的运算符非常丰富，这也使得 C++的运算十分灵活、方便。C++语言规定了运算符的优先级和结合性，有些规则是在其他一些高级语言中没有的，这也是C++的特点之一。由于优先级和结合性的细节多而复杂，在编程时要遵循安全第一、易于理解的原则，尽量使用括号或简单语句，来避免在优先级和结合性上产生歧义。不要写出其他用户看不懂的，自己也不知道系统会怎样执行的程序。

表 2-2 运算符列表

优先级	结合性	运算符	备　注	举　例
1	左结合	[]	下标运算符	a[0]
		->	指向结构体成员运算符	p->name
		.	结构体成员运算符	stu.id
2	右结合	!	逻辑非运算符	!a
		~	按位取反运算符	~a
		++	前缀增量运算符	a++、++a
		--	前缀减量运算符	a--、--a
		+	正号运算符	+a
		-	负号运算符	-a
		(类型)	类型转换运算符	(int)a
		*	指针运算符	*p
		&	地址运算符	&a
		sizeof	长度运算符	sizeof(int)
3	左结合	*	乘法运算符	a*b
		/	除法运算符	a/b
		%	取余运算符	a%b
4	左结合	+	加法运算符	a+b
		-	减法运算符	a-b
5	左结合	<<	左移运算符	a<<1
		>>	右移运算符	a>>1
6	左结合	<	关系运算符	a<1
		<=		a<=b
		>		a>1
		>=		a>=b
7	左结合	==	等于运算符	a==2
		!=	不等于运算符	a!=2
8	左结合	&	按位与运算符	a&b
9	左结合	^	按位异或运算符	a^b
10	结合性	|	按位或运算符	a|b
11	左结合	&&	逻辑与运算符	a&&b
12	左结合	||	逻辑或运算符	a||b
13	右结合	? :	条件运算符	a>0? 1:2

续表

<table>
<tr><th>优先级</th><th>结合性</th><th>运算符</th><th>备　注</th><th>举　例</th></tr>
<tr><td>14</td><td>右结合</td><td>=
+=
−=
*=
/=
%=
&=
^=
|=
<<=
>>=</td><td>赋值运算符</td><td>a=1
a+=1
a−=1
a*=1
a/=1
a%=1
a&=1
a^=1
a|=1
a<<=1
a>>=1</td></tr>
<tr><td>15</td><td>左结合</td><td>,</td><td>逗号运算符</td><td>a=1,b=2</td></tr>
</table>

2. 表达式

赋值表达式是 C++程序中最常用的表达式，它的一般形式为

```
变量 = 表达式
```

例如：

```
a=5;                    //a 赋值为 5
b=3*1.75;               //b 的值为 3*1.75
```

对赋值表达式的求解过程是：先求赋值运算符右侧的值，然后赋给左侧的变量。赋值运算符按照自右而左的结合顺序。例如：

```
a=b=c=5;                    //a,b,c 赋值为 5
b=5+(c=6);                  //从右往左计算，先给 c 赋值为 6，然后再通过运算，把 b 赋值为 11
```

在表达式中常遇到不同类型数据之间的运算。在进行运算时，不同类型的数据先要进行转换，然后再进行运算。

例如：

```
10+'a'          //先把 char 型的 ASCII 转换成 int 类型的整数，然后进行加法运算
2+4.5           //先把 2 转换成 float 型的小数，再进行加法运算
```

同理，如果一个 float 型的数据和一个 double 型的数据进行运算，则先把 float 型转为 double 型。一般在表达式中，这些类型转换都是由系统自动进行的。

2.4　控制结构

程序有三种基本控制结构：顺序结构、选择结构和循环结构，如图 2-9 所示。

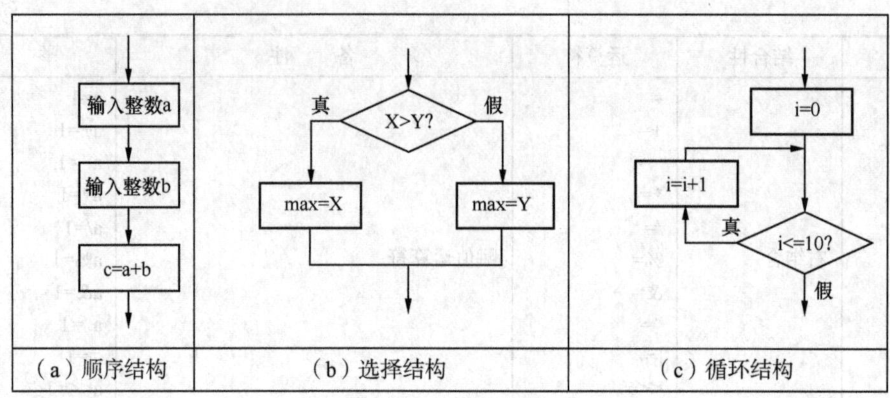

图 2-9　三种控制结构

2.4.1　顺序结构

在顺序结构中，各语句按照自上而下的顺序执行。这种结构一般用来实现流程比较简单的程序。

例 2-4　大写字母转换为小写字母。

```
//Example 2-4
#include <iostream>
using namespace std;
int main( )
{
  char ch;
  cout<<"Enter an uppercase letter: ";
  cin>>ch;                                    //输入一个大写字母
  ch=ch+32;                                   //转成小写字母
  cout<<"lowercase: "<<ch<<endl;
  return 0;
}
```

程序运行输出结果：

```
Enter an uppercase letter:
A↙
lowercase: a
```

思考

这段程序是否严谨？会不会存在隐患？

现实生活中顺序结构无法满足复杂的程序设计，一般程序设计都需要使用选择结构和循环结构。

2.4.2　选择结构

在现实生活中，有很多情况下需要对某个条件进行选择和判断。例如：求一元二次方程的根之前要判断是否存在实根；分段函数在计算结果之前要判断自变量的范围；在为顾客的商品计价前要判断该顾客属于非会员或是普通会员还是 VIP 会员，从而设定不同的折扣；在打印计算货物的总运费之前要判断重量位于哪个区间，等等。在这些情况下的程序都要用到选择结构，选择结构根据给定的条件进行判断，由判断的结果将程序分成两个或多个分支。

在 C++程序设计中，常见的选择结构一般通过 if 语句和 switch 语句实现。

1. if 语句

if 语句的一般形式：

（1）if（表达式）语句 1

（2）if（表达式）

　　　语句 1

　else

　　　语句 2

（3）if（表达式 1）语句 1

　else　if（表达式 2）　语句 2

　else　if（表达式 3）　语句 3

　……

　else　if（表达式 m）　语句 m

　else　　　　　　　　　语句 n

由于在例 2-4 中并没有对输入的字符 ch 进行判断就直接进行大小写转换,有可能会导致错误。因此，我们改进了上例的程序。

例 2-5　改进后的大写字母转小写字母程序。

```
//Example 2-5
#include <iostream>
using namespace std;
int main( )
{
    char ch;
    cout<<"Enter an uppercase letter: ";
    cin>>ch;
    if(ch<='Z'&&ch>='A')          //判断 ch 是否为大写字母
    {
        ch=ch+32;                 //如果是大写字母，则进行转换
        cout<<"lowercase: "<<ch<<endl;
    }
    else if(ch<='z'&&ch>='a')    //如果是小写字母，则保持不变
        cout<<"lowercase: "<<ch<<endl;
    else                          //如果不是字母，则输出提示信息
        cout<<"This is not a letter!"<<endl;
    return 0;
}
```

程序运行输出结果：

```
Enter an uppercase letter:
A↙
lowercase: a
```

if 语句除了以上所列举的几种形式之外，还可以层层嵌套。在理解时，要分清 if 和 else 匹配的逻辑层次。特别是多重 if-else 结构嵌套时，要利用括号把结构划分清楚。

例 2-6　判断某年份是否为闰年。

```
//Example 2-6
#include <iostream>
using namespace std;
int main( )
{
    int  year, leap;          //leap 为闰年标记，是闰年时标记为 1，不是闰年时标记为 0
    cin>>year;
    if (year%4==0)
    {
        if(year%100==0)
        {
               if(year%400==0)
                  leap=1;
               else
                  leap=0;
        }
        else
          leap=1;
    }
    else
        leap=0;
    if (leap)
        cout<<year<<" is a leap year."<<endl;
    else
        cout<<year<<" is not a leap year."<<endl;
    return 0;
}
```

程序运行输出结果：

```
2008↙
2008 is a leap year.
```

（1）该例程序中的 if 和 else 是怎样匹配的？
（2）你还能用其他的思路写出程序吗？

2. switch 语句

switch 是多分支选择语句。用 if-else 结构来实现多分支选择，有时会因为判定条件太多，导致程序复杂冗长，逻辑不够清晰。switch 语句可以清晰地展现多分支选择问题的结构。

switch 语句的用法

switch 语句的一般形式：

```
switch（表达式）
{    case  常量 1：语句 1
```

```
    case  常量2：语句2
       ┆     ┆     ┆
    case  常量n：语句n
    default  :  语句n+1
}
```

switch语句的作用是根据表达式的值，找到与结果匹配的case常量，使流程跳转到不同的分支。如果没有找到相匹配的case常量，则会转到default后面执行。

（1）switch后的表达式，类型应为整型或字符型，且每一个case常量必须互不相同。

（2）在执行一个case子句后，应当用break语句使程序跳出，终止switch语句。

例2-7　简单的菜单控制程序。

```
//Example 2-7
#include <iostream>
using namespace std;
int main( )
{
    char key;
    cout<<"L或l—装载文件"<<endl;
    cout<<"S或s—保存文件"<<endl;
    cout<<"E或e—编辑文件"<<endl;
    cout<<"P或p—打印文件"<<endl;
    cout<<"X或x—退出文件"<<endl;
    cout<<"      —请输入一个选项：";
    key=getchar( );
    switch(key)
    {
        case 'L':
        case 'l': cout<<"您选择装载文件。"<<endl;break;
        case 'S':
        case 's': cout<<"您选择保存文件。"<<endl;break;
        case 'E':
        case 'e': cout<<"您选择编辑文件。"<<endl;break;
        case 'P':
        case 'p': cout<<"您选择打印文件。"<<endl;break;
        case 'X':
        case 'x': cout<<"您选择退出文件。"<<endl;break;
        default : cout<<"选择错误。"<<endl;
    }
    return 0;
}
```

程序运行输出结果：

```
L或l--装载文件
S或s--保存文件
E或e--编辑文件
P或p--打印文件
X或x--退出文件
```

```
    --请输入一个选项：E↙
您选择编辑文件。
```

在上例中如果删除 break，结果会发生怎样的变化？

2.4.3 循环结构

在实际工作中，经常会遇到一些重复操作的问题。例如：统计 100 个学生的毕业学分，输出 1000 个住户的用电量，录入 80 个员工的人事信息，等等，就需要用到循环控制结构。许多应用程序也包含循环结构。一段程序可能将顺序结构、选择结构和循环结构结合起来使用。

在循环结构中，常用的语句有：while 语句、do-while 语句、for 语句，如图 2-10 所示。

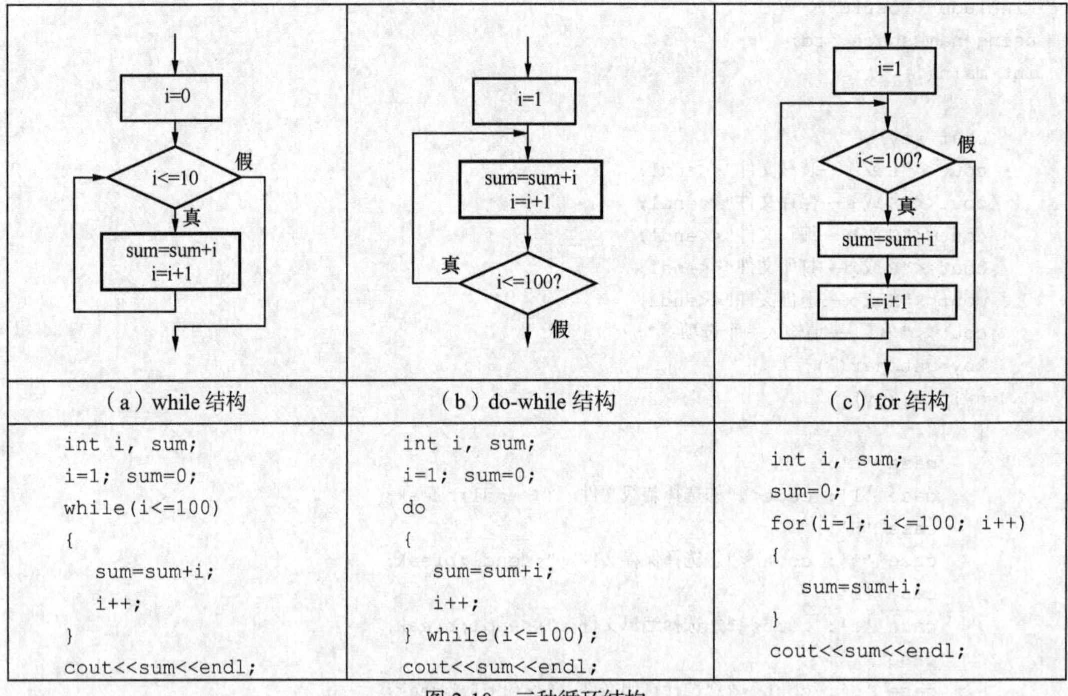

图 2-10　三种循环结构

（1）三种循环都可以用来处理同一问题，一般情况下可以互相替换。

（2）while 结构的特点是：先判断表达式，表达式条件为真时，再执行语句；do-while 结构的特点是：先执行循环体，然后判断表达式条件是否成立。

（3）for（表达式 1；表达式 2；表达式 3）语句中，表达式 1 一般为循环变量赋初值，表达式 2 为循环条件，表达式 3 为循环变量增值。在执行过程中，先求解表达式 1，然后判断表达式 2，若条件成立则执行循环体，然后执行表达式 3，并重新判断表达式 2 并进入下一次循环，如此往复。

例 2-8　输出 200～300 的所有素数。

```
//Example 2-8
#include <iostream>
```

```
#include <cmath>
#include <iomanip>
using namespace std;
int main( )
{
    int m,k,i,n=0;
    bool prime;                    //定义布尔变量prime
    for(m=201;m<=300;m=m+2)        //判别m是否为素数，m由201变化到300，增量为2
    {   prime=true;                //循环开始时设prime为真，即先认为m为素数
        k=int(sqrt(m));            //用k代表√m的整数部分
        for(i=2;i<=k;i++)          //此循环的作用是将m被2~√m的整数除，检查是否能被整除
            if(m%i==0)             //如果能整除，表示m不是素数
            {   prime=false;            //使prime变为假
                break;                  //终止执行本循环
            }
        if (prime)                      //如果m为素数
        {   cout<<setw(5)<<m;           //输出素数m，字段宽度为5
            n=n+1;                      //n用来累计输出素数的个数
            if(n%10==0)
                cout<<endl;             //输出10个数后换行
        }
    }
    cout<<endl;                         //最后执行一次换行
    return 0;
}
```

程序运行输出结果：

```
211  223  227  229  233  239  241  251  257  263
  269  271  277  281  283  293
```

从例2-8可以看出，在解决很多实际问题时，必须将循环结构和选择结构结合在一起使用。在程序编写的过程中，复合语句作为一个整体一定要带上括号，才能保证程序的逻辑结构正确，同时养成良好的代码行缩进习惯。

循环结构中有时会用到break语句和continue语句，请自行查找这两个语句的用法，想一想它们之间有什么异同。

2.5　数　　组

2.5.1　数组的定义与初始化

假如要记录100个学生的成绩，定义100个不同名称的整型变量来保存数据，这样显然是很繁琐的。鉴于这100个数据都具有相同的数据类型，我们可以把这批数据看成一个整体，并将其称为数组。数组，就是用一个统一的名字代表一整批类型相同的数据，它通过使用序号或下标来

区分单个数据。

（1）一维数组的定义

```
类型名  数组名[常量表达式] ;
```

例如：

```
int  score[20];
```

（1）数组 int score[20]，表示数组名为 score，数组长度为 20，即包含 20 个 int 型的数组元素，下标从 0 开始，分别是 score[0]、score[1]、score[2]……score[19]，（数组元素不包含 score[20]）。由于每个 int 型的数据都是 4 个字节，因此整个数组在内存中会占用 80 个字节的空间；

（2）数组长度必须在定义时指明，否则系统无法确定为该数组分配多大空间。

编译运行例 2-9 的两个程序，查看代码是否有误，并分析原因。

例 2-9a 数组的初始化。

```
//Example 2-9a
#include <iostream>
using namespace std;
int main( )
{
    int  n;
    cin>>n;
    int a[n];
    return 0;
}
```

程序编译出错，C++规定在定义数组时，必须指明数组的大小，否则系统编译时无法确定分配多少空间就会报错。

例 2-9b 数组的初始化。

```
//Example 2-9b
#include <iostream>
using namespace std;
int main()
{
    const int n=2;
    int a[n];
}
```

程序编译正确，n 为常变量，数组的大小在编译时能够确定下来。

（2）一维数组的初始化

可以在定义数组的同时，对数组元素赋初值。

例如：

```
int a[10]={0,1,2,3,4,5,6,7,8,9};
int b[10]={1,1,1,1};                  //前 4 个元素的值被指定为 1，后 6 个元素的值默认为 0
int c[ ]={1,2,3,4,5};                 //由于只有 5 个初始值，系统自动指定数组 c 的长度为 5
```

（3）二维数组的定义

```
类型名 数组名 [常量表达式] [常量表达式];
```

例如：

```
float a[3][4];                        //定义 a 为 3 行 4 列的单精度数组
```

可以把 a 看成一维数组，它有三个元素：a[0]、a[1]、a[2]。每个元素又是一个包含四个元素的一维数组。如图 2-11 所示，C++中二维数组元素排列顺序是按行存放，即在内存中按顺序先存放第 1 行元素，再存放第 2 行元素。

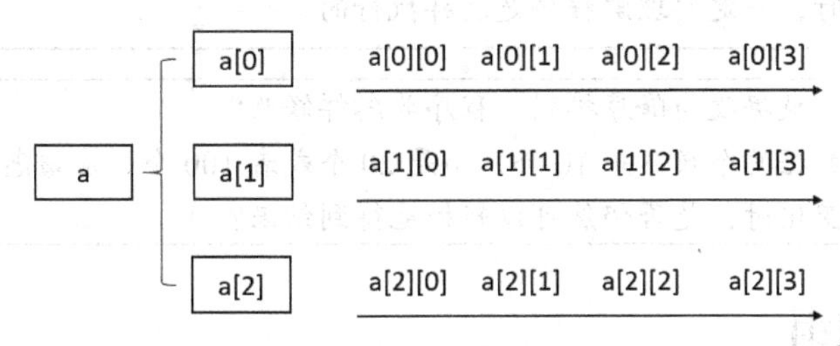

图 2-11　二维数组元素存放示意图

（4）二维数组的初始化

二维数组的初始化方法与一维数组相似，可以在定义的同时为元素赋值。

例如：

```
int a [4][3] = {{1,2,3}, {4,5,6}, {7,8,9}, {10,11,12}};    //按行赋值
int b [4][3] = {1,2,3,4,5,6,7,8,9,10,11,12};               //按顺序全部赋值
int c [4][3] = {{1}, {4}, { }, {10}};                      //按行只对部分赋值
```

例 2-10　冒泡法升序排列。

```
//Example 2-10
#include <iostream>
using namespace std;
int main( )
{
  int a[10];
  int i,j,t;
  cout<<"input 10 numbers :"<<endl;
  for (i=0;i<10;i++)
    cin>>a[i];
  cout<<endl;
  for (j=0;j<9;j++)
    for(i=0;i<9-j;i++)
        if (a[i]>a[i+1])
        {t=a[i];a[i]=a[i+1];a[i+1]=t;}
  cout<<"the sorted numbers :"<<endl;
  for(i=0;i<10;i++)
```

冒泡法排序

```
    cout<<a[i]<<" ";
  cout<<endl;
  return 0;
}
```

程序运行输出结果：

```
input 10 numbers :
2 78 32 91 1 0 33 1 4 54↙

the sorted numbers :
0 1 1 2 4 32 33 54 78 91
```

说明

从例 2-10 可以看出，对于数组的处理，一般都需要利用循环结构。并且，在多重循环嵌套在一起时，一定要理解程序是怎样执行的。

思考

（1）如果将数据改为降序排列，程序要怎样修改？

（2）如果数据的个数不是 10 个，而是 20 个或者 100 个，应该怎样修改程序？当每次数据的个数变化时，是否仍然可以轻松地得到结果？

2.5.2 字符数组

字符数组中的一个元素存放一个字符，它具有数组的共同属性。由于字符串应用广泛，C 和 C++专门为它提供了许多方便的用法和函数。

（1）字符数组的定义和初始化

字符数组用 char 型的数组来定义，可以存放多个字符。初始化时可以用单个字符逐一赋值，或者以字符串的形式赋值。

思考

编译并运行下例程序，观察三个字符数组输出的结果是什么？

例 2-11 字符数组的定义和引用。

```
//Example 2-11
#include<iostream >
using namespace std;
int main( )
{
    char a[5]={'C', 'h', 'i', 'n', 'a'};
    char b[10]={'A', 'm', 'e', 'r', 'i', 'c', 'a' };
    char c[10]={"Canada"};
    cout<<a<<endl;
    cout<<b<<endl;
    cout<<c<<endl;
    return 0;
}
```

程序运行输出结果：

```
China 烫烫烫躉蓃 8?
America
Canada
```

说明

数组 b 和 c，输出结果得到两个完整的英文字符串，而在数组 a 的结果后面则出现了乱码。原因是 b 和 c 数组长度都大于字符串的实际长度，系统会在字符串末位自动填补结束符'\0'（注意不是空格）。C++规定遇到字符串结束标志'\0'，则输出结束。在程序中往往依靠检测'\0'的位置来判断字符串是否结束，而不是根据数组长度来决定字符串长度。因此，数组 a 在"China"后没有空间填充结束符，系统会继续输出，所以在结果中会看到乱码。

（2）字符串处理函数

C 和 C++提供了一些字符串函数，给用户带来极大的便利，如表 2-3 所示。使用这些函数时需要用#include 包含 string.h 或 string 头文件。

表 2-3　字符串处理函数

函　数	作　用	函数名	函 数 原 型
字符串连接函数	将第二个字符串连接到第一个字符串末尾	strcat	strcat(char[ ], const char[ ]);
字符串复制函数	将第二个字符串复制到第一个字符数组中，并覆盖相应字符	strcpy	strcpy(char[ ], const char[ ]);
	将第二个字符串的前 n 个字符复制到第一个字符数组中，并覆盖相应字符	strncpy	strncpy(char[ ], const char[ ], n);
字符串比较函数	自左向右比较两个字符串（按 ASCII 值大小），如果相同返回 0	strcmp	strcmp(const char[ ], const char[ ]);
字符串长度函数	测试字符串的实际长度（不包含'\0'）	strlen	strlen(const char[ ]);

例 2-12　字符串处理函数。

```
//Example 2-12
#include<iostream >
#include<string.h>
using namespace std;
int main( )
{
    char s[3][30];
    cin>>s[0]>>s[1]>>s[2];
    strcat(s[0],s[1]);                     //把字符串 s[1]连接到 s[0]末尾
    cout<<s[0]<<endl;
    strcpy(s[1],s[2]);                     //把字符串 s[2]复制到 s[1]
    strncpy(s[0],s[2],strlen(s[2]));       //把字符串 s[2]中实际长度的部分复制到 s[0]
    cout<<s[1]<<endl;
    cout<<s[0]<<endl;
    return 0;
}
```

程序运行输出结果：

```
zero↙
first↙
second↙
zerofirst
second
secondrst
```

程序运行后，从键盘输入三个字符串“zero”“first”“second”，输出“zerofirst”“second”“secondrst”；strcpy(s[1],s[2])是把整个字符串s[2]复制到s[1]，整个字符串s[2]按照定义一共有30个字节，因此会将s[1]的30个字节全部覆盖。而strncpy(s[0], s[2], strlen(s[2]))中，strlen(s[2])测量出s[2]实际长度为6，因此只覆盖s[0]的前6个字符，后面的字符保持不变。

2.5.3 string类型

字符数组有一定的大小，若在程序中未能准确计算好长度问题，就会发生字符越界，从而可能破坏系统的正常工作状态，因此，用字符数组存放字符串并不是最理想和最安全的方法。基于此，C++提供了一种新的数据类型——字符串类型（string 类型）。它在使用方法上和 char、int 等类型一样，可以用来定义变量，即字符串变量。

定义字符串变量：

```
string  identifier;
```

例如：

```
string  s1;
string  s2="hello";          //定义的同时对变量赋值
```

在使用 string 定义变量时要加上头文件：#include<string>（不是 string.h）。而且在字符串变量的定义中不需要指定长度，也不需要精确计算字符的个数。

例 2-13a　字符串变量的定义和引用。

```
//Example 2-13a
#include<iostream>
#include<string>
using namespace std;
int main( )
{
    string a="I am ";
    string b="HAPPY";
    string c;
    a[2]='A';
    c=a+b;
    cout<<c<<endl;
    return 0;
}
```

程序运行输出结果：

```
I Am HAPPY
```

例 2-13b　字符串数组。

```
//Example 2-13b
#include<iostream>
#include<string>
using namespace std;
int main( )
{
    string a[3];
    a[0]="I am ";
    a[1]="HAPPY";
    a[0][2]=a[1][1];
    a[2]=a[0]+a[1];
    cout<<a[2]<<endl;
    return 0;
}
```

程序运行输出结果：

```
I Am HAPPY
```

2.6　指针与引用

2.6.1　地址与指针

计算机中的内存是以字节为单位的存储空间。一般把内存中的一个字节（8 个二进制位）称为一个内存单元。当声明变量后，系统会根据要求给这个变量分配存储空间，分配时会根据变量类型的不同决定分配内存空间的大小。例如，有如下的变量定义：

```
int a=3;
int b=6;
```

系统根据变量的类型，分别给 a、b 分配 4 个字节的存储单元。数据存储空间首字节的地址就是数据的地址。在这里，我们把变量的地址称为变量的**指针**。

如图 2-12 所示，假设系统给变量 a 分配的 4 个字节是从 2000 到 2003，那么变量 a 的地址就是 2000，内容为整数 3；给变量 b 分配的 4 个字节是从 2004 到 2007，那么变量 b 的地址就是 2004，内容为整数 6。有时程序里需要通过地址 2000 来找到变量 a，再间接读写 a 的值，这种方式称为间接访问。在这里，**我们把存放地址（而不是普通数据）的变量称为指针变量**。如图 2-12 所示，变量 p 内存储的是变量 a 的地址——

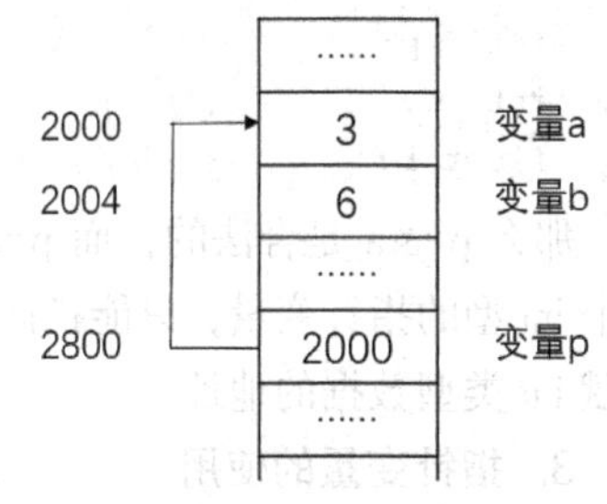

图 2-12　变量的地址和变量的内容

2000，因此，p 就是一个指针变量。

也就是说，指针就是变量的地址，是指存储单元的编号。指针变量也是一种变量，也有变量名、类型、分配空间，但是里面存放的不是普通数据，而是地址。

2.6.2 指针变量的定义和使用

1. 指针变量的定义

指针变量的定义如下：

```
type * identifier = initial_value ;
```

例如：

```
char *p1;      //p1 指向 char 型的数据
int *p2 ;     //p2 指向 int 型的数据
float *p3;   //p3 指向 float 型的数据
```

这里的 p1、p2、p3 就是三个指针变量的名称。前面的“*”表示这三个不是普通变量，而是存放地址的变量。前面的类型表示指针变量指向的数据是什么类型。例如，p1 专门存放 char 型数据的地址，即 p1 专门指向 char 型的数据；而 p2 专门存放 int 型数据的地址，即 p2 专门指向 int 型的数据。

2. 指针变量的初始化

由于指针变量是用来存放地址的，因此不能把普通数值赋给指针变量，而应该将变量的地址赋给指针变量。怎样取出变量的地址？在 C++里面一般使用“&”取地址运算符。

例如：

```
int  a = 10;
int *p ;            //定义指针变量 p
p = &a;            //把变量 a 的地址存入指针变量 p，也称作 p 指向变量 a
```

也可以合并写成：

```
int  a = 10;
int *p = &a ;
```

（1）指针变量的名字是 p，而不是*p。int *限定 p 为一个指针变量，而且必须是指向整型变量的指针变量；

（2）声明指针时需要指定指针所要指向的变量的具体类型。一般情况下，一旦指针变量的数据类型确定后，其只能指向同一类型的数据对象。

例如：

```
int * p;
int  a;
float b;
```

那么 p=&a 是合法的，而 p=&b 则是不合法的。因为 p 是一个 int 型的指针变量，只能指向 int 类型的数据，也就是说只能赋 int 类型数据的地址。

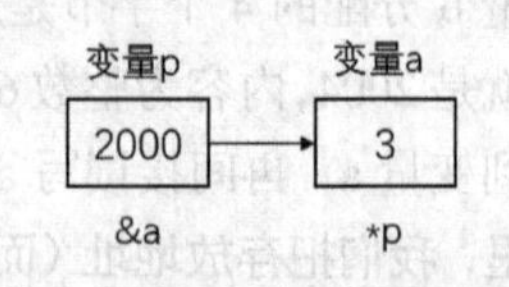

图 2-13　指针 p 指向整型变量 a

3. 指针变量的使用

如图 2-13 所示，当程序定义了指针变量 p，p 里面保存了

a 的地址 2000，那么，怎样通过地址来找到变量 a 呢？一般需要通过“*”指针运算符（或称间接访问运算符）。

例如：

```
int    a = 3, b;
int *p ;            //定义指针变量 p
p = &a;             //把变量 a 的地址 2000 存入指针变量 p，也称作 p 指向变量 a
*p = 20;            //把 p 所指向的存储单元赋值为 20，即 a 赋值为 20
b = *p;             //把 b 赋值为 a，即 b=a
```

在这里，*p 是 p 所指向的存储单元，即变量 a。所以操作*p 就是操作 a。

例 2-14 指针的声明及使用。

```
//Example 2-14
#include <iostream>
using namespace std;
int main( )
{
    int i=5, j=10;                //定义整型变量 i，j
    int *pi, *pj;                 //定义指针变量 pi，pj
    pi=&i;  pj=&j;                //把 i 的地址赋给 pi（pi 指向 i），把 j 的地址赋给 pj（pj 指向 j）
    cout<<i<<' '<<j<<endl;        //输出 i 和 j 的值
    cout<< *pi<<' '<<*pj<<endl;   //输出*pi 和*pj 的值
    cout<<pi<<' ' <<pj<<endl;     //输出 pi 和 pj 的值
    return 0;
}
```

程序运行输出结果：

```
5  10
5  10
0012FF7C  0012FF78
```

如图 2-14 所示，由于 pi 中保存了 i 的地址，pj 中保存了 j 的地址，那么输出 pi 的内容就是 i 的地址 0012FF7C，输出 pj 的内容就是 j 的地址 0012FF78（i、j 的地址值每次运行后都会产生变化）。而*pi 和*pj 是间接访问，因此，*pi 就是变量 i 的值，*pj 就是变量 j 的值。

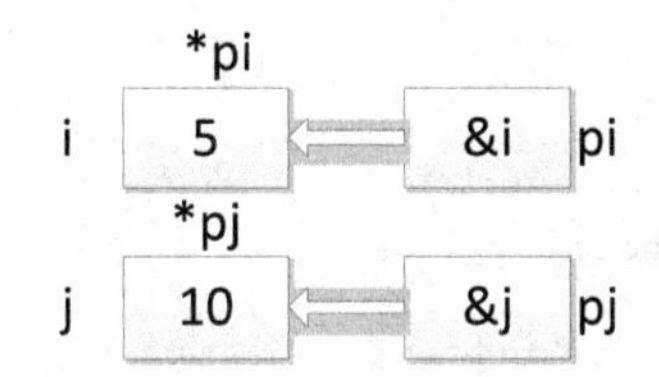

图 2-14 例 2-14 指针的声明及使用

与指针变量有关的运算符包括：① &取地址运算符；② *指针运算符（或称间接访问运算符）。在指针相关的程序中，会经常用到这两种运算符。初学者往往会感觉很困惑。理解指针问题，最关键是分清楚程序里，哪些是数据，哪些是地址。

例 2-15a 与指针变量相关的交换问题。

```
//Example 2-15a
#include <iostream>
using namespace std;
int main( )
{
    int i=5, j=10;
    int  *pi,*pj,*p;
    pi=&i;  pj=&j;
    p=pi;  pi=pj;  pj=p;
    cout<<i<<' '<<j<<endl;
    cout<< *pi<<' '<<*pj<<endl;
    return 0;
}
```

程序运行输出结果：

```
5  10
10  5
```

如图 2-15 所示，原本指针 pi 中保存了 i 的地址，指针 pj 中保存了 j 的地址。通过 pi 和 pj 的交换后，pi 中保存 j 的地址指向变量 j，pj 中保存 i 的地址指向变量 i。因此，*pi 实际上是变量 j 的存储内容，*pj 实际上是变量 i 的存储内容。

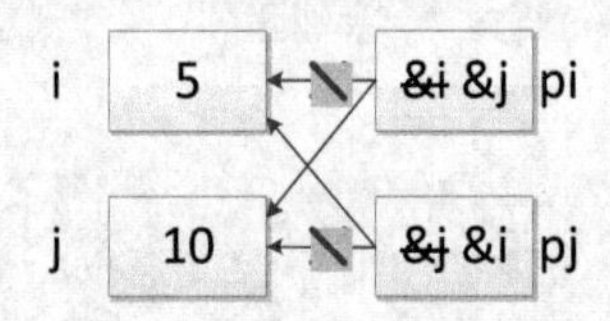

图 2-15　例 2-15a 指针变量相关的交换问题

例 2-15b 指针变量相关的交换问题。

```
//Example 2-15b
#include <iostream>
using namespace std;
int main( )
{
    int i=5, j=10,k;
    int  *pi,*pj;
    pi=&i;  pj=&j;
    k=*pi;*pi=*pj;*pj=k;
    cout<<i<<' '<<j<<endl;
    cout<< *pi<<' '<<*pj<<endl;
    return 0;
}
```

程序运行输出结果：

```
10  5
10  5
```

如图 2-16 所示，指针 pi 中保存了 i 的地址，指针 pj 中保存了 j 的地址，因此，*pi 实际是变量 i 的存储内容，*pj 实际是变量 j 的存储内容。所以，*pi 和*pj 的交换，实际上是对变量 i 和 j 的内容进行交换。

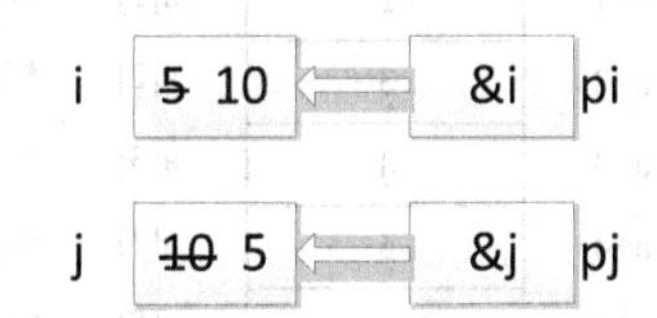

图 2-16　例 2-15b 指针变量相关的交换问题

要避免使用未初始化的指针。很多运行错误都是由未初始化的指针导致的，而且这种错误又不能被编译器检查出来，所以很难被发现。这种问题解决办法就是尽量在使用指针的时候定义它，如果早定义的话一定要记得初始化。当然，初始化时可以直接使用 iostream 中定义的 NULL，或者也可以直接赋值为 0。

2.6.3　指针与一维数组

数组名是表示数组首元素的地址。用数组名和下标可以表示数组中的元素，这种方法叫作数组元素的下标表示法。其实，数组名可认为是一个固定不变的常量指针。于是，可用指针来代替下标引用数组元素，这种方法称为数组元素的指针表示法。数组元素的这两种引用方法也可以混合使用。

1. 一维数组的指针表示

一个变量有地址，而一个数组包含多个元素，每个数组元素都占用存储单元，都有相应的地址。因此，指针变量也可以指向数组元素。

例如：

```
int  a[10];           //定义一个整型数组 a，它有 10 个元素
int *p;              //定义指针变量 p
p = &a[0];           // p 指向第一个元素 a[0]
```

在 C++中，数组名代表数组中第 1 个元素（即序号为 0 的元素）的地址。所以 p=a 等价于 p=&a[0]。因此上面的语句也可以写成：

```
int a[10],*p;
p=a;
```

或者在指针变量定义的同时赋初值，因此也可以写成：

```
int a[10] ;
int *p=a;
```

数组 a 中的元素可以用下标法表示为 a[i]（i=0,1,…,9），数组元素 a[i]的地址可以表示为&a[i]或者 a+i，那么*(a+i)就可以表示这个地址所指向的对象，即 a[i]。一般来说，形如 a[i]的表示方法就是数组元素的下标表示法；形如*(a+i)的表示方法就是数组元素的指针表示法。

归纳来说，当指针变量 p 指向数组 a 的首地址时，&a[i]、a+i、p+i 和&p[i]都表示数组元素 a[i]

的地址；a[i]、*(a+i)、*(p+i)和 p[i]都表示数组元素 a[i]本身，如图 2-17 所示。

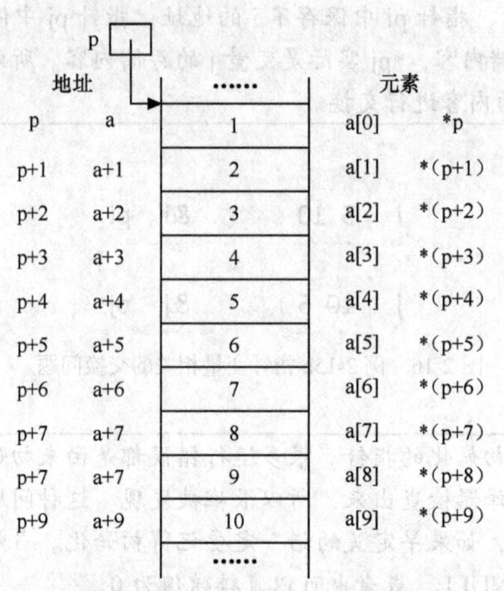

图 2-17 指针 p 与数组 a 的关系

例 2-16 输出数组中的全部元素。

假设有一个整型数组 a，有 10 个元素。输出各元素的值有以下三种方法。

（1）下标法

```
//Example 2-16a
#include <iostream>
using namespace std;
int main( )
{
    int a[10];
    int i;
    for(i=0;i<10;i++)
        cin>>a[i];                     //引用数组元素 a[i]
    cout<<endl;
    for(i=0;i<10;i++)
        cout<<a[i]<<" ";               //引用数组元素 a[i]
    cout<<endl;
    return 0;
}
```

程序运行输出结果：

```
1 2 3 4 5 6 7 8 9 0↙
1 2 3 4 5 6 7 8 9 0
```

该方法与前面数组中学习的方法相同。

（2）指针法

```
//Example 2-16b
#include <iostream>
using namespace std;
int main( )
{
    int a[10];
    int i;
    for(i=0;i<10;i++)
        cin>>*(a+i);                    //引用数组元素 a[i]
    cout<<endl;
    for(i=0;i<10;i++)
        cout<<*(a+i)<<" ";              //引用数组元素 a[i]
    cout<<endl;
    return 0;
}
```

程序运行输出结果：

```
1 2 3 4 5 6 7 8 9 0↙
1 2 3 4 5 6 7 8 9 0
```

将下标法程序第 7 行和第 10 行的“a[i]”改为“*(a+i)”，运行情况与（1）相同。

（3）用指针变量指向数组元素

```
//Example 2-16c
#include <iostream>
using namespace std;
int main( )
{
    int a[10];
    int i,*p=a;                 //指针变量 p 指向数组 a 的首元素 a[0]
    for(i=0;i<10;i++)
        cin>>*(p+i);            //输入 a[0]～a[9]共 10 个元素
    cout<<endl;
    for(p=a;p<(a+10);p++)
        cout<<*p<<" ";          //p 先后指向 a[0]～a[9]
    cout<<endl;
    return 0;
}
```

程序运行输出结果：

```
1 2 3 4 5 6 7 8 9 0↙
1 2 3 4 5 6 7 8 9 0
```

请仔细分析 p 值的变化和*p 的值。

2. 字符串的指针表示

字符串常量在机器内部表示是一个以'\0'结尾的一维字符数组，例如，“It's a string”，其存储长度比双引号之间的实际长度多一个字节。程序中表示一个字符串有以下两种方式。

（1）字符数组表示字符串

例如：

```
char str[20]= " It's a string ";
```

长度为 20 的字符型数组 str，最多能存储长度为 19 的字符串，该语句执行后字符型数组 str 被初始化为“It's a string”，如图 2-18 所示。

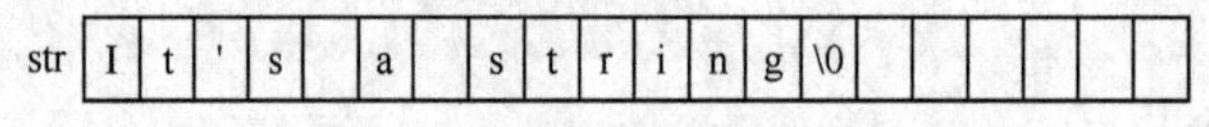

图 2-18　用字符数组表示字符串

（2）字符指针指向字符串

例如：

```
char *pstr = "It's a string" ;
```

pstr 是指向字符串"It's a string"的指针，如图 2-19 所示。

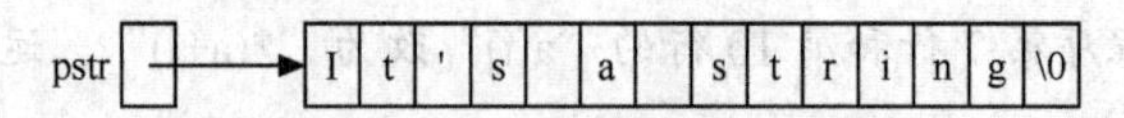

图 2-19　用字符指针指向字符串

字符串可以赋予一个字符指针，所以上述的定义可以等价地表示为：

```
char *pstr ;
pstr="It's a string" ;
```

对于字符串的两种表示方法，在使用时要注意如下几点。

（1）对字符指针变量 pstr，赋值语句“pstr = "C++ code";”是合法的，它不是串复制，实际赋予 pstr 的仅仅是字符串的首地址，即字符'C'的存储地址。

（2）字符数组名是指针常量，而字符指针是指针变量，因此以下语句是合法的：

```
pstr++;          //使 pstr 指向下一个字符
pstr+=2;         //使 pstr 向后指两个字符
```

而以下语句是非法的：

```
str++;          //数组名是常量，不能参与自增或自减运算，错误
str="Hello";  //不能向数组名赋值，错误
```

例 2-17　定义一个字符数组并初始化，然后输出其中的字符串。

```
//Example 2-17
#include <iostream>
using namespace std;
int main( )
{
```

```
    char *str="I love CHINA!";
    cout<<str<<endl;
    return 0;
}
```

程序运行输出结果：

```
I love CHINA!
```

以下三个语句等价，可以在该程序中替换：

char *str="I love CHINA!";　　//用字符指针指向一个字符串

string str="I love CHINA!";　　//用字符串变量存放字符串

char str[]="I love CHINA!";　　//用字符数组存放字符串

例 2-18　输入一个字符串，输出这个字符串中第 n 个字符后的所有字符（n＜输入字符串的长度）。

程序编写如下：

```
//Example 2-18
#include <iostream>
#include <string.h>
using namespace std;
void main(void)
{
    char str[30],*ps;
    unsigned int n;
    ps=str;
    cout<<"请输入字符串:";
    cin>>ps;
    cout<<"请输入 n 的值:";
    cin>>n;
    if(n<=strlen(ps))
    {
        ps=ps+n;
        cout<<"结果为:"<<endl;
        cout<<ps<<endl;
    }
    else
        cout<<"n 值非法!"<<endl;
}
```

程序运行输出结果：

```
请输入字符串:HELLOWORLD↙
请输入 n 的值:4↙
结果为:
OWORLD
```

字符指针 ps 首先指向数组 str 的首地址，当 n 值小于输入字符串的长度时，执行 ps=ps+n；此时 ps 指针向后指 n 个字符，再从第 n+1 个字符开始输出，碰到字符串结束符'\0'为止。

2.6.4 指针数组和多级指针

1. 指针数组

如果一个数组，其元素均为指针类型数据，该数组称为指针数组，也就是说，指针数组中的每一个元素都是指针变量，里面存储的都是地址。一维指针数组说明的形式如下：

```
类型说明符 *数组名[数组长度]；
```

例如：

```
int *p[3];
```

下标运算符[ ]的优先级高于单目运算符*，因此 p 先与[3]结合，表示 p 是一个数组，它有三个数组元素；再与*结合，表示数组的每个元素都是 int *类型的，即数组元素都是整型指针变量。

该指针数组包含三个元素，分别是 p[0]、p[1]和 p[2]。每一个元素都是一个 int *类型的指针变量，都可以存放地址，都可以指向一个 int 类型的数据。

应该注意指针数组和二维数组指针变量的区别。这两者虽然都可用来表示二维数组，但是其表示方法和意义是不同的。

int (*p)[3]和 int *p[3]有什么区别？

注意区分：

```
int (*p)[3];
```

以上表示 p 是一个指向二维数组的指针变量。该二维数组的列数为 3 或分解为一维数组的长度为 3。

```
int *p[3];
```

以上表示 p 是一个指针数组，三个数组元素 p[0]、p[1]、p[2]均为指针变量。

指针数组的主要用途是表示二维数组，指针数组的元素不仅可以指向二维数组的各行，而且可以指向长度不同的一维数组，所以指针数组特别适合于表示和操作字符串数组。

例如：

```
char *name[]={"ALIBABA","TENCENT","BAIDU","GOOGLE","SINA"};
```

这是用指针数组来表示字符串数组。name 是一个长度为 5 的字符指针数组，该数组的元素是 char *类型的，存储结构如图 2-20 所示。name[i]或者*(name+i) 表示第 i 个字符串的首地址，等同于一个字符数组名，是 char *变量。

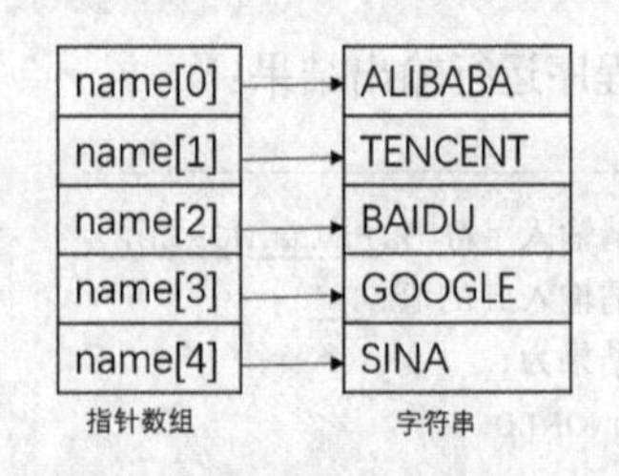

图 2-20 指针数组表示字符串数组

如果要对图 2-20 中的数组按字母顺序输出，应该怎样编程？

2. 多级指针

指针可以指向各种类型，包括基本类型、数组、函数，同样也可以指向指针。如果一个指针变量存放的又是另一个指针变量的地址，则称这个指针变量为指向指针的指针变量。

在前面已经介绍过，通过指针访问变量称为间接访问。由于指针变量直接指向变量，所以称为“单级间址”。如果通过指向指针的指针变量来访问变量则构成“二级间址”，也可以称为“多级间址”，如图 2-21 所示。

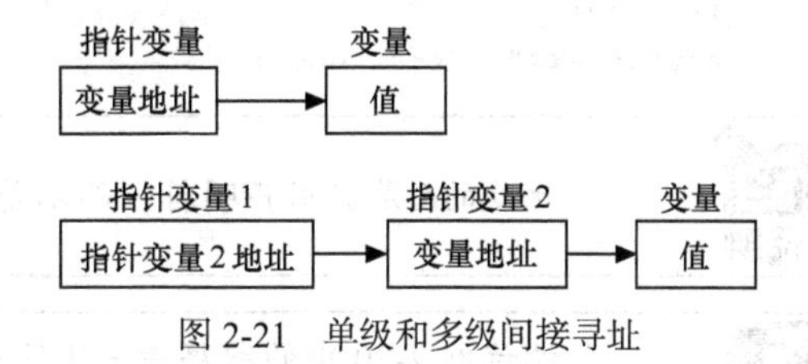

图 2-21 单级和多级间接寻址

以二级间址为例，说明指针的指针的定义形式和使用方法。指针的指针定义形式如下：

```
类型说明符 **变量名;
```

例如：

```
char **p;
```

p 是一个指向字符指针变量的指针。**p 是指针的指针说明符，类型为 char **。由于*是从右至左结合的单目运算符，所以**p 相当于*(*p)。显然*p 是指针变量的定义形式，现在它前面又有一个*号，表示指针变量 p 是指向一个字符指针型变量的。*p 就是 p 所指向的另一个指针变量。

例 2-19 指向字符型数据的指针变量。

```
//Example 2-19
#include <iostream>
using namespace std;
void main( )
{
    char **p;                    //定义指向字符指针数据的指针变量 p
    char *name[]={"BASIC","FORTRAN","C++","Pascal","COBOL"};
    p=name+2;
    cout<<*p<<endl;              //输出 name[2]指向的字符串
    cout<<**p<<endl;             //输出 name[2]指向的字符串中的第一个字符
}
```

程序运行输出结果：

```
C++
C
```

2.6.5 引用

除了定义指针变量以外，C++中还可以定义引用来实现对变量的访问。引用是 C++独有的特征，它是另一种访问变量的方法。建立引用时，用某个变量对其进行初始化，相当于给变量取了一个别名，对引用的改动就是对变量本身的改动。

引用的声明：

```
type & identifier = initial_value ;
```

例如：

```
int  a;                    //定义整型变量 a
int  &ra = a;              //声明 ra 是 a 的引用（别名）
ra = 30;
cout<<ra<<"  "<<a<<endl;
```

此处的&是引用声明符，而不是取地址的意思。

调试例 2-20 中的程序看一下输出结果，m 和 n 是同步变化的吗？m 和 n 在内存中的地址相同吗？理解引用的含义。

例 2-20 引用的含义。

```
//Example 2-20
#include <iostream>
using namespace std;
int main( )
{
    int  m = 10;
    int  &n = m;
    n = n *2;
    cout<<m<<"  "<<n<<endl;
    n = n *2;
    cout<<m<<"  "<<n<<endl;
    cout<<&m<<"  "<<&n<<endl; //显示 m 和 n 的地址
    return 0;
}
```

程序运行输出结果：

```
20   20
40   40
0012FF7C  0012FF7C
```

该程序声明 n 为 m 的引用，那么，m 和 n 都指同一变量，因此，n 发生变化时，m 的值也同步变化。结果显示 m 和 n 的地址完全相同，都是 0012FF7C（在实际运行时，m 和 n 的地址会发生变化），也证明了 m 和 n 位于同一空间。

引用与指针不同，它并不是一种新的变量，在内存中也不会为其分配地址，此外在使用的时候要注意以下几点。

（1）引用在定义的时候必须用已有的变量对其进行初始化，即声明它代表哪一个变量。

（2）引用一旦绑定到一个变量上以后，就不能再绑定到其他变量上。

（3）有些类型数据不能引用，如数组、指针和引用。

（4）当使用取地址运算符“&”时，获取的是被引用变量的地址。

例如：

```
int  num = 50;
int  &ref = num;
int  *p= &ref;     //p 中保存的是变量 num 的地址。
```

（5）虽然引用符与地址符一样，但不会引起二义性。

2.6.6　动态内存分配

在软件开发的过程中，经常需要动态地分配和回收内存空间。在 C/C++中，没有资源回收机制，需要编程完成资源的分配和回收。在 C/C++中对资源分配使用的水平也是衡量一个程序员编程功底的标准之一。

在 C 语言中，内存的分配和释放用 malloc 和 free 两个库函数。malloc 函数会向操作系统发送报告，请求分配空间，而在该空间已经不再需要时，就通过 free 函数将这个空间还给操作系统，操作系统负责把空间回收。

在 C++中，使用这两个函数，也可以完成内存的分配和释放。但是这两个函数已经不能满足 C++对对象的创建需要，因为 C++在创建一个对象时，不仅要完成分配资源的需要，还需要执行对象的构造函数。同时，在释放资源时，还需要执行析构函数。因此，C++在创建和释放内存空间时需要使用 new 和 delete 操作符。注意：new 和 delete 是操作符，不是函数。

申请空间用 new 操作符，其一般格式如下：

```
new 类型 （初值）;
```

例如：

```
new int;              //开辟一个存放 int 型数的空间，返回一个指向该数的指针
new int(3);           //开辟一个存放 int 型数的空间，数的初值为 3，返回指向该数的指针
new char[5];          //开辟一个字符数组（长度为 5）的空间，返回数组首元素的地址
new float[2][3];      //开辟一个二维整型数组的空间，返回数组首元素的地址
```

释放空间用 delete 操作符，其一般格式如下：

```
delete 指针变量;        （对变量）
delete [ ] 指针变量;    （对数组）
```

例如：

```
int *p1=new int(10);   //申请一个存放整数的空间，数的初值为 10，并返回该数的地址，赋给 p1
delete p1;             //释放该 int 型数的空间
char *p2=new char[5];  //申请一个字符数组的空间，返回数组首元素的地址
delete [ ] p2;         //释放整个数组的空间
```

说明

（1）如果使用 delete p2; 则仅仅释放数组中的第一个元素的空间；

（2）用 new 申请数组空间时，不能指定初始值。

例 2-21　临时申请一个空间存放数组数据。

```
//Example 2-21
#include<iostream>
```

```
#include<string>
using namespace std;
int main()
{
    int *p = new int[10];
    int i;
    for (i = 0;i < 10;i++)
    {
        *(p + i) = i;
        cout << *(p + i) ;
    }
    delete [] p;
    return 0;
}
```

程序运行输出结果：

```
0123456789
```

从例 2-21 中，我们可以看出 new 和 delete 的优点：

（1）new 可以自动计算所需要分配内存类型的大小，不需要使用 sizeof 进行计算；

（2）new 能够自动返回正确的指针类型，而不需要进行类型转换；

（3）用 new 申请数组空间时，往往和指针联系起来使用。

注意

使用 new 动态分配内存时，在某些特殊情况下，如计算机内存空间用完了，则空间分配失败，将返回空指针（NULL）。读者在编程时需要全面考虑这些问题。例 2-22 考虑了空间分配失败的情况。

例 2-22 动态空间分配示例。

```
//Example 2-22
#include<iostream>
#include<string>
using namespace std;
int main( )
{
    int *p;
    p = new int;
    if(!p)
    {    cout<<"allocation failure\n";
         return -1;
    }
    *p=20;
    cout<<*p<<endl;
    delete p;
    return 0;
}
```

程序运行输出结果：

```
20
```

2.6.7　void 类型指针

C++有一个通用类型的指针：void 型指针，可指任何类型。

由于指针是用来存放地址的，内存中任意变量的地址大小都是固定的，所以也可以声明 void 类型指针，这种类型的指针可以指向所有的数据类型。但是在取其里面的内容时，需要进行强制类型转换。例 2-23 所示为 void 类型指针的声明和使用。

例 2-23　void 类型指针的声明及使用。

```
//Example 2-23
#include <iostream>
using namespace std;
int main( )
{
    int      i=5;
    char     j='A';
    void*    pi=&i;
    void*    pj=&j;
    cout<<* (int*)(pi)<<endl;
    cout<<* (char*)(pj)<<endl;
    return 0;
}
```

程序运行输出结果：

```
5
A
```

2.7　结　构　体

在前面的内容中，使用的变量如：int a; float b; char c; 等都是单独存在的，相互之间没有联系，在内存中的地址也是互不相关的。而在实际生活中，我们接触到的数据之间都是互相联系，作为一个整体出现的。例如，反映一本书的信息，我们需要用字符串表示书名 name，用整型变量表示编号 isbn，用浮点型变量表示价格 price，用字符串表示作者 author 等。如果单独定义这些变量，很难反映出它们之间的内在联系。若要将一本书的属性完全展示出来，必须将 name、isbn、price、author 等信息组合成一个整体，于是可以使用结构体这种数据类型。**结构体就是用户建立的由不同数据类型组合而成的数据结构**。

2.7.1　结构体类型的定义

在 C++语言中定义结构体类型的一般形式为：

```
struct 结构体名
{      成员表     } ;
```

例如：

```
struct  Book
{   string  name;          //书名为字符串
    int  isbn;             //isbn 编号为整型
    float  price;          //价格为实型
    string  author;        //作者为字符串
};
```

struct 是用于定义具体结构体类型的关键字，此关键字告诉编译系统，准备定义一个结构。结构体类型名是由用户自己定义的标识符。

2.7.2 结构体类型变量的定义、初始化及使用

1. 结构体变量的定义

当在程序中定义了某个结构体类型以后，可以定义该类型的变量。可以采取三种方法定义结构体类型的变量：①先定义结构，再说明结构变量；②在定义结构类型的同时说明结构变量；③直接说明结构变量。

2. 结构体类型变量的初始化及使用

在定义结构体变量的说明语句中，可以对定义的结构体变量赋初值，即初始化。由于结构体占用内存一片连续的存储单元，因此，结构体变量的初始化与数组相似，只要把对应各成员的初始值放在花括号中即可。

在程序中定义了结构体类型的变量后才可以使用该变量。使用时，结构体变量名代表变量整体，而成员名代表该变量的各个成员。只有将一个结构体变量整体赋值给另一个结构体变量才可以使用结构体变量整体。一般对结构变量的使用，包括赋值、输入、输出、运算等都是通过结构变量的成员来实现的。

例 2-24 结构体变量的定义、初始化及使用。

```
//Example 2-24
#include <iostream>
#include <string>
using namespace std;
int main( )
{
    struct   date
    {  int year;
       int month;
       int day;
    };
   struct Book
   {   string  name;
       int  isbn;
       float  price;
       string  author;
         struct date pub_date;
   }a={"c++ program", 12450045,25.5,"luli", 2018,10,1};      //结构体变量初始化

    struct  Computer
   {   string  brand;
       string  model;
```

```
        float  price;
    };
    struct Computer b;
    cin>>b.brand>>b.model>>b.price;            //访问结构体变量的成员
    cout<<"书名："<<a.name<<" ISBN："<<a.isbn<<" 价格："<<a.price<<" 作者："<<a.author<<
    " 出版日期："<<a.pub_date.year<<':'<<a.pub_date.month<<':'<<a.pub_date.day<<endl;
    cout<<"品牌："<<b.brand<<"型号："<<b.model<<"价格："<<b.price<<endl;
    return 0;
}
```

程序运行输出结果：

```
Hp R8973 6000↙
书名：c++ program ISBN：12450045 价格：25.5 作者：luli 出版日期：2018:10:1
品牌：Hp 型号：R8973 价格：6000
```

（1）结构体类型是用户根据需求自己创造的，因此可以根据实际情况创造出许多丰富多彩的结构，各自包含不同的成员，其中的成员也可以属于另一个结构体类型，如例2-24中的结构类型Book中有一个成员属于前面定义的结构类型date；

（2）在定义结构体类型 Book 的同时说明了结构体变量 a；先定义了结构体类型Computer再说明的结构体变量b；

（3）不能直接输出结构体变量的内容，必须通过访问结构变量的成员来实现结构体变量内容的输出。

（4）当声明了一个结构体类型后，系统并没有为结构体分配内存，只有当定义了该类型的变量后，系统才会为该变量分配内存空间。

在例2-24中，系统为变量a和b分别分配了多少个字节的内存？

例 2-25 对结构体变量赋值并输出。

```
//Example 2-25
#include <iostream>
#include <string>
using namespace std;
int main( )
{
    struct  Book
    {   string  name;
        int  isbn;
        float  price;
        string  author;
    };
    struct Book  a1,a2;
    a1.name = "C++程序设计";
    a1.isbn = 97854321;
    a1.price = 43.5;
    a1.author = "luli";
    a2 = a1;
```

```
    cout<<"书名："<<a1.name<<" ISBN："<<a1.isbn<<" 价格："<<a1.price<<" 作者："
        <<a1.author<<endl;
    cout<<"书名："<<a2.name<<" ISBN："<<a2.isbn<<" 价格："<<a2.price<<" 作者："
        <<a2.author<<endl;
    return 0;
}
```

程序运行输出结果：

```
书名：C++程序设计 ISBN：97854321 价格：43.5 作者：luli
书名：C++程序设计 ISBN：97854321 价格：43.5 作者：luli
```

（1）C++不允许对结构体变量名直接进行赋值，只能对它的每个成员赋值；

（2）C++允许将一个结构体变量整体赋值到另一个同类型的结构体变量中。

2.7.3 结构体类型数组的定义与使用

前面所述的结构体类型 Book，存放着书籍的基本信息。如果要编写一个书店管理系统，需要处理一批书籍信息，如 100 本书的信息，可以通过定义结构体类型的数组实现批量处理。结构体类型数组在构造树、表、队列等数据结构时特别方便。

与定义结构体变量类似，定义结构体类型数组也有三种方式，可以在定义结构体数组时进行初始化。

下面以一个简单例子来说明结构体类型数组的定义和使用。

例 2-26 给定书籍信息记录如表 2-4 所示。利用结构体数组输出书价高于 50 元的书的信息。

表 2-4 书籍信息表

书　名	ISBN	书价	作　者
C 程序设计	97854321	43	Liuqiang
Java 程序设计	97854322	55	Sunyang
Python 程序设计	97854323	34	Tiangchong
数据结构	97854324	35	Wugang
数据库	97854325	46	Huangyang
操作系统	97854326	48	Taoju
计算机网络	97854327	60	Yangguang
C++程序设计	97854328	57	Luli
网页设计	97854329	37	Lizhong

```
//Example 2-26
#include <iostream>
#include <string>
using namespace std;
struct  Book
{   string  name;
     int  isbn;
     float  price;
```

```
        string  author;
    };
    int main( )
    {
        struct Book  a[9]={{"C程序设计",97854321,43,"Liuqiang"},
                          {"Java程序设计",97854322,55,"Sunyang"},
                          {"Python程序设计",97854323,34,"Tiangchong"},
                          {"数据结构",97854324,35,"Wugang"},
                          {"数据库",97854325,46,"Huangyang"},
                          {"操作系统",97854326,48,"Taoju"},
                          {"计算机网络",97854327,60,"Yangguang"},
                          {"C++程序设计",97854328,57,"Luli"},
                          {"网页设计",97854329,37,"Lizhong"}};
        for(int i=0; i <9; i++)
        {
            if(a[i].price>=50)
            cout<<"书名: "<<a[i].name<<" ISBN: "<<a[i].isbn<<" 价格: "<<a[i].price<<
                " 作者: "<<a[i].author<<endl;
        }
        return 0;
    }
```

程序运行输出结果：

```
书名: Java程序设计 ISBN: 97854322 价格: 55 作者: Sunyang
书名: 计算机网络 ISBN: 97854327 价格: 60 作者: Yangguang
书名: C++程序设计 ISBN: 97854328 价格: 57 作者: Luli
```

2.7.4　结构体类型指针的定义与使用

1. 指向结构体变量的指针

可以定义指向结构体变量的指针，通过指针可以间接访问结构体变量。

结构指针变量定义的一般形式为：

```
struct  结构名 *结构指针变量名;
```

例 2-27　使用指向结构体变量的指针来访问结构体变量的各个成员的值并将其输出。

```
//Example 2-27
#include <iostream>
#include <string>
using namespace std;
int main( )
{
  struct  Book
   {    string  name;
        int  isbn;
        float  price;
        string  author;
   }a={"c++ program", 12450045,25.5,"luli"};        //结构体变量初始化
   struct Book *p=&a;
   cout<<"书名: "<<a.name<<" ISBN: "<<a.isbn<<" 价格: "<<a.price<<
```

```
        " 作者："<<a.author<<endl;
    cout<<"书名："<<p->name<<" ISBN："<<p->isbn<<" 价格："<<p->price<<
        " 作者："<<p->author<<endl;
    cout<<"书名："<<(*p).name<<" ISBN："<<(*p).isbn<<" 价格："<<(*p).price<<
        " 作者："<<(*p).author<<endl;
    return 0;
}
```

程序运行输出结果：

```
书名：c++ program ISBN：12450045 价格：25.5 作者：luli
书名：c++ program ISBN：12450045 价格：25.5 作者：luli
书名：c++ program ISBN：12450045 价格：25.5 作者：luli
```

（1）结构体指针变量的赋值是把结构体变量的首地址赋给该指针变量。如例 2-27 中 p=&a 是正确的，而 p=&Book 是错误的，Book 是一种自定义的数据类型，不是变量，在内存中没有地址；

（2）通过结构体指针访问结构体变量的各个成员有两种方式，如例 2-27 访问结构体变量的 price 成员的格式为：(*p).price 或者 p–>price。其中，*p 两侧的括号不可省略。

在例 2-27 中，去掉*p 两侧的括号程序能正常运行吗？为什么？

2. 指向结构体数组的指针

可以定义指向结构体变量的指针，同样也可以定义指向结构体数组的指针。指向结构体数组的指针的值是该结构体数组所分配的存储区域的首地址。设 ps 为指向结构体数组的指针变量，则 ps 也指向该结构体数组的 0 号元素，ps+1 指向 1 号元素，ps+i 则指向 i 号元素。这与普通数组的情况是一致的。

例 2-28 用指向结构体数组的指针改写例 2-26。

```
//Example 2-28
#include <iostream>
#include <string>
using namespace std;
struct  Book
{    string  name;
        int  isbn;
        float  price;
        string  author;
};
int main( )
{
    struct Book  a[9]={{"C程序设计",97854321,43,"Liuqiang"},
                      {"Java程序设计",97854322,55,"Sunyang"},
                      {"Python程序设计",97854323,34,"Tiangchong"},
                      {"数据结构",97854324,35,"Wugang"},
                      {"数据库",97854325,46,"Huangyang"},
                      {"操作系统",97854326,48,"Taoju"},
```

```
                {"计算机网络",97854327,60,"Yangguang"},
                {"C++程序设计",97854328,57,"Luli"},
                {"网页设计",97854329,37,"Lizhong"}};
    struct Book *p;
    p = a;
    for(int i=0; i<9; i++)
    {
        if(p->price>=50)
            cout<<"书名: "<<p->name<<" ISBN: "<<p->isbn<<" 价格: "<<p->price<<
                " 作者: "<<p->author<<endl;
        p++;
    }
    return 0;
}
```

程序运行输出结果：

```
书名: Java 程序设计 ISBN: 97854322 价格: 55 作者: Sunyang
书名: 计算机网络 ISBN: 97854327 价格: 60 作者: Yangguang
书名: C++程序设计 ISBN: 97854328 价格: 57 作者: Luli
```

2.7.5 链表及其基本操作

在动态存储分配的程序设计中，当第一次需要内存时，C++可以使用 new 运算符分配一块连续的内存；当第二次需要时，再分配一块连续的内存空间，但是这些内存之间并不是连续的，如何才能将这些分散的空间组织在一起？

答案是使用链表，链表就是把多个内存块组织在一起的数据结构。链表不同于数组，数组必须事先确定好元素的个数，而且数组中的元素是按指定的顺序存放在内存中的。在实际应用时，很难确定数组元素的个数，例如，一个班级的学生信息如果用数组存放，因为每个班级规模不同，学生数也不一样，为了能处理任何班级的学生信息，必须把数组定义得足够大，而且当有新生加入或者学生退学时，需要在数组中插入或删除一个元素，这时会引起数组中大量数据的移动。而使用链表可以很好地解决这些问题。图 2-22 所示为一简单链表的示意图。

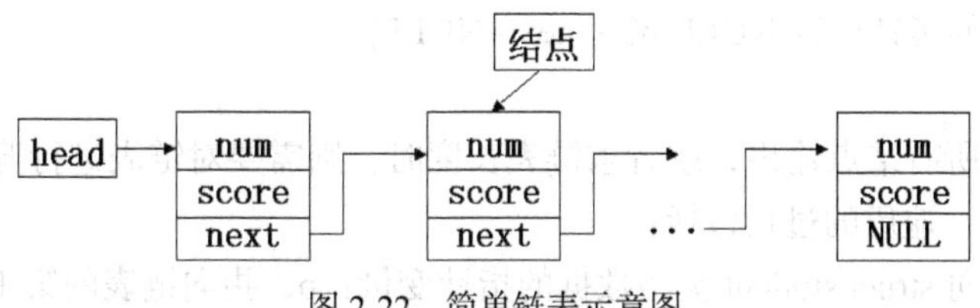

图 2-22　简单链表示意图

图 2-22 中，第 0 个结点称为头结点，又称为头指针，它是一个指针变量，用来存放链表中第一个结点的地址。从头结点出发，就可以访问链表中任何一个结点的数据成员。

链表中的每一个结点一般由两部分组成。

（1）数据域。用于存放各种实际的数据，可以是一个数据项，也可以是多个数据项，如学号 num 和成绩 score。

（2）指针域。用于存放和该结点相链接的下一个结点的地址。指针域是同类型的结构体指针变量。链表中的每一个结点都是同一种结构类型。图 2-22 所示的链表结点可以通过结构体定义如下：

```
struct student
{
  int num;
  float score;
  struct student *next;
}
```

以上代码定义了一个结构体 student 类型，前两个成员项组成数据域，后一个成员项 next 构成指针域，它是一个指向 student 结构体类型的指针变量。

对链表的主要操作有：①建立链表；②链表的遍历；③插入一个结点；④删除一个结点。

1. 建立链表

建立链表是指在程序执行过程中从无到有地建立一个链表，即一个一个地开辟结点空间和输入各结点数据，并建立起前后相链的关系。

建立链表的主要步骤如下（链表结点为 struct student 类型的数据结构）。

（1）设有三个指针变量：head、p1、p2，它们都是用来指向 struct student 类型数据的，例如：

```
struct student *head=NULL,*p1,*p2;
```

head 为头指针变量，指向链表的第 1 个结点；p1 指向新申请的结点；p2 指向链表的尾结点，用 p2->next=p1，实现将新申请的结点插入链表尾，使之成为新的尾结点。

（2）new 运算符开辟第 1 个结点，并使 head 和 p2 都指向它，然后从键盘输入数据。

```
head=p2=new (struct student);
cin>>p2->num>>p2->score;
```

（3）再用 new 运算符开辟另一个结点并使 p1 指向它，接着输入数据，并与上一结点相连，使 p2 指向新建立的结点。

```
p1=new(struct student);
cin>>p1->num>>p1->score;                //输入数据
p2->next=p1;                            //与上一结点相连
p2=p1;                                  //使 p2 指向新链结点
```

重复执行第（3）步，可以建立第 3 个结点，并使第 3 个结点和第 2 个结点链接（p2->next=p1），依次创建后面的结点，直到所有的结点建立完毕。

（4）将表尾结点的指针域置 NULL(p2->next=NULL)。

2. 链表的遍历

当需要将链表中所有结点输出，或者求链表长度时，则需要对链表进行遍历操作。以 struct student 类型结点为例，遍历的过程包括：

（1）设有一个指向 struct student 类型数据的指针变量：p，指向链表的第 1 个结点。

```
struct student *p=head;
```

（2）如果 p 指向结点不为空，输出结点的内容，p 向后移动；

```
while(p!=NULL)
{
  cout<<p->num<<"  "<<p->score;
  p=p->next;
}
```

例 2-29　写一个程序完成：①创建有 n 个 student 类型结点的单向链表，n 由用户从键盘输入；②遍历链表，将链表中的信息输出到屏幕。

```
//Example 2-29
#include <iostream>
using namespace std;
struct student
{
    long num;
    float score;
    struct student *next;
};
int main()
{
    int n;
    cout<<"请输入链表长度："<<endl;
    cin>>n;
    struct student *head;
    struct student *p1,*p2;
    head=p2=new(struct student);                /*建立第 1 个结点*/
    cout<<"请输入学号 分数"<<endl;
    cin>>p2->num>>p2->score;
    for(int i=2;i<=n;i++)                       /*循环建立第 2 个到第 n 个结点*/
    {
        p1=new(struct student);
        cout<<"请输入学号 分数"<<endl;
        cin>>p1->num>>p1->score;
        p2->next=p1;
        p2=p1;
    }
    p2->next=NULL;
    /*遍历链表，输出所有信息*/
    p1=head;
    while(p1!=NULL)
    {
        cout<<"学号:"<<p1->num<<" 分数:"<<p1->score<<endl;
        p1=p1->next;
    }
    return(0);
}
```

程序运行输出结果：

```
请输入链表长度：
3↙
请输入学号 分数
10001 87↙
请输入学号 分数
10002 94↙
请输入学号 分数
10003 79↙
学号:10001 分数:87
```

```
学号:10002 分数:94
学号:10003 分数:79
```

3. 插入节点

可以在链表某个位置插入一个结点；插入结点之前应该先确定该结点数据项的值，以及应插入位置，将插入位置的前一个结点的指针指向插入结点，将插入结点的指针设置为与插入位置的前一结点原来的指针域相同，如图 2-23 所示。

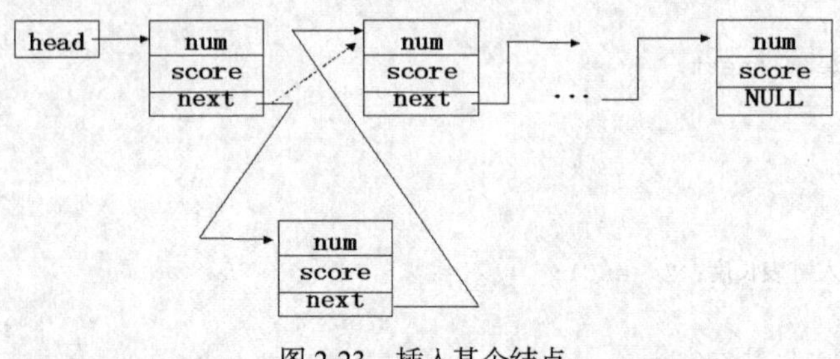

图 2-23　插入某个结点

4. 删除指定的结点

可以删除链表中某个位置的结点，例如，在学生成绩链表中，可以按学生学号进行删除。在确定要删除的结点的位置后，将被删除结点的指针值赋给其前一个结点的指针，然后将被删除的结点空间释放即可，如图 2-24 所示。

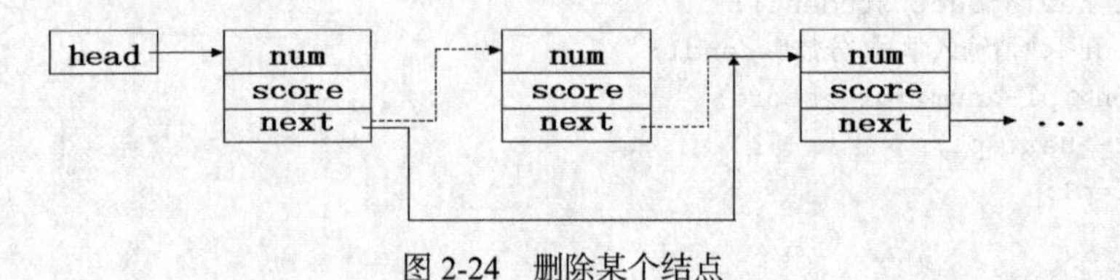

图 2-24　删除某个结点

例 2-30　写一个程序完成：①创建有 n 个 student 类型结点的单向链表，n 由用户从键盘输入；②向链表中插入一个新的结点；③用户从键盘输入要删除的学生学号，将该学号的学生从链表中删除。

```
//Example 2-30
#include <iostream>
using namespace std;
struct student
{
    long num;
    float score;
    struct student *next;
};
int main()
{
    //(1)Begin_CreateLink 创建链表同例 2-29,学号升序排列
    int n;
    cout<<"请输入要创建的链表的长度："<<endl;
    cin>>n;
    struct student *head,*ptr;
```

```
struct student *p1,*p2;
head=p2=new(struct student);                    /*建立第 1 个结点*/
cout<<"请输入学号 分数"<<endl;
cin>>p2->num>>p2->score;
for(int i=2;i<=n;i++)                            /*循环建立第 2 个到第 n 个结点*/
{
    p1=new(struct student);
    cout<<"请输入学号 分数"<<endl;
    cin>>p1->num>>p1->score;
    p2->next=p1;
    p2=p1;
}
p2->next=NULL;
//(1)End_CreateLink

//Begin_PrintLink 遍历输出当前链表中的内容
cout<<"当前链表中的内容"<<endl;
p1=head;
while(p1!=NULL)
{
    cout<<"学号:"<<p1->num<<" 分数:"<<p1->score<<endl;
    p1=p1->next;
}//End_PrintLink

//(2)Begin_AddNew 新增一个学生结点。
cout<<"\n 准备新增一个学生"<<endl;
ptr=new(struct student);                  /*新增结点*/
cout<<"请输入学号 分数"<<endl;
cin>>ptr->num>>ptr->score;
p1=head;
if(head==NULL)                          /*结点直接插入表头*/
{
    head=ptr;
    ptr->next=NULL;
}
else
{
    while((ptr->num>p1->num) &&(p1->next!=NULL))
    {
        p2=p1;p1=p1->next;                  /*循环结束时 p1 指向插入位置*/
    }
    if(ptr->num<=p1->num)
    {
        if(head==p1) head=ptr;              /*结点插入表头*/
        else p2->next=ptr;                  /*结点插入 node1 前*/
        ptr->next=p1;
    }
    else
    {
        p1->next=ptr;ptr->next=NULL;              /*结点插入表尾*/
    }
}//(2)End_AddNew
```

```
    //Begin_PrintLink 遍历输出当前链表中的内容
    cout<<"当前链表中的内容"<<endl;
    p1=head;
    while(p1!=NULL)
    {
        cout<<"学号:"<<p1->num<<" 分数:"<<p1->score<<endl;
        p1=p1->next;
    }//End_PrintLink

    //(3)Begin_Delete 删除指定学号的学生结点
    cout<<"\n 准备删除指定学号的学生"<<endl;
    cout<<"请输入要删除的学生的学号"<<endl;
    int num;
    cin>>num;
    if (head==NULL)
        cout<<"list null!"<<endl;
    else
    {
        p1 = head;
        while(num!=p1->num && p1->next!=NULL)
        {  p2=p1;p1=p1->next;  }                  /*找出要删除的结点 node1*/
        if(num==p1->num)                          /*找到要删除的结点*/
        {
            if(p1==head) head=p1->next;           /*删除的是头结点*/
            else p2->next=p1->next;               /*删除的是普通结点*/
            printf("delete:%ld\n",num);
            free(p1);
        }
        else printf("%d not been found!\n",num);  /*找不到要删除的结点*/
    }//(3)End_Delete

    //Begin_PrintLink 遍历输出当前链表中的内容
    cout<<"当前链表中的内容"<<endl;
    p1=head;
    while(p1!=NULL)
    {
        cout<<"学号:"<<p1->num<<" 分数:"<<p1->score<<endl;
        p1=p1->next;
    }//End_PrintLink
    return(0);
}
```

程序运行输出结果：

```
请输入要创建的链表的长度:
3↙
请输入学号 分数
1001 87↙
请输入学号 分数
1003 89↙
请输入学号 分数
```

```
1007 96↙
当前链表中的内容
学号:1001 分数:87
学号:1003 分数:89
学号:1007 分数:96

准备新增一个学生
请输入学号 分数
1002 79↙
当前链表中的内容
学号:1001 分数:87
学号:1002 分数:79
学号:1003 分数:89
学号:1007 分数:96

准备删除指定学号的学生
请输入要删除的学生的学号
1003↙
delete:1003
当前链表中的内容
学号:1001 分数:87
学号:1002 分数:79
学号:1007 分数:96
```

2.8 函　　数

“函数”的英文为 function，每一个函数都代表一种功能。当程序的代码量非常巨大时，不可能把所有的内容都放在 main 函数里，而应该根据程序的功能来划分出诸多模块，每一个模块实现一部分功能。这样做的优点是：

（1）使程序的结构清晰明了，便于阅读和修改；

（2）在团队合作开发的过程中，便于规划、组织和分工；

（3）对于常用的功能，可将其编写成函数，可以多次调用，以减少重复编写的工作量。

在一个程序文件中可以包含若干个函数，但 main 函数有且只能有一个。程序总是从 main 函数开始执行。C 语言是面向过程的语言，也是面向函数的语言。C++是面向对象的程序设计语言，main 函数以外的大多数函数都被封装在类中。但无论是 C 还是 C++，程序中的各项操作都离不开函数调用。

2.8.1 函数定义和调用

1. 函数的定义

定义无参函数的一般形式：

```
类型名 函数名([void])
{
    函数体
}
```

例如：

```
void  title( )
{
    printf("***************\n");
    printf(" C++ PROGRAM\n");
    printf("***************\n");
}
```

定义有参函数的一般形式：

```
类型名 函数名（形式参数表列）
{
    函数体
}
```

例如：

```
int  max(int a, int b)                    //函数首部，函数值为整型，有两个整型形参
{
    int m;
    m=a>b?a:b;
    return(m);                            //将m的值作为函数值返回调用点
}
```

注意

返回值的类型一定要与函数类型一致。

又如：

```
float  average(int a, int b, int c)  //函数类型名为float
{
    float  aver;
    aver=(a+b+c)/3.0;
    return(aver);                         //返回值aver类型也为float
}
```

2. 函数的调用

例 2-31a　函数的调用。

```
//Example 2-31a
#include<iostream>
#include<cmath>
using namespace std;
void  title( )                                      //定义title函数
{
    printf("***************\n");
    printf(" C++ PROGRAM\n");
    printf("***************\n");
}
int  max(int a, int b)                              // 定义max函数
{
    int m;
    m=a>b?a:b;
    return(m);
```

```
}
int  main( )
{
    int x, y, z;
    title( );                                    //调用 title 函数
    cout<<"please enter 2 integers:";
    cin>>x>>y;
    z=max(x,y);                                  //调用 max 函数，比较 x 和 y
    cout<<"max is "<<z<<endl;
    cout<<"abs max is "<<max(abs(x), abs(y));   //调用 max 函数，比较 x 和 y 的绝对值
    cout<<endl;
    return 0;
}
```

程序运行输出结果：

```
***************
 C++ PROGRAM
***************
please enter 2 integers:3  -4 ↙
max is 3
abs max is 4
```

调用函数的一般形式为：

```
函数名（[实参列表]）;
```

（1）如果调用无参函数，则参数为空，但括号不能省略，如例 2-31a：

```
title();
```

如果调用有参函数，则将参数依次按顺序传入，如例 2-31a：

```
max(x, y);                    //将整数 x 和 y 传入 max 中进行比较
max(fabs(x), fabs(y));        //将 fabs(x)和 fabs(y)传入 max 中进行比较
```

这里 abs( )本身就是头文件<cmath>中的用来求绝对值的库函数，该函数的值可以作为另一个函数 max 的参数。

传入参数的类型和个数必须与函数定义时的形式相同。

（2）max 函数 return 得到的返回值，会作为主函数调用的最终结果应用于其他语句中，如例 2-31a 中：

```
z=max(x,y);                   //返回值通过赋值语句传给 z
cout<<max(abs(x), abs(y));    //返回值通过 cout 进行输出显示
```

3. 函数的声明

如果将例 2-29a 中主函数写在前面，title 和 max 函数写在后面，编译程序后会成功运行吗？

通过实践会发现，如果将上例中的主函数置前，title 和 max 函数置后，程序编译后就会出错，

并看到“error C2065: 'title' : undeclared identifier”等错误。说明被调用的函数 title 和 max 尽管已经存在，但是还是无法被系统承认。系统要求函数在尚未定义的情况下，事先将该函数的相关信息通知编译系统，系统对调用函数的合法性进行全面检查，方能正常运行，即**函数声明**。好比新人入职，即使不能按时报到，也要提前把个人信息注册到公司，告知情况，提前“声明”。如果无此声明，则函数不会被承认。

例 2-31b 函数的声明。

```
//Example 2-31b
#include<iostream>
#include<cmath>
using namespace std;
void       title( );                    //对 title 函数作声明
int     max(int a, int b);              //对 max 函数作声明
void  main( )
{
    int x, y, z;
    title( );
    cout<<"please enter 2 integers:";
    cin>>x>>y;
    z=max(x,y);
    cout<<"max is "<<z<<endl;
    cout<<"abs max is "<<max(abs(x), abs(y));
    cout<<endl;
}
void  title( )              //定义 title 函数
{
    printf("***************\n");
    printf(" C++ PROGRAM\n");
    printf("***************\n");
}
int  max(int a, int b)      // 定义 max 函数
{
    int m;
    m=a>b?a:b;
    return(m);
}
```

注意

（1）函数的定义和声明不是一回事。定义是对函数功能的完整描述，包括函数名、函数类型、参数、函数体等。而声明只是把函数原型（不包括函数体）通知编译系统，以便系统进行检查和对照，简单地说，声明的内容就是函数定义中的第一行加上分号。

（2）如果被调用函数的定义出现在主调函数之前，可以不用声明，如例 2-31a，编译系统已经完全知晓 title 和 max 函数的全部“面貌”，则无须提前声明。

2.8.2 函数参数传递机制

在调用有参函数时，主调函数和被调用函数之间有数据传递的关系。在定义函数时，函数名后面括号中的变量叫形式参数（简称“形参”）。调用该函数时，函数名后面括号中的变量称为实际参数（简称“实参”）。那么，形参和实参的值是不是总是相等？形参和实参在内存中是不是同一块空间？形参和实参之间会不会相互影响？要回答这些问题，我们首先要明白函数参数传

递的机制。根据参数传递的种类不同，一般可分为传值、传地址、传引用几种情况。

1. 传值

例 2-32　值作为函数参数传递。

```
//Example 2-32
#include<iostream>
using namespace std;
void swap(int a, int b)
{   int t;
    t=a;
    a=b;
    b=t;
    cout<<a<<"  "<<b<<endl;
}
int main( )
{   int x=3, y=5;
    swap(x, y);
    cout<<x<<"  "<<y<<endl;
}
```

程序的运行结果为：

```
5  3
3  5
```

说明

如图 2-25 所示，系统先为实参 x 和 y 分配空间，并存入整数 3 和 5，在调用 swap 函数时，再为形参 a 和 b 分配空间，并将 3 和 5 复制过去，即**实参和形参拥有不同的存储单元**。当 swap 函数运行完毕时，形参 a 和 b 完成交换，变成 5 和 3。由于实参向形参的数据传递是“**值传递**”，单向传递，即只能由实参传给形参，改变后的形参值不能传回给实参。

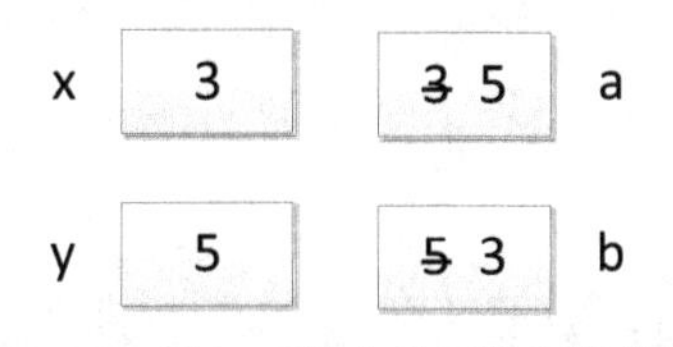

图 2-25　例 2-32 值作为函数参数传递

例 2-33　数组元素作为函数参数传递。

```
//Example 2-33
#include<iostream>
using namespace std;
void swap(int a, int b)
{   int t;
    t=a;
    a=b;
    b=t;
    cout<<a<<"  "<<b<<endl;
}
```

```
int main( )
{   int x[2]={3,5};
    swap(x[0], x[1]);
    cout<<x[0]<<"   "<<x[1]<<endl;
    return 0;
}
```

程序的运行结果为：

```
5  3
3  5
```

如图 2-26 所示，系统先为实参数组元素 x[0]和 x[1]分配空间，并存入整数 3 和 5，将两个数组元素作为形参传入 swap 函数。在调用 swap 函数时，为形参 a 和 b 分配空间，并将 3 和 5 复制过去，此时实参和形参还是占用不同的存储单元。当 swap 函数运行完毕时，形参 a 和 b 完成交换，变成 5 和 3，实参的值仍然没有改变。例 2-33 尽管将数组元素作为实参，但是本质上依然是“值传递”，单向传递。

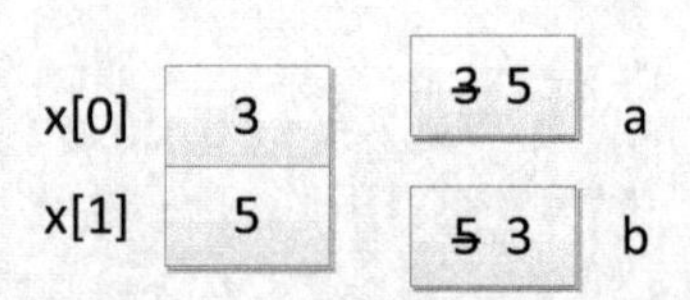

图 2-26　例 2-33 数组元素作为函数参数传递

2. 传地址

例 2-34　地址作为函数参数传递。

```
//Example 2-34
#include<iostream>
using namespace std;
void swap(int *a, int *b)
{   int t;
    t=*a;
    *a=*b;
    *b=t;
    cout<<*a<<"  "<<*b<<endl;
}
int main( )
{   int x=3, y=5;
    swap(&x, &y);
    cout<<x<<"  "<<y<<endl;
    return 0;
}
```

程序的运行结果为：

```
5  3
5  3
```

说明

如图 2-27 所示，系统先为 x 和 y 分配空间，存入整数 3 和 5，并将 x 和 y 的地址作为实参传入 swap 函数。在调用 swap 函数时，形参 a 和 b 是指针变量，分别存放 x 和 y 的地址，即指针变量 a 指向 x，指针变量 b 指向 y。当 swap 函数运行完毕后，*a 和*b 完成交换，即 a 间接访问数据 x、b 间接访问数据 y 完成交换，变成 5 和 3。利用这种“地址传递”的方式，即可完成值的交换。其中，x 与*a 是同一块内存单元，y 与*b 是同一块内存单元。

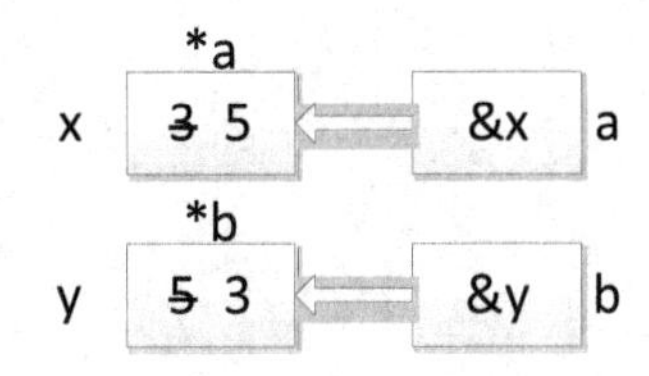

图 2-27 例 2-34 地址作为函数参数传递

例 2-35 数组名作为函数参数传递。

```
//Example 2-35
#include<iostream>
using namespace std;
void swap(int a[2])
{   int t;
    t=a[0];
    a[0]=a[1];
    a[1]=t;
    cout<<a[0]<<"  "<<a[1]<<endl;
}
int main( )
{   int x[2]={3,5};
    swap(x);
    cout<<x[0]<<"  "<<x[1]<<endl;
    return 0;
}
```

程序的运行结果为：

```
5  3
5  3
```

说明

如图 2-28 所示，系统先为实参数组元素 x[0]和 x[1]分配空间，并存入整数 3 和 5，并将数组名 x 作为实参传入 swap 函数。由于数组名表示数组的首地址，因此在调用的本质上还是“地址传递”。在调用 swap 函数时，系统并不会为形参 int a[2]分配空间，而只是把数组 x 的首地址传给数组 a，因此数组 x 和数组 a 实际上占用同样的内存空间。当 swap 函数运行完毕后，a[0]和 a[1]完成交换，变成 5 和 3，同时也是 x[0]和 x[1]完成交换。

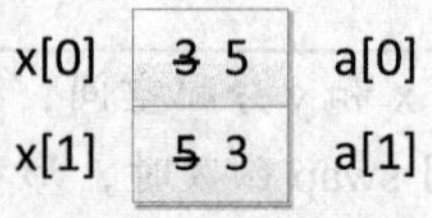

x[0] ~~3~~ 5 a[0]

x[1] ~~5~~ 3 a[1]

图 2-28 例 2-35 数组名作为函数参数传递

3. 传引用

例 2-36 引用作为函数参数传递。

```
//Example 2-36
#include<iostream>
using namespace std;
void swap(int &a, int &b)
{   int t;
    t=a;
    a=b;
    b=t;
    cout<<a<<" "<<b<<endl;
}
int main( )
{   int x=3, y=5;
    swap(x, y);
    cout<<x<<" "<<y<<endl;
    return 0;
}
```

程序的运行结果为：

```
5 3
5 3
```

如图 2-29 所示，系统先为实参 x 和 y 分配空间，存入整数 3 和 5，并将 x 和 y 作为实参传入了 swap 函数。在调用 swap 函数时，a 和 b 是整型变量的引用，即 a 为 x 的别名，b 为 y 的别名。即 a 与 x 是同一块内存空间，b 与 y 是同一块内存空间。当 swap 函数运行完毕时，a 和 b 完成交换，变成 5 和 3，同时也是 x 和 y 完成交换。

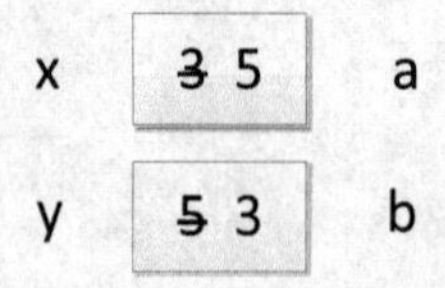

图 2-29 例 2-36 引用作为函数参数传递

使用引用型形参的方法比使用指针型形参更加简单、直观和方便，可以部分代替指针的操作，减小程序设计的难度。引用不仅可以用于变量，也可以用于类对象。例如，实参可以是一个类对象名，在调用函数时是传递类对象的起始地址。在 C++面向对象的程序设计中常用到引用，希望读者好好掌握。

4. 应用举例

例 2-37 用选择法对数组中的 10 个整数按从小到大排序。

```
//Example 2-37
#include <iostream>
using namespace std;
int main( )
{
    void sort(int array[],int n);
    int a[10],i;
    cout<<"enter array:"<<endl;
    for(i=0;i<10;i++)
        cin>>a[i];
    sort(a,10);
    cout<<"The sorted array:"<<endl;
    for(i=0;i<10;i++)
        cout<<a[i]<<" ";
    return 0;
}
void sort(int array[],int n)
{
    int i,j,k,t;
    for(i=0;i<n-1;i++)
    {
        k=i;
        for(j=i+1;j<n;j++)
        if(array[j]<array[k])    k=j;
        t=array[k];
        array[k]=array[i];
        array[i]=t;
    }
}
```

程序的运行结果为：

```
enter array:
4 9 23 0 1 7 3 6 12 5↙
The sorted array:
0 1 3 4 5 6 7 9 12 23
```

（1）选择法就是将最小数与 a[0]对换；再将 a[1]到 a[9]中的最小数与 a[1]对换……每一轮比较后，找出未排序的数中的最小数并放在相应的位置。10 个数排序完成，需要比较 9 轮。

（2）用数组名作为函数实参时，不是把实参元素的值传给形参，而是将数组的首地址传给形参。这样一来，实参数组和形参数组就共同占用一段内存空间。改变形参数组元素的值，同时也会导致实参数组元素的值发生改变。在程序设计中，程序员往往有意识地利用这一点来改变实参元素的值。

（3）实际上，声明形参数组不对它分配存储单元，只是用 array[ ]这样的形式表示 array 是一维数组名，以接收实参传来的地址。因此，array[ ]中方括号内的数值并无实际作用，编译系统对一维数组方括号内的内容不予处理。形参一维数组的声明 array[ ]中可以写元素个数，也可以不写。函数首部的下面几种写法都合法，作用相同。

```
void sort(int array[10],int n)        //指定元素个数与实参数组相同
void sort(int array[],int n)          //不指定元素个数
```

例 2-38 一个班有 n 个学生，需要把每个学生的姓名和学号输入计算机保存。然后可以通过输入某一学生的姓名查找相关资料。当输入一个姓名后，程序就查找该班中有无此学生，如果有，则输出他的姓名和学号；如果查不到，则输出“本班无此人”。

为解此问题，可以分别编写两个函数，函数 input_data 用来输入 n 个学生的姓名和学号，函数 search 用来查找要找的学生是否在本班。

```
//Example 2-38
#include <iostream>
#include <string>
using namespace std;
string name[50],num[50];                    //定义两个字符串数组，分别存放姓名和学号
int n;                                      //n 是实际的学生数
int main( ){
    void input_data( );                     //函数声明
    void search(string find_name);          //函数声明
    string find_name;                       //定义字符串变量，find_name 是要找的学生
    cout<<"please input number of this class: ";
    cin>>n;                                 //输入学生数
    input_data( );                          //调用 input_data 函数，输入学生数据
    cout<<"please input name you want find: ";
    cin>>find_name;                         //输入要找的学生的姓名
    search(find_name);                      //调用 search 函数，寻找该学生姓名
    return 0;
}

void input_data( )
{    int i;
     for (i=0;i<n;i++)
       {
       cout<<"input name and NO. of student "<<i+1<<": "; //输入提示
       cin>>name[i]>>num[i];                          //输入 n 个学生的姓名和学号
     }
}
void search(string find_name) {
int i;
    bool flag=false;
    for(i=0;i<n;i++)
    if(name[i]==find_name)                   //如果要找的姓名与本班某一学生姓名相同
    { cout<<name[i]<<"has been found, his number is" <<num[i]<<endl;
                                             //输出姓名与学号
        flag=true;
        break;
    }
    if(flag==false)                          //如找不到，则输出“找不到”的信息
        cout<<"can't find this name";
}
```

程序的运行结果为：

```
please input number of this class: 5↙
input name and NO. of student 1: JIM 001↙
input name and NO. of student 2: KATE 002↙
input name and NO. of student 3: ALLEN 003↙
input name and NO. of student 4: TRACY 004↙
input name and NO. of student 5: LEE 005↙
please input name you want find: TRACY↙
TRACY has been found, his number is004
```

2.8.3　函数重载

在一般情况下，一个函数对应一种功能。但有时同一类中的几个函数的功能非常相似，只是参数等细节略有不同。

例如：

（1）求最大值：三个整数求最大值，三个浮点数求最大值，三个字符型数求最大值；

（2）求平面图形的面积：三角形求面积，矩形求面积，正方形求面积。

在一个程序里，要分别写出三个功能相同而名字不同的函数，对于编程者来说不太方便，能否用一个统一的函数名表示不同的函数呢？

C++提供了**函数重载**。即用同一个函数名定义多个不同的函数，而这些函数的参数个数或参数类型不同。函数重载的本质就是“**一物多用**”，一个函数名以不同的形式多次使用。

例如，对于三种不同类型的数据求最大值，其函数原型可以写成：

```
int max(int a, int b, int c);                //三个整数求最大值
float max(float a, float b, float c);        //三个浮点数求最大值
char max(char a, char b, char c);            //三个字符型数求最大值
```

又如，对于三种不同类型的平面图形求面积，其函数原型可以写成：

```
float getArea(float a);                      //正方形求面积
float getArea(float a, float b);             //矩形求面积
float getArea(float a, float b, float c);    //三角形求面积
```

再如，对于执行打开文件的函数，针对给定参数不同，其函数原型可以写成：

```
void fileopen(char *filename);                  //按照文件名打开此文件
void fileopen(char *filename, char *path);      //按照文件名和目录路径打开文件
void fileopen(char *filename, char *path, char format);
                                                //按照文件名、目录路径及文件格式打开文件
```

重载函数由于参数个数或类型的不同，系统根据参数的个数找到与之匹配的函数并调用它。在重载时，系统必须能根据参数的个数和类型实现准确的调用，不能产生混淆。例如，以下重载是不正确的：

```
int fun(int a);
float fun(int a);
void fun(int a);
```

这三种函数在被调用时形参相同，编译系统无法判别该调用哪一个函数。

例 2-39　使用重载函数求平面图形的面积（包括正方形、矩形和三角形）。

```
//Example 2-39
#include<iostream>
#include<cmath>
using namespace std;
float getArea (float a);
float getArea (float a, float b);
float getArea (float a, float b, float c);
int main( )
{
    float x,y[2],z[3],a1,a2,a3;
    cout<<"输入正方形的边长：";
    cin>>x;
    a1=getArea(x);
    cout<<"area="<<a1<<endl;
    cout<<"输入矩形的长和宽：";
    cin>>y[0]>>y[1];
    a2=getArea(y[0],y[1]);
    cout<<"area="<<a2<<endl;
    cout<<"输入三角形的三边长：";
    cin>>z[0]>>z[1]>>z[2];
    a3=getArea(z[0],z[1],z[2]);
    cout<<"area="<<a3<<endl;
    return 0;
}
float getArea (float a)
{
    return (a*a);
}

float getArea (float a, float b)
{
    return (a*b);
}

float getArea (float a, float b, float c)
{    float s,area;
     s=(a+b+c)/2;
     area=sqrt(s*(s-a)*(s-b)*(s-c));
     return area;
}
```

程序运行输出结果：

```
输入正方形的边长：5↙
area=25
输入矩形的长和宽：3 4↙
area=12
输入三角形的三边长：3 4 5↙
area=6
```

该程序使用了重载函数求平面图形的面积，相同函数名 getArea( )的三个函数具有不同个数的参数。在主函数调用 getArea( )函数时，会根据参数个数自动匹配。

例 2-40　使用重载函数编程求一个数的平方。

```
//Example 2-40
#include<iostream>
using namespace std;
void square(int);
void square(double);
int main( )
{
    square(8);
    square('A');
    square(1.3);
    square(4.2f);
    square((int)3.23);
    return 0;
}
void square(int n)
{
    cout<<n*n<<endl;
}
void square(double n)
{
    cout<<n*n<<endl;
}
```

程序运行输出结果：

```
64
4225
1.69
17.64
9
```

两个重载函数具有不同类型的参数，主函数 5 次调用 square( )函数，第一次和第三次的参数是严格匹配，第二次和第四次调用时是内部转换类型后匹配，第五次调用时是强制转换类型后再匹配的。

2.8.4　带默认参数的函数

通常情况下，实参的个数与形参一一对应，在函数调用时把实参的值传给形参。有时多次调用同一函数时，实参的取值总是相同，此时，C++提供了简单的处理办法，给形参一个默认值，这样就不用每次依靠实参来传值给形参了。这种方法比较灵活，可以简化编程，提高效率。

例如，定义 cost 函数为：

```
float cost(float price, float discount)
{
```

```
    return (price*discount);
}
```

如果把函数声明写为：

```
float cost(float price, float discount=0.9);
```

表示参数 discount 默认值为 0.9，所以可以不必给出实参的值，例如，在主函数里调用

```
int main( )
{
    cout<<cost(30);          //结果为 30*0.9=27
    return 0;
}
```

相当于把值 32 传递给形参 price，而 discount 的值默认为 0.9。

如果需要修改 discount 的值，则只需要重新传入实参即可。

```
int main( )
{
    cout<<cost(30, 0.8);     //结果为 30*0.8=24
    return 0;
}
```

（1）如果有多个形参，可以使每个形参都有一个默认值，例如：

```
float cost(float price=50,  float discount=0.9);
```

也可以只对一部分形参指定默认值，例如：

```
float cost(float price,  float discount=0.9);
```

（2）实参与形参的结合是从左到右，一一对应的。因此指定默认值的参数必须放在形参表列的最右端，否则会出错。例如：

```
void fun(int a=0, int b, int c, int d=1);    //错误
void fun(int a, int b, int c=0, int d=1);    //正确
```

在调用有默认参数的函数时，实参的个数可以与形参不同，对于实参未给定的，取形参的默认值。例如，在调用函数 void fun(int a, int b, int c=0, int d=1)时，可以采取以下的形式：

```
fun(2, 3, 4, 5);      //形参的值全部由实参指定
fun(2, 3, 4);         //最后一个形参的值取默认值，d=1
fun(2, 3);            //最后两个形参的值取默认值，c=0，d=1
```

例 2-41　点餐后输出价格。

```
//Example 2-41
#include<iostream>
#include<string>
using namespace std;
struct menu
{
    string food;
    int price;
}tab[3]={{"beef", 25},{"egg", 10},{"chicken", 20}};
void cost(int amount, float price, float discount=1);     //带默认参数的函数声明
int main( )
```

```
{
    char foodname[10];
    char vip;
    int i,amount;
    cout<<"choose food: beef 25 / egg 10 / chicken 20"<<endl;
    cin>>foodname;                                          //选择食品
    cout<<"How many?  "<<endl;
    cin>>amount;                                            //输入数量
    cout<<"Are you VIP?(Y/N)  "<<endl;
    cin>>vip;                                               //是否为 VIP
    for(i=0;i<3;i++)
        if(foodname==tab[i].food)
        {
            if(vip=='Y')
                cost(amount, tab[i].price, 0.8);            //VIP 打八折，传实参
            else
                cost(amount, tab[i].price);                 //非 VIP 不打折，使用默认参数
        }
    return 0;
}
void cost(int amount, float price, float discount)
{
    cout<<"Cost: "<<amount*price*discount<<endl;
}
```

程序运行输出结果：

```
choose food: beef 25 / egg 10 /chicken 20
egg↙
How many?
5↙
Are you VIP?(Y/N)
Y↙
Cost: 40
```

2.8.5　内联函数

系统在调用函数时有时间和空间的开销。在主函数中调用另外一个函数时，这个函数就要到内存入栈或者从内存出栈。假设我们需要在主函数中调用一个简单的输出函数打印姓名，如果需要调用函数 100 次，意味着这个简单的函数要进栈 100 次，出栈 100 次，这样就把大量的时间花费在进栈和出栈上了，从而降低了程序执行的效率。而某些应用程序对效率有较高要求，要求系统响应时间尽量短，就提出了尽量压缩时间开销的要求。

C++提供了一种方法来提高系统效率——内联函数，又称为内置函数或内嵌函数。即在编译时将被调用函数的代码直接嵌入主调函数中，将函数调用处用函数体替换。实现方法是在函数首行的左端加上关键字 inline。

例 2-42　将函数指定为内联函数。

```
//Example 2-42
#include <iostream>
```

```
using namespace std;
inline void swap(int *a, int *b)      //定义 swap 函数为内联函数
{
    int temp;
    temp = *a;
    *a = *b;
    *b = temp;
}
int main( )
{
    int m, n;
    cin>>m>>n;
    cout<<m<<", "<<n<<endl;
    swap(&m, &n);
    cout<<m<<", "<<n<<endl;
    return 0;
}
```

由于在定义 swap 函数时指定它为内联函数，因此编译系统在遇到主函数调用“swap(&m, &n)”时，就会用 swap 的函数体代替该语句，同时用实参代替形参。即主函数会被置换为：

```
int m, n;
cin>>m>>n;
cout<<m<<", "<<n<<endl;
int temp;
temp = *(&m);
*(&m) = *(&n);
*(&n) = temp;
cout<<m<<", "<<n<<endl;
return 0;
```

虽然使用内联函数节省了程序运行的时间，但是，它需要付出额外的空间开销。打个比方，如果你要去一个药房买药，而药房距离学校有好几公里，你必然要花费时间在路上。可是如果将药房建在校内，就能节省出行时间，然而学校却要花费空间来容纳药房。

对于内存来说也是一样的，使用内联函数减少了对栈的进出时间的开销，节省了运行时间，但是增加了目标程序的长度。假设要调用 swap 函数 10 次，那么编译时会先后 10 次将 swap 的函数体代码复制并插入主函数。因此，一般只是将非常短小而频繁使用的函数（一般 5 个语句以下）设置为内联函数，才能起到提升效率的作用。

2.9 二级考点解析

2.9.1 考点说明

本章综合了 C++语言面向过程程序设计的基本知识，涉及的二级考点较多，主要包括如下内容。

一、C++语言概述

了解 C++语言的基本符号，了解 C++语言的词汇（关键字、标识符、常量、运算符和标点符号等），掌握 C++程序的基本框架，能够使用 VS 集成开发环境编辑、编译、运行与调试程序。

二、数据类型、表达式和基本运算

掌握 C++数据类型（基本类型和指针类型）及其定义方法，了解 C++的常量定义（整型常量、字符常量、逻辑常量、实型常量、地址常量和符号常量），掌握变量的定义与使用方法（变量的定义及初始化、全局变量和局部变量），掌握 C++运算符的种类、运算优先级和结合性，熟练掌握 C++表达式类型及求值规则（赋值运算、算术运算符和算术表达式、关系运算符和关系表达式、逻辑运算符和逻辑表达式、条件运算、指针运算，以及逗号表达式）。

三、C++的基本语句

掌握 C++的基本语句，例如，赋值语句、表达式语句、复合语句、输入/输出语句和空语句等；掌握使用 if 语句、switch 语句、for 语句、while 语句、do…while 语句实现分支循环等结构的方法；掌握转向语句（goto、continue、break 和 return）；掌握分支语句和循环语句的各种嵌套使用方法。

四、数组、指针与引用

掌握一维数组的定义、初始化和访问，了解多维数组的定义、初始化和访问；了解字符串与字符数组；熟练掌握常用字符串函数（strlen、strcpy、strcat、strcmp 和 strstr 等）；掌握指针与指针变量的概念、指针与地址运算符、指针与数组的关系；掌握引用的基本概念、定义与基本使用方法。

五、函数的有关使用方法

掌握函数的定义方法和调用方法、函数的类型和返回值、形式参数与实际参数、参数值的传递、变量的作用域和生存周期、递归函数、函数重载以及内联函数。

2.9.2 例题分析

1. 已知数组 arr 的定义如下：

```
int arr[5]={1,2,3,4,5};
```

下列语句中输出结果不是 2 的是（　　）。

A. cout<<*arr+1<<endl;　　B. cout<<*(arr+1)<<endl;

C. cout<<arr[1]<<endl;　　D. cout<<*arr<<endl;

解析：本题主要考查指针的特殊含义。选项 A 表示取数组的第一个元素值后加 1；选项 B 表示取数组的第二个元素值；选项 C 也表示取数组的第二个元素值；而选项 D 表示取数组的第一个元素值。

答案：D

2. 有如下程序：

```
#include <iostream>
using namespace std;
int main( )
{   int f, f1=0, f2=1;
    for(int i=3;i<=6;i++)
    {   f=f1+f2;
        f1=f2;f2=f;
    }
    cout<<f<<endl;
    return 0;
}
```

运行输出的结果是（　　）。

A. 2　　B. 3　　C. 5　　D. 8

解析：本题为斐波那契数列，循环体执行四次。

答案：C

3. 有如下程序：

```
#include <iostream>
using namespace std;
int main( )
{   int a[6]={23,15,64,33,40,58};
    int s1,s2;
    s1=s2=a[0];
    for(int *p=a+1;p<a+6;p++)
    {   if(s1>*p) s1=*p;
        if(s2<*p) s2=*p;
    }
    cout<<s1+s2<<endl;
    return 0;
}
```

运行输出的结果是（　　）。

A. 23　　B. 58　　C. 64　　D. 79

解析：根据题意，s1 取数组中的最大值，s2 取数组中的最小值。

答案：D

4. 有如下程序：

```
#include <iostream>
using namespace std;
void f1(int &x, int &y){int z=x;x=y;y=z;}
void f2(int x, int y){int z=x;x=y;y=z;}
int main( )
{   int x=10,y=26;
    f1(x,y);
    f2(x,y);
    cout<<y<<endl;
    return 0;
}
```

运行输出的结果是（　　）。

A. 10　　B. 16　　C. 26　　D. 36

解析：本题考查了函数参数传递的方式。f1 是引用传递，形参和实参同步改变，因此 x 和 y 实现交换，变为“26，10”。f2 是值传递，形参改变，实参不变，因此，x 和 y 还是“26，10”。

答案：A

5. 程序改错题

使用 VS 2012 打开考生文件夹下的源程序文件 1.cpp，该程序运行时有错误，请改正其中的错误，使程序正常运行，并使程序的输出结果为

平均值为 29

最大值为 112

最小值为−11

注意：错误的语句在//******error******的下面，修改该语句即可。

试题程序：

```
#include <iostream>
using namespace std;
int main( )
{   int i,Ave,Min,Max;
    int data[8]={100,21,-73,86,14,0,-21,1};
    Ave=0;
    for(i=0;i<8;i++)
    //******error******
    Ave=data[i];
    Ave/=8;
    cout<<"平均值为"<<Ave<<endl;
    Max=Min=data[0];
    for(i=0;i<8;i++)
    {
        //******error******
        if(data[i]<Max) Max=data[i];
        //******error******
        if(data[i]>Min) Min=data[i];
    }
    cout<<"最大值为"<<Max<<endl;
    cout<<"最小值为"<<Min<<endl;
    return 0;
}
```

答案：

（1）改为 Ave+=data[i];或 Ave=Ave+data[i];

（2）改为 if(data[i]>Max) Max=data[i];

（3）改为 if(data[i]<Min) Min=data[i];

分析：

（1）此处与前面的 for 语句结合，先对数组所有元素逐个累加求和保存在 Ave 中，然后除以 8 得到平均值。因此改成 Ave+=data[i];或 Ave=Ave+data[i]。

（2）此处 Max 用来保存最大值，利用 for 循环将每个数组元素逐一与 Max 比较，遇到更大值，就存入 Max，直到 8 个元素都比较完毕。因此（2）改为 if(data[i]>Max) Max=data[i]。

（3）此处 Min 用来保存最小值，利用 for 循环将每个数组元素逐一与 Min 比较，遇到更小值，就存入 Min，直到 8 个元素都比较完毕。因此（3）改为 if(data[i]<Min) Min=data[i]。

6. 简单应用题

使用 VS 2012 打开考生文件夹下的源程序文件 2.cpp，完成函数 fun(char *s, int a[ ])，其功能是把字符串 s 中的数字提取出来并存储在 a[ ]中，然后返回数字的个数。

例如，s="1234abcdef567"，则 a[ ]中存储着 1234567，返回 7。

注意：不能修改程序的其他部分，只能修改 fun()函数。

试题程序：

```
#include <iostream>
using namespace std;
int fun(char *s, int a[])
{
```

```
}
int main( )
{   int a[1024];
    int len=fun("1234abcdef567",a);
    for(int i=0;i<len;i++)
    {
        cout<<a[i]<<' ';
    }
    cout<<endl;
    cout<<i<<endl;
    return 0;
}
```

答案：

```
int j=0;
for(int i=0;s[i]!='\0';i++)
{
    if(s[i]>='0'&&s[i]<='9')
    {
        a[j++]=s[i]-'0';
    }
}
return j;
```

解析：

用变量 j 来记录转换的个数，首先初始化为 0，然后利用 for 循环判断每一个当前字符是否为数字字符，如果是数字字符，就减去字符'0'，即可实现字符和整型的转换，并且将 j 的变量值加 1。

2.10 本 章 小 结

本章重点介绍了 C++语言过程化程序设计的基本知识。本章内容较多，是进行 C++简单程序设计的基础。

最简单的 C++程序必须包括三部分：预编译、程序主体、注释。

C++中的输入/输出用到的是 cin 和 cout。

本章列举了大量的示例说明了 C++中基本数据类型的声明及使用方法。基本数据类型是系统预定义的数据类型，通过关键词即可声明相应类型的变量，进而对其进行访问或修改。C++中常用的基本数据类型包括：整型（整型 int、短整型 short、长整型 long）、浮点型（单精度 float、双精度 double、长双精度 long double）、字符型（char）、逻辑型（bool）。在声明使用某种类型时，要考虑该类型的字节长度和可以表示的数据范围。

在 C++中可以用 const 关键词声明常量，常量的值在运行过程中不能更改，且在定义的时候必须同时对它进行初始化。

指针和引用是比较特殊的数据类型。声明为指针类型的变量专门用来存放地址（而不是普通数据）。指针变量的意义在于对数据的间接访问。“&”与“*”是指针变量的两个基本运算符。

C++中的引用是一种特殊的变量，可以被认为是另一个变量的别名。建立引用时，用某个变量对其进行初始化，相当于给变量取了一个别名，对引用的改动就是对变量本身的改动。

数组就是用一个统一的名字代表一批类型相同的数据，用序号或下标来区分单个数据。字符数组可以存放多个字符。数组长度大于字符串的实际长度时，系统会在字符串末位自动填补结束符'\0'。遇到'\0'则输出结束。C++提供了一些字符串函数，给用户编程带来了很多方便。

C++提供了字符串类型（string类型），可以用来定义字符串变量。在使用时要加上头文件：#include<string>（不是string.h），在字符串变量的定义中不需要指定长度。

结构体是用户自己建立的由不同数据类型组合而成的数据结构。可以根据实际情况创造出许多丰富多彩的结构，各自包含不同的成员，同时，成员也可以属于另一个结构体类型。

C++创建和释放内存空间时使用new和delete操作符。

程序有三种基本控制结构：顺序结构、选择结构和循环结构。选择结构一般分为if-else结构和switch结构两种。循环结构一般分为while循环、do-while循环和for循环三种。

函数是结构化程序的最小模块，是程序设计的基本单位。C++继承了C语言中关于函数定义、调用和声明的语法。在函数参数传递的机制中，有传值、传地址和传引用三种机制。在传值时，形参和实参拥有不同的存储单元，而传地址和传引用时，形参和实参对应同一块内存单元。C++提供了函数重载，即以同一个函数名定义多个函数，而这些函数的参数个数或参数类型不同。函数重载的本质就是“一物多用”，一个函数名以不同的形式被多次使用；如果多次调用同一函数时，实参总是取相同值，C++提供了带默认参数的函数，可以简化编程，提高效率；C++提供了内联函数来提高系统效率，即在编译时将被调用函数的代码直接嵌入主调函数中，将函数调用处用函数体替换，实现方法是在函数首行的左端加上关键字inline。

2.11 习　　题

1. 分析下面程序运行的结果。

```
#include <iostream>
using namespace std;
int main( )
{
    int a,b,c;
    a=10;
    b=3;
    c=a*b;
    cout<<"a*b=";
    cout<<c;
    cout<<endl;
    return 0;
}
```

2. 分析下面程序运行的结果。请先阅读程序并写出程序运行后应输出的结果，然后上机运行程序，验证自己分析的结果是否正确。

```
#include <iostream>
using namespace std;
int main( )
{
```

```
    int a,b,c;
    int fun(int x,int y,int z);
    cin>>a>>b>>c;
    c=fun(a,b,c);
    cout<<c<<endl;
    return 0;
}
int fun(int x,int y,int z)
{
    int k;
    if (x<y) k=x;
        else k=y;
    if (z<k) k=z;
    return(k);
}
```

3. 输入以下程序，编译并运行，分析运行结果

```
#include <iostream>
using namespace std;
int main( )
{   void sort(int x,int y,int z);
    int x,y,z;
    cin>>x>>y>>z;
    sort(x,y,z);
    return 0;
}
void sort(int x, int y, int z)
{
    int temp;
    if (x>y) {temp=x;x=y;y=temp;}
    if (z<x)  cout<<z<<' '<<x<<' '<<y<<endl;
    else if (z<y) cout<<x<<' '<<z<<' '<<y<<endl;
    else cout<<x<<' '<<y<<' '<<z<<endl;
}
```

4. 一个数如果恰好等于它的因子之和，这个数就称为“完数”。例如，6 的因子为 1、2、3，而且 6=1+2+3，因此 6 是“完数”。编程找出 1000 之内的所有完数并打印其因子。

5. 对三个变量按由小到大顺序排序，要求使用变量的引用。

6. 输入一个字符串，把其中的字符按逆序输出。例如：输入 FRIDAY，输出 YADIRF。

（1）用字符数组方法。

（2）用 string 方法。

7. 定义一个结构体变量（包括年、月、日），编写程序，要求输入年、月、日，程序能计算并输出该日在本年中是第几天。注意闰年问题。

8. 一个班有四个学生，五门课。（1）求第一门课的平均分。（2）找出有两门以上课程不及格的学生，输出他们的学号、全部课程成绩和平均成绩。（3）找出平均成绩在 90 分以上或全部课程成绩在 85 分以上的学生。分别编写三个函数实现以上功能。

9. 编写程序，用同一个函数名对若干个数据进行从小到大排序，数据类型可以是整型、单精度型、双精度型。用重载函数实现。

10. 求两个数或三个正整数中的最大数，用带有默认参数的函数实现。

第3章 类与对象

最初，C++被称为“C with classes”——包含类的C语言。类是C++面向对象（Objected Oriented，OO）技术中的一个重要概念。本章主要围绕程序设计中类的定义、对象的定义与使用展开讨论。首先，从熟悉的对象入手，介绍什么是对象，由此引入类的概念及对象的初步使用；接着，详细介绍在C++中如何定义类，如何通过类来实现面向对象技术的封装机制；最后，介绍类的实现，对象的创建，以及如何通过对象访问类中成员。

3.1 初识对象

对象（Object）是客观世界中的具体物体。世界由一个个独立的物体组成。例如，一个学生，一间教室，一辆汽车，等等，都可以看作对象。任何一个对象都具有一些具体的属性，如一个学生的姓名、性别和身份ID号，一间教室的编号和大小，一辆汽车的品牌、颜色、型号和排量等。对象通常还可以进行一些操作，如一个学生可以上课、考试和做作业，一辆汽车可以启动和停止等。

与人类认识自然界的规律一致，我们可以把具有共性的一些物体归为一类，例如，可以将所有的学生对象都归为学生类。

因此，当需要编写程序处理现实世界中的问题时，首先要对现实问题世界中的对象进行分类，然后抽象出一类对象的共性并加以描述，即定义类；定义好一些类后，通过类来声明一些对象；接下来通过给对象发送消息完成问题的解决。

在标准C++库中预定义了一些类，在程序中包含对应的库文件后，我们就可以直接引用这些类来解决特定的问题。

例3-1 C++标准库中的string类的简单使用。

```
//Example 3-1
#include  <string>
#include  <iostream>
using namespace std;
int main( )
{
    string  name, message;
    cout<<"input your name:"<<endl;
    cin>>name;
```

```
    cout<<"input what you want to talk:"<<endl;
    cin>>message;
    cout<<name<<" talks:"<<message<<endl;
    return 0;
}
```

程序运行输出结果：

```
input your name:
LiPing
input what you want to talk:
Hello
LiPing talks:Hello
```

在C语言中，没有字符串类型，对字符串的处理比较繁琐。C++标准库定义了一种string类，在包含头文件<string>后，就可以将string作为一种新的数据类型使用，就像C++中基本的数据类型一样，可以用它来定义字符串变量name、message，也可以用cin来输入字符串保存到name和message中，还可以将name和message中存储的内容——字符串输出显示。

严格来说，string并不是一个独立的类，但为了便于学习，初学者可以把它看作一个类。关于string类型的具体用法，读者可参考第2章中的内容，在本章的综合实例部分将讲解string类的实现。

3.2 类

在上节中我们介绍了如何使用 C++标准库中预定义的 string 类来完成字符串的输入/输出操作。C++库中预定义的类，可以帮助我们解决一些问题。但是更多的时候我们需要定义特定的类以解决特定的问题。接下来将介绍如何在C++中创建一个类。

3.2.1 类是一种用户自己定义的数据类型

在第2章中我们学习了C++中内嵌的数据类型。数据类型是对系统中所有要处理的变量的归类，变量是数据类型的一个实例（Instance）。每个变量都有他们的属性：内容、空间地址等；各个变量都有他们的操作：算数运算或逻辑运算等。类与对象的关系就如同数据类型与变量的关系，因此，类的本质是一种自定义的数据类型。声明这种复杂的数据类型后，就可以通过这种数据类型定义相应的变量——对象。

3.2.2 类的定义

我们已经学习了结构类型。C++中的结构对C语言的结构类型进行了扩充，除了包含属性，C++中的结构还可以包含函数。

例 3-2　用C++定义一个包含函数的结构体类型，该类型可存放学生信息。

```
// Example 3_2
#include <iostream>
using namespace std;
struct Student{
    int ID;
    char name[20];
    char sex;
    int age;
    void print()
    {
        cout<<" ID: "<<ID<<"\t Name:"<<name<<"\t Sex:"<<sex<<"\t Age:"<<age<<endl;
    }
};
int main()
{
    Student  stu;
    stu.ID = 20170011;
    strcpy(stu.name,"LiHui");
    stu.sex='F';
    stu.age=19;
    stu.print();
    return 0;
}
```

程序运行输出结果：

```
ID: 20170011    Name:LiHui    Sex:F    Age:19
```

（1）在 cout 输出时使用制表符'\t'，相当于打字的时候按一下【Tab】键，使得输出的内容比较整齐；

（2）在结构体类型声明之外定义结构体变量后，每个结构体变量中都拥有一个成员复制空间，结构体变量 stu 中包含成员空间 ID、name、sex 和 age，在结构体外可以通过结构体变量 stu 访问 ID、name、sex 和 age 等成员空间。

为了区分传统意义上的不包含方法的结构体类型，C++中使用 class 表示类。类与结构体一样，是一种用户自定义的数据类型，包含属性和行为两个部分。

类是对同类对象的抽象表述，在定义类之前，需要对系统中同类对象进行分析，找出它们共同的属性和行为，属性用数据表示，行为用函数表示。其中，属性是类的数据成员，行为则是类的成员函数，它们都是类的成员。

在默认情况下，类中所有的成员都是封装起来的，即在类的外部不能通过类定义的对象来访问它们。对类进行封装可以对数据起到很好的保护作用。但如果所有的都是默认封装起来，外部不能访问，类就失去了使用价值，例如，如下所示的 Student 类：

```
#include <iostream>
using namespace std;
class Student{
    int ID;
```

```
        char name[20];
        char sex;
        int age;
        void print()
        {
         cout<<"ID:"<<ID<<"Name:"<<name<<"Sex:"<<sex<<"Age:"<<age<endl;
        }
        void initialdata(int pid, char* pname, char psex, char page)
        {
         ID = pid;
         strcpy(name, pname);
         sex = psex;
         age = page;
        }
    };
```

在默认情况下，用户不能直接访问类中成员，Student 类在外部几乎无法正常使用，因此在定义类时可以根据需要设定一些成员受保护，使得外部不能被直接访问，另一些成员可以被外部直接访问。

类定义一般包括类的原型说明和类的实现两部分。说明部分说明类有哪些成员，实现部分则是对成员函数的定义。

类的定义的一般格式如下：

```
class <类名>
{
public:
    外部接口<类中公有成员>
private:
    <类中保护型成员>
protected:
    <类中私有成员>
};
```

其中，class 是定义类的关键字，<类名>是用户自定义的标识符，花括号内是类的声明部分，说明该类具有哪些数据成员和函数成员，所有成员默认的访问属性是 private（私有）属性，通过关键字 public、private 和 protected 可声明成员不同的访问属性。

下面继续以 student 类为例进行讲解。一般我们将可以提供给外部操作的函数设置为公有的，数据（即属性）根据需要可以设置为私有的或者受到保护的，如下所示：

```
#include <iostream>
using namespace std;
class Student{
protected:
    int ID;
    char name[20];
private:
    char sex;
    int age;
```

```
public:
    void print()
    {
     cout<<"ID:"<<ID<<"Name:"<<name<<"Sex:"<<sex<<"Age:"<<age<endl;
    }
    void initialdata(int pid, char* pname, char psex, char page)
    {
     ID = pid;
     strcpy(name, pname);
     sex = psex;
     age = page;
    }
};
```

其中的 public、protected 和 private 分别表示对成员的不同访问权限控制，在 3.2.3 节中将详细介绍。类的成员函数可以只在类中声明函数原型，成员函数的具体实现（函数体）可以在类外定义，具体操作将在 3.2.4 节中进行介绍。

3.2.3 类中成员的访问权限控制

类中的成员包括数据成员和函数成员，分别描述问题的属性和行为，是不可分割的两个方面。为了理解类成员的访问权限，我们以电子日历类进行说明。电子日历类的定义如下：

```
#include <iostream>
using namespace std;
class Calendar{
public:
    void setY(int new Y)
    {    year = newY;      }
    void setM(int newM)
    {    month = newM;     }
    void setD(int newD)
    {    day = newD;       }
    void showDate( )
    {    cout<<year<<"/"<<month<<"/"<<day<<endl;     }
private:
    int year, month, day;
};
```

只要是电子日历，都记录日期值，都有显示面板、旋钮或按钮。所以，我们可以将所有的电子日历对象的共性抽象出来，然后用一个类来描述，这里我们用 Calendar 类来描述。封闭的外壳可以将电子日历内部机械及电路装置保护起来，一般的使用者只能从面板上查看日期，通过按钮获取语音报日期，或者通过按钮旋钮调整日期。因此，面板、按钮和旋钮就是我们接触和使用的电子日历的方法，一般将其设计为类的外部接口。而电子日历记录的年、月、日就是类的私有成员，使用者只能通过外部接口去访问私有成员。

通过设置类成员的访问控制属性，就可以实现对类成员的访问权限的控制。访问属性有以下 3 种：公有类型（public）、私有类型（private）和保护类型（protected）。

公有类型的成员是类的外部接口。公有成员用 public 关键字声明，在类外只能访问类的公有成员。对电子日历类而言，可以通过从外部调用 setY( )、setM( )、setD( )、showDate( )这几个公有类型的成员函数改变日期或者查看日期。

私有成员用 private 关键字声明，如果私有成员紧接着类名称，可以省略关键字 private。在类的外部访问私有成员是非法的，私有成员只能被本类中的成员函数访问，这样私有成员就被完全隐藏在类的内部，保证了数据的安全，例如，电子日历类中的 year、month、day 都是私有成员。

在一般情况下，我们把类的属性即类的数据成员声明为私有的，这样类的内部数据结构就不会对该类以外的其余部分造成影响，程序模块之间的相互影响就会被降低到最小。

保护成员和私有成员的性质在类中是相似的——只能被本类的成员函数访问，不能从类的外部访问；保护成员和私有成员的差别主要体现在继承过程中，这个问题将在第 5 章中进行详细介绍。

乍一看，class 似乎可有可无，它几乎只是结构（struct）的一个替代品而已。但 class 在实现数据封装上与 struct 有很大的区别，结构体类型中的所有成员在默认情况下都是公有的，在结构体的外部可以通过结构体变量进行访问；而类需要实现封装和隐藏，因此需要将类中一些重要属性保护起来，所以类里面所有成员默认都是私有的，即只能在类的内部访问，不能从外部直接访问，同时，在类的基础上可以实现继承和多态，这些都是结构体无法完成的。

图 3-1 中的球形模型形象地描述了类的成员访问控制属性。类的私有成员和保护成员在球体的内部，无法从外部访问，类的公有成员在球体的表面上，可以从球体外部直接访问球体表面的公有成员；通过对球体表面公有成员的访问可以间接地访问球体内部的保护成员和私有成员。

如果类中所有的成员都被隐藏起来，球体表面也没有任何外部接口，类就无法与外部建立联系，失去了它本身的作用。例如，一个电子日历既不能显示日期，又不能调整日期，它就失去了使用价值。因此设计一个类，最终的目的是为了使用它，必须设计一些必要的外部接口。

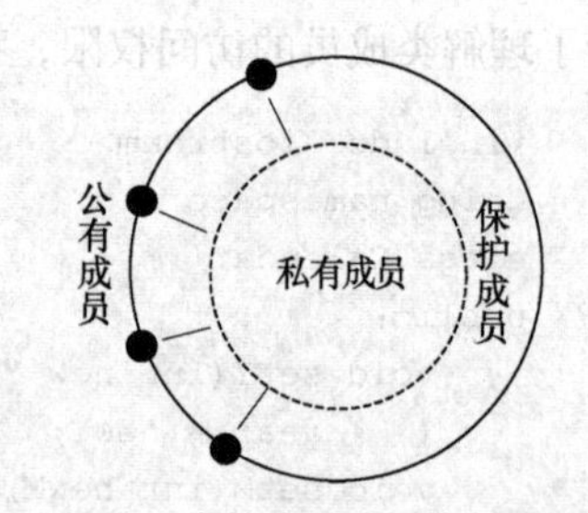

图 3-1　类的成员访问控制属性

在类的定义中，具有不同访问属性的成员，可以按任意顺序出现。修饰访问属性的关键字也可以多次出现。

3.2.4　类的成员函数

1. 成员函数的定义

类的成员函数描述了类的行为，例如，电子日历类中的成员函数 setY()、setM()、setD()、showDate( )。通过公有成员函数可以对封装的私有数据和保护数据进行各种操作。

同时，我们也可以在类中说明成员函数原型——函数的参数表、函数的返回值类型；把函数的具体实现即函数体写在类的定义之外。成员函数不是普通的函数，它属于类，因此当把类的成员函数写在类外时，需要在函数名前面加上类名及作用域运算符。其定义格式如下：

```
返回值类型　类名::成员函数名 （参数表）
{
    函数体
}
```

例如，把电子日历中的成员函数定义写在类外，只在类里面给出成员函数原型，代码如下所示：

```
#include <iostream>
using namespace std;
class Calendar{
public:
    void setY(int newY);
    void setM(int newM);
    void setD(int newD);
    void showDate( );
private:
    int year, month, day;
};
void Calendar ::setY(int newY)
{    year = newY;          }
void Calendar::setM(int newM)
{    month = newM;     }
void Calendar::setD(int newD)
{    day = newD;         }
void Calendar::showDate( )
{    cout<<year<<"/"<<month<<"/"<<day<<endl;     }
```

因此，成员函数的实现有以下两种方法：

（1）将成员函数的定义直接放在类里面；

（2）将成员函数的定义写在类外面，在类中只给出函数的原型声明。

如果成员函数的实现比较简单，可以把成员函数的定义直接写在类里面，它会自动成为内联成员函数。在2.8.5节我们已经介绍过内联函数，在调用函数的时候需要一定的空间和时间资源来传递参数及返回值，记录程序的当前状态，保护程序当前运行现场，以保证函数调用完毕后能够正确地返回并从中断点继续执行。如果某些函数有可能被频繁调用，而且代码比较简单，则可以将这个函数定义为内联函数；与普通的内联函数相同，内联成员函数的函数体也会在编译时被替换到每一个调用它的地方。这种做法可以减少函数调用带来的开销，但是增加了编译后代码的长度。所以一般只是将比较简单的成员函数定义在类里面，使其自动成为内联成员函数。

如果成员函数实现比较复杂，建议采用方法（2）。

一般可将类的声明部分放在头文件（.h）中，向其他开发人员公开，而将类的实现部分放在源程序文件（.cpp）中，便于内部修改与维护，以及对外隐藏技术。关于多文档的程序结构将在第4章进行详细的介绍。

2. 成员函数的重载

在2.8.3节介绍了函数重载，在一个类中也可以定义同名的成员函数构成成员函数的重载。成员函数的重载和普通函数没有太大区别，例如，我们可以定义如下代码所示的两个setM()函数：

```
class Calendar{
public:
    void setM(int newM )
    {    month = newM;     }
    void setM( )
    {
        cout<<"Please input month to set the calendar"<<endl;
        cin>>month;
    }
```

```
    ......
};
```

3. 带默认形参值的成员函数

在 2.8.4 节中介绍了带默认形参值的函数，类的成员函数也可以有默认形参值，其调用规则和普通函数一样。类成员函数的默认值一定要写在类定义中，而不能写在类外。成员函数有默认值可以给编程带来便利，如电子日历类中的 setY()函数，就可以使用默认值，如下所示：

```
class Calendar{
public:
    void setY(int newY = 2017);
    ......
};
```

如果调用这个函数时没有给出实参，系统就会按照默认值将年设置为“2017”年。

如果既有成员函数重载又有带默认形参值的成员函数，两者一起使用不要有重叠的地方，否则编译时，无法确定到底调用那一个函数，编译就会出错。

3.3 再识对象

类本质上是用户自定义的一种数据类型，对象可以看成是通过类这种数据类型定义的变量。

3.3.1 定义一个对象

可以在定义类的同时定义对象；也可以在声明类之后，在需要时再定义对象。定义对象的格式与定义一般变量的格式相同。

说明

（1）声明了一个类以后，便声明了一种类型，它并不接收或存储具体的值，只有在定义了对象后，系统才为对象并且只为对象分配存储空间。

（2）在声明类的同时定义对象为全局对象，在它的生存期内任何函数都可以使用它。如果在一个函数中定义，那它就是局部对象，只在函数内部有效。

3.3.2 通过对象访问类成员

在定义了类对象后，就可以通过类对象访问类中成员；注意通过类外部的类对象只能直接访问其公有成员，不能直接访问其私有成员和保护成员，类对象可以通过类的公有成员间接实现对私有成员和保护成员的访问。

例 3-3 电子日历对象访问电子日历类中的公有成员。

```
// Example 3-3
#include <iostream>
using namespace std;
class Calendar{
public:
void setY(int newY)
{    year = newY;         }
void setM(int newM)
{    month = newM;      }
```

```
    void setD(int newD)
    {    day = newD;        }
         void showDate( );
         private:
             int year, month, day;
    };
    void Calendar::showDate( )
    {    cout<<year<<"/"<<month<<"/"<<day<<endl;      }

    int main( )
    {
        Calendar   mycald;
        cout<<"Please input year, month, and day to set the calendar"<<endl;
        int y, m, d;
        cin>>y>>m>>d;
        mycald.setY(y);
        mycald.setM(m);
        mycald.setD(d);
        mycald.showDate();
        return 0;
    }
```

程序运行输出结果：

```
Please input year, month, and day to set the calendar
2017 10 1↙
2017/10/1
```

例 3-4　学生类对象访问学生类中的公有成员。

```
// Example 3-4
#include <iostream>
#include <string>
using namespace std;
class Student{
private:
    int ID;
    string name;
    char sex;
    int age;
public:
    void input(int pid, string pname, char psex, int page);
    void print();
};
void Student::input(int pid, string pname, char psex, int page)
{
    ID=pid;
    name=pname;
    sex = psex;
    age = page;
}
void Student::print()
```

```
{
    cout<<" ID:"<<ID<<"\t Name:"<<name<<"\t Sex:"<<sex<<"\t Age:"<<age<<endl;
}
int main()
{
    Student  std;
    std.input(20171104, "Lihui", 'F', 18);
    std.print();
    return 0;
}
```

程序运行输出结果：

```
ID:20171104     Name:Lihui       Sex:F   Age:18
```

能否在 input 语句下面加上一条“std.ID=20171105”语句直接修改学号信息？为什么？

3.3.3 通过对象指针、对象引用访问类成员

如果类是用户自定义的一种数据类型，那么对象就是自定义的数据类型——类声明的一种变量。变量可以有对应的指针和引用，因此对象也可以有对应的指针和引用。

1. 对象指针访问类中成员

对象指针，就是一个指针变量指向对象，也就是指针变量中存储的是对象的地址。由于类和结构具有相似性，**对象指针和结构指针的使用方法也是相似的，也是使用箭头操作符->来访问该指针所指向的对象的成员数据或成员函数。**

指针访问类成员的一般格式如下：

```
对象指针变量名->公有成员
```

或者也可以等价写成下列形式：

```
(*对象指针变量名).公有成员
```

这两种表达形式是等价的。

例如，对于已经定义好的电子日历类——Calendar，有以下代码段：

```
Calendar   c;              //声明一个电子日历类
Calendar*   pc=&c;         //声明一个对象指针
pc-> setY(2017);           //效果与c.setY(2017)相同，也可以写成()
pc-> setM(10);             //效果与c.setM(10)相同
pc-> setD(1);              //效果与c.setD(1)相同
```

例 3-5 学生类对象指针访问学生类中的公有成员。

```
// Example 3-5
#include <iostream>
#include <string>
using namespace std;
class Student{
    //...... Student类定义同例3-4
```

```
};
int main()
{     //动态申请一个学生对象空间，空间的首地址放在 Student 类对象指针变量 pstd 中
    Student  *pstd = new Student;
    pstd->input(20171108,"LiPing",'M',17);
    pstd->print();
    delete pstd;
    return 0;
}
```

程序运行输出结果：

```
________________________________________________
ID:20171108     Name:LiPing     Sex:M   Age:17
________________________________________________
```

*pstd 是堆对象，程序在运行过程中根据需要可随时建立或删除对象，通过 new 运算符创建对象，通过 delete 运算符删除对象。

2. 对象引用访问类中成员

在第 2 章中，我们已经学习了引用的概念，引用就是给变量起一个别名，对引用进行操作就是对变量本身进行操作。通过引用又提供了另外一种访问变量的方式，给程序设计带来了很大的方便，尤其是引用作为函数形参传递时。对象也可以有引用，声明一个对象引用的格式如下：

```
类名 &引用名 a = 对象名 b;
```

此时相当于给已有的对象 b 又取了一个名称叫作 a，对 a 的操作与对 b 的操作一样。

例如，对于学生类 Student，可以定义对象引用访问公有成员，代码片断如下：

```
Student      s;                            //定义一个 Student 类对象 s
Student      &rs = s;                      //声明一个 s 的引用 rs，相对于给对象 s 取了一个别名 rs
rs.input(20171104,"Lihui",'F',18);         //对 rs 操作就是对 s 操作，
                                           //等价于 s.input(20171104,"Lihui",'F',18);
rs.print();                                //等价于 s.print();
```

3.4　特殊的成员函数

除了根据类的需要设计一些成员函数之外，在每个类中都存在几个特殊的成员函数，即使不定义，系统也会自动生成。

构造函数与析构函数在每个类中都存在，如果程序员在设计类时没有定义构造函数与析构函数，系统会自动为类生成一个默认的构造函数和析构函数。

3.4.1　构造函数

类描述了一类对象的共同特征，而对象是类定义的变量即类的一个实例。声明一个变量后，我们必须对它进行初始化，否则它的里面是一个随机数；当用类定义了对象以后，同样需要对对象进行初始化，对对象进行初始化实际上是给对象的属性赋值，即对许多数据成员进行初始化，只有属性初始化以后的对象才是有意义的。

与一般变量初始化只需一条赋值语句就能完成不同，对象初始化一般需要若干条赋值语句，或调用若干个公有成员函数才能完成。

对象的属性初始化，一般可以采用以下几种方法。

（1）属性为类中的公有成员，可以直接在类外进行赋初始值的操作，示例代码如下所示：

```
#include <iostream>
using namespace std;
class Student{
public:
    int ID;
    string name;
    char sex;
    int age;
    ……
};
int main()
{
    Student  std;
    std.ID=20171104;
    std.name="LiHui";
    std.sex='F';
    std.age = 17;
}
```

出于封装和保护的目的，类中的属性部分的数据成员都会设成私有或保护的属性，所以这种初始化的方式一般很少用到。

（2）属性为类中的私有或保护成员，利用公有成员函数间接赋初值，部分代码如下：

```
class Student{
private:
    int ID;
    string name;
    char sex;
    int age;
public:
    void input(int pid, string  pname, char psex, int page);
    void print();
};
    ……                                                //省去成员函数 input 及 print()的实现
int main()
{
    Student  std;
    std.input(20171104, "LiHui", 'F', 18);           //调用公有成员函数 input 完成初始化
    std.print( );
}
```

每个类的设计者可能都会按照自己的习惯设计一个用来初始化数据成员的函数。如果每个类都有自己特定的初始化方法，那么用户在使用时就不方便。由于类定义对象后，都需要进行初始化，设计者可以设计统一的接口来完成初始化。如同每个电器需要接通电源才能使用一样，电源的接口必然是统一的，否则使用起来非常不方便。这个统一的接口就是将对象初始化的工作统一

交给类的构造函数完成。

（3）使用构造函数实现初始化。

构造函数比较特殊，每个类里面都有一个构造函数，如果程序员自己没有定义，那么系统会给类生成一个默认的构造函数，程序员不需要在类中显式地调用构造函数，当定义对象时，系统会自动地调用构造函数。

定义对象时系统会自动调用构造函数，把对象成员的初始化代码放在构造函数里是十分合适的。系统自动生成的默认构造函数是空的，所以要让构造函数能够完成初始化的功能，类的设计者必须自己定义类的构造函数。

构造函数的定义格式如下：

```
<类名>：：<类名>(<参数表>)
{
    <函数体>
}
```

构造函数也是类的成员函数，具有一般成员函数的特性，同时构造函数还具有一些特殊的性质：

① 构造函数的函数名与类名相同；

② 构造函数不需要返回值，构造函数是特殊的成员函数，不可以返回任意值；

③ 构造函数是类的公有成员，在定义对象时由编译系统自动调用，其他时候都无法调用它。因此构造函数只能一次性地影响对象成员的初值，就如同人出生以后一次性获得一些初始属性一样。

例 3-6　在电子日历类中添加构造函数，定义对象时自动调用构造函数完成数据成员的初始化。

```
// Example 3-6  示例构造函数
#include <iostream>
using namespace std;
class Calendar{
public:
    Calendar(int newY, int newM, int newD);         //构造函数
    void setY(int newY)
    {    year = newY;         }
    void setM(int newM)
    {    month = newM;    }
    void setD(int newD)
    {    day = newD;          }
    void showDate( );
private:
    int year, month, day;
};
Calendar::Calendar(int newY, int newM, int newD)
{
    year = newY;
    month = newM;
    day = newD;
}
```

```
void Calendar::showDate( )
{    cout<<year<<"/"<<month<<"/"<<day<<endl;    }

int main( )
{
    Calendar mycald(2017,10,1);        //定义一个对象其初始值：2017年10月1日
    mycald.showDate();                 //输出：2017/10/1
    return  0;
}
```

程序运行输出结果：

```
2017/10/1
```

例 3-7 在学生类中添加构造函数，定义对象时自动调用构造函数完成数据成员的初始化。

```
// Example 3-7 在Student类中添加构造函数
#include <iostream>
#include <string>
using namespace std;
class Student{
private:
    int ID;
    string name;
    char sex;
    int age;
public:
    Student(int pid, string pname, char psex, int page);
    void print();
};
Student::Student(int pid, string pname, char psex, int page)
{
    ID=pid;
    name=pname;
    sex = psex;
    age = page;
}
void Student::print()
{
    cout<<" ID:"<<ID<<"\t Name:"<<name<<"\t Sex:"<<sex<<"\t Age:"<<age<<endl;
}
int main()
{
    Student  std (20171104,"Lihui",'F',18);
    std.print();
}
```

程序运行输出结果：

```
ID:20171104     Name:Lihui      Sex:F    Age:18
```

构造函数并不是简单地替代了原来的 input 函数，两者有以下本质上的区别：

（1）普通的成员函数 input 名称只需要满足标识符的命名规范，而类的构造函数名称必须与类名相同，且不指定返回值类型；

（2）input 函数必须由程序员显式调用，而构造函数则是由编译系统自动调用；

（3）input 函数可以在程序任何地方多次调用，构造函数仅在定义对象时被调用一次；

（4）对于某个类而言，input 函数可有可无，但每个类都必须有一个构造函数，如果程序员没有定义构造函数，系统会生成一个默认的构造函数。

3.4.2　析构函数

构造函数是在对象“出生”时由编译系统自动调用进行对象的初始化工作，析构函数则是在对象即将“死亡”——生存期即将结束时由编译系统自动调用完成一些清理工作。

析构函数的定义格式如下：

```
<类名>：：~<类名>()
{
    <函数体>
}
```

析构函数也是类的公有成员函数，函数名与类名相同。为了与构造函数区别开，函数名前面加一个“~”。它也不指定函数返回值类型，析构函数与构造函数不同，它的形参表中没有任何参数，因此不能重载。

每个类都有一个默认的析构函数，但是默认的析构函数几乎没有任何功能。如果需要对对象进行清理，程序员需要定义自己的析构函数完成特定的清理工作。通常当类的构造函数中涉及申请空间的一些操作时，需要定义析构函数完成相应空间的释放操作。

例 3-8　在电子日历类中添加构造函数和析构函数。

```
// Example 3-8  为电子日历类添加构造函数和析构函数
#include <iostream>
using namespace std;
class Calendar{
public:
    Calendar(int newY, int newM, int newD);
    ~Calendar();
    void setY(int newY)
    {    year = newY;      }
    void setM(int newM)
    {    month = newM;    }
    void setD(int newD)
    {    day = newD;      }
    void showDate( );
private:
    int year, month, day;
};
Calendar::Calendar(int newY, int newM, int newD)
{
    year = newY;
```

```
    month = newM;
    day = newD;
    cout<<"call constructor"<<endl;
}
Calendar::~ Calendar()
{    cout<<"call destructor"<<endl;    }          //电子日历类的析构函数
void Calendar::showDate( )
{    cout<<year<<"/"<<month<<"/"<<day<<endl;    }

int main( )
{
    Calendar   mycald(2017,10,1);                //定义一个对象其初始值：2017年10月1日
    mycald.showDate();                           //输出：2017/10/1
}
```

程序运行输出结果：

```
call constructor
2017/10/1
call destructor
```

通过 Calendar 类声明对象 mycald 后，系统自动调用构造函数，根据所给的初始化数值对对象进行初始化。程序运行结束前，系统自动调用析构函数，由于 mycald 对象没有需要清理的空间，这里的析构函数没有实质作用，也可以省略不写，系统会生成默认的析构函数。

例 3-9 在 Student 类中定义构造函数以及析构函数。

```
// Example 3-9 为 Student类添加构造函数和析构函数
#include <iostream>
using namespace std;
class Student{
protected:
    int ID;
    char* name;                    //name为指针，实际存放数据之前需要先申请空间
    char sex;
    int age;
public:
    Student(int pid, char* pname, char psex, int page);        //构造函数声明
    void print();
    ~Student();
};
Student::Student(int pid, char* pname, char psex, int page)     //构造函数定义
{
    ID=pid;
    name = new char[strlen(pname)+1];    //动态申请空间，name指向此空间
    strcpy(name, pname);
    sex = psex;
    age = page;
}
```

```
void Student::print()
{
    cout<<"ID:"<<ID<<"Name:"<<name<<"Sex:"<<sex<<"Age:"<<age<<endl;
}
Student::~Student()
{
    delete [] name;
}
int main()
{
    Student  std(20171104, "LiHui", 'F', 18);
    std.print( );
}
```

当类定义对象时，系统为每个对象分配一些存储空间用来存放数据成员；例如，当 Student 类定义对象 std 时，系统为对象 std 分配空间如图 3-2 所示。

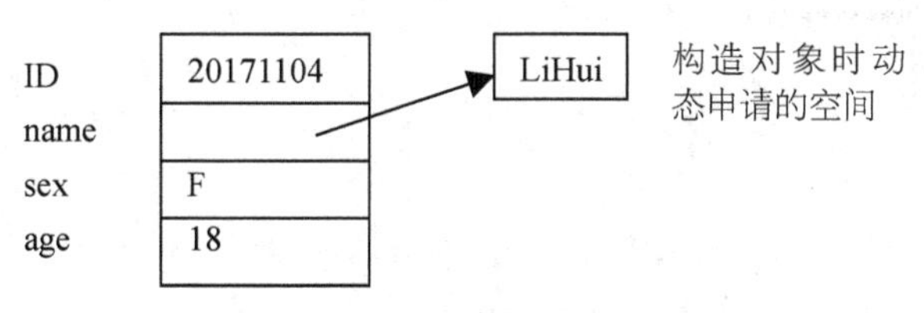

图 3-2　std 对象存储空间示意图

如果不显式定义析构函数，系统会自动生成默认的析构函数。默认的析构函数没有任何功能，对象 std 生存期结束后，std 对象的空间会自动归还给系统。但是，构造对象时申请用来存放字符串的额外空间则没有被回收，就会造成内存的“泄漏”；因此，如果在构造函数中为对象申请了额外的空间，一定要在析构函数中释放此空间。

假设定义了两个 Student 类的对象：std1(20171104, "LiHui", 'F', 18)、std2(20171105, "LiuDan", 'M', 18)，构造函数被调用几次，析构函数被调用几次？请在程序中插入合适的输出提示语句，通过程序运行结果来查看是否与你思考的结果一致；或者通过程序分步调试，查看构造函数、析构函数调用情况。

例 3-10　析构函数及构造函数重载，注意构造函数的调用顺序问题。

类的定义、析构函数与构造函数

```
// Example 3-10
//student.h
#include <iostream>
using namespace std;
class Student
{
private:
    char*  ID;                          //需要动态申请空间存放 id
    char*  name;                        //需要动态申请空间存放 name
    char sex;
    int  age;
    float   score;
```

```
public:
    Student();
    Student(char* pid, char* pname, char psex, int page, float pscore);
    void changeID(char *pid);
    void changeName(char *pname);
    void changeage(int page)  { age = page; }
    void changesex(char psex)    { sex = psex; }
    void changescore(float s) { score = s;    }
    void print();
    ~Student();
};
//student.cpp
#include "student.h"
Student::Student()
{
    ID = new char[10];
    strcpy(ID, "000000000");
    name = new char[20];
    strcpy(name, "******");
    age = 0;
    sex = ' ';
    score = 0;
}

Student::Student(char* pid, char* pname, char psex, int page, float pscore)
{
    ID = new char[strlen(pid)+1];
    strcpy(ID, pid);
    name = new char[strlen(pname)+1];
    strcpy(name, pname);
    age = page;
    sex = psex;
    score = pscore;
}

void Student::changeID(char* pid)
{
    delete [] ID;
    ID = new char[strlen(pid)+1];
    strcpy(ID, pid);
}

void Student::changeName(char* pname)
{
    delete [] name;
    name = new char[strlen(pname)+1];
    strcpy(name, pname);
}

void Student::print()
{
```

```
    cout<<"id:  "<<ID<<endl;
    cout<<"name:"<<name<<endl;
    cout<<"age: "<<age<<endl;
    cout<<"score:"<<score<<endl;
}
Student::~Student()
{
    cout<<"Destructor called.Name:"<<name<<endl;
    delete [] name;
    delete [] ID;
}
//main.cpp
#include "student.h"
int main()
{
    Student s1;
    Student s2("2017101101", "Li Tong", 'M',18, 90);
    cout<<"s1 初始信息"<<endl;
    s1.print();
    cout<<"s2 初始信息"<<endl;
    s2.print();
    s1.changeID("2017101102");
    s1.changeName("Hua Hua");
    s1.changeage(19);
    s1.changescore(90);
    s1.changesex('F');
    cout<<"s1 修改后的信息"<<endl;
    s1.print();
    return 0;
}
```

程序运行输出结果：

```
s1 初始信息
id:  000000000
name:******
age: 0
score:0
s2 初始信息
id:  2017101101
name:Li Tong
age: 18
score:90
s1 修改后的信息
id:  2017101102
name:Hua Hua
age: 19
score:90
Destructor called.  Name:Li Tong
Destructor called.  Name:Hua Hua
```

该类中声明了两个构造函数，一个带参数，一个没有参数。在构造对象时，根据是否给定参数决定调用哪一个构造函数。在执行 main 函数中的最后一条语句后，对象生存期结束，编译系统自动调用析构函数，执行完析构函数，系统收回对象所占用的内存。从运行结果看，上例中先调用析构函数析构对象 s2，再调用析构函数析构对象 s1。

关于析构函数的特点，总结如下：

（1）析构函数是成员函数，函数体可以写在类中，也可以写在类外；

（2）析构函数的函数名与类名相同，并在前面加“~”字符，用来与构造函数进行区分，析构函数不指定返回值类型；

（3）析构函数没有参数，因此不能重载，一个类中只能定义一个析构函数；

（4）每个类都必须有一个析构函数，若类中没有显式定义析构函数，则编译系统自动生成一个默认形式的析构函数，作为该类的公有成员；

（5）析构函数在对象生存期结束前由编译系统自动调用，表现为两种情况：

① 如果一个对象被定义在另一个函数体内，但这个函数结束时；

② 当一个对象是通过 new 运算符动态创建的，当使用 delete 运算符释放它时。

3.4.3 复制构造函数——“克隆”技术

如果我们要使用已有的对象来初始化一个新的对象，那么可以使用 C++中的“克隆技术”。“克隆技术”可以方便地建立一个属性和已有对象完全一样的新对象。在 C++使用复制构造函数可以完成从已有对象到新建对象的“克隆”过程。复制构造函数本质上也是构造函数，和构造函数有很多相同点，也是在定义一个新的对象时由编译系统自动调用完成新建对象的初始化工作。

1. 默认复制构造函数

如果没有定义复制构造函数，则编译系统会自动生成一个默认的复制构造函数。

例 3-11 调用默认的复制构造函数，用已有对象初始化新建对象。

复制构造函数

```
// Example 3-11
#include <iostream>
using namespace std;
class Student{
protected:
    int ID;
    char name[20];
    char sex;
    int age;
public:
    Student(int pid, char* pname, char psex, int page);
    void print();
    ~Student();
};
Student::Student(int pid, char* pname, char psex, int page)
{
    ID=pid;
    strcpy(name, pname);
    sex = psex;
```

```
    age = page;
}
void Student::print()
{
    cout<<"ID:"<<ID<<" Name:"<<name<<" Sex:"<<sex<<" Age:"<<age<<endl;
}
Student::~Student()
{       }

int main()
{
    Student  std1(20171104, "LiHui", 'F', 18);
    Student  std2(std1);          //调用默认复制构造函数完成 std2 对象初始化
    std1.print( );
    std2.print();
}
```

程序运行输出结果：

```
ID:20171104 Name:LiHui Sex:F Age:18
ID:20171104 Name:LiHui Sex:F Age:18
```

新建对象 std2 是用已有对象 std1 作为参数进行初始化的，此时 std2 的初始化工作由系统默认生成的复制构造函数完成，默认复制构造函数的功能是把已知对象的每个数据成员的值依次赋值到新定义的对象对应成员中，不做其他处理。

复制构造函数的原型声明如下所示：

```
<类名>(const <类名>&  <obj>);
```

复制构造函数的函数名和类名相同，形参必须是本类对象的常引用。

对于系统生成的默认复制构造函数，它所做的工作大体如下：

```
<类名> :: <类名>(const <类名>&  <obj>)
{
    mem1 = obj.mem1;
    mem2 = obj.mem2;
    mem3 = obj.mem3;
    ……
}
```

2. 深复制与浅复制

系统自动生成的默认的复制构造函数只能完成对象成员之间的简单赋值，无法进行其他处理。一般情况下无需显式地定义复制构造函数，使用系统默认的复制构造也能完成用已知对象初始化新定义对象的操作，但有时使用系统默认的复制构造函数可能会产生严重问题。

例 3-12 调用默认的复制构造函数，完成对对象的浅复制。

```
// Example 3-12
#include <iostream>
using namespace std;
```

```
class Student{
protected:
    int ID;
    char* name;
    char sex;
    int age;
public:
    Student(int pid, char* pname, char psex, int page);
    void print();
    ~Student();
};
Student::Student(int pid, char* pname, char psex, int page)
{
    ID=pid;
    name = new char[strlen(pname)+1];
    strcpy(name, pname);
    sex = psex;
    age = page;
}
void Student::print()
{
    cout<<"ID:"<<ID<<"Name:"<<name<<"Sex:"<<sex<<"Age:"<<age<<endl;
}
Student::~Student()
{    delete [] name;        }

int main()
{
    Student  std1(20171104, "LiHui", 'F', 18);
    Student  std2(std1);            //调用默认复制构造函数完成std2对象的初始化
    std1.print( );
    std2.print();
    return 0;
}
```

程序运行输出结果：

```
ID:20171104 Name:LiHui Sex:F Age:18
ID:20171104 Name:LiHui Sex:F Age:18
```

此程序可编译成功，运行程序，结果能够正常显示，但是在一些编译环境下，最后出现“内存访问错误”的提示。出现错误提示的原因在哪里呢？在创建对象std2时，调用了系统默认的复制构造函数，如图3-3（a）所示，默认的复制构造函数将std1成员的值依次赋给std2中的成员，导致std2对象中的指针变量name和std1对象中的指针变量name指向同一存储空间。当一个对象的生存期结束而调用析构函数释放内存空间后，另一个对象中的指针变量悬空。当再次访问它时（调用析构函数释放其指向的空间）出现了内存访问错误，如图3-3（b）所示。

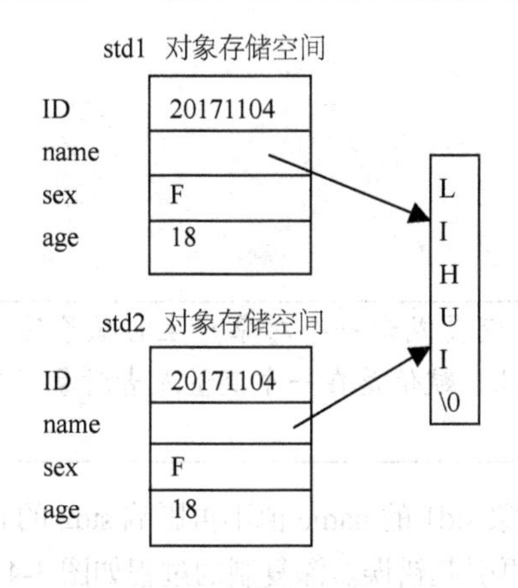

（a）调用默认复制构造函数构造的对象 std2 和 std1 共享 name 空间

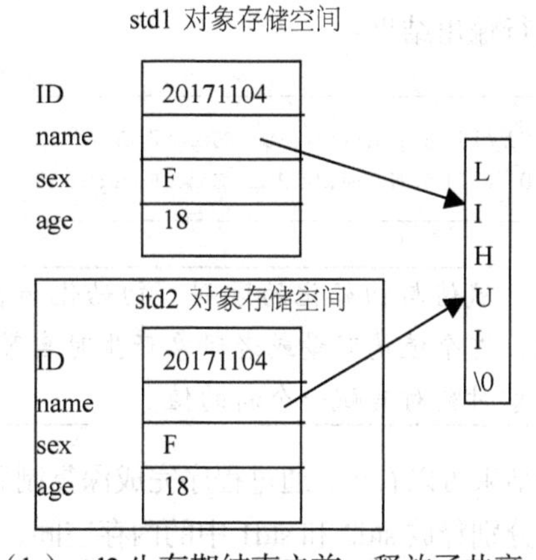

（b）std2 生存期结束之前，释放了共享空间 name，std1 中 name 变成“野指针”

图 3-3　“内存访问错误”原因解析

当一个类有指针成员（可能会拥有资源，如堆内存），这时使用默认的复制构造函数，可能会出现两个对象拥有同一个资源的情况，当对象析构时，一个资源会经历两次释放，因此程序会出错。

默认的复制构造函数只实现了成员之间数值的“浅复制”，并没有复制资源，如果不存在资源冲突，程序就能够正常运行。

如果存在资源问题，必须显式定义复制构造函数，则在显式定义的复制构造函数体中不仅要复制成员，还要复制资源。这种显式定义的复制构造函数要完成“深复制”工作。

这里所说的资源不仅仅是堆资源，当类中涉及需要打开文件、占有硬件设备等也需要深复制。简单来说，如果类需要析构函数来释放资源时，则类也需要显式定义一个复制构造函数实现深复制。

例 3-13　定义复制构造函数，完成深复制。

```
// Example 3-13
#include <iostream>
using namespace std;
class Student{
public:
    Student(const Student& s);
    //……其他成员同例 3-12
};
Student::Student(const Student& s)
{
    ID = s.ID;
    name = new char[strlen(s.name)+1];
    strcpy(name, s.name);
    sex = s.sex;
    age = s.age;
}
int main()
{
    //……同例 3-12
}
```

程序运行输出结果：

```
ID:20171104 Name:LiHui Sex:F Age:18
ID:20171104 Name:LiHui Sex:F Age:18
```

赋值与初始化的区别。初始化是在一个变量或者一个对象产生时赋予的一个初始值，这个值是变量或者对象产生时自带的属性。赋值是在一个变量或者对象产生之后的任意时刻对其赋一个新的值。

从运行结果可以看出，通过程序完成深复制后，对象 std1 的 name 值不再影响 std2 的 name 值，程序结束前分别释放 std2 和 std1 中的内存空间，不会再引起错误。深复制的过程如图 3-4 所示。

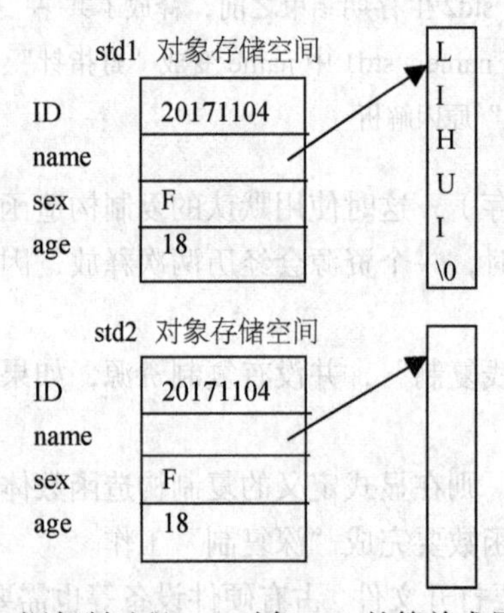

（a）深复制过程——对象 std1 的简单成员值直接复制给 std2 的简单成员，std2 的 name 根据 std1name 申请相等大小的空间

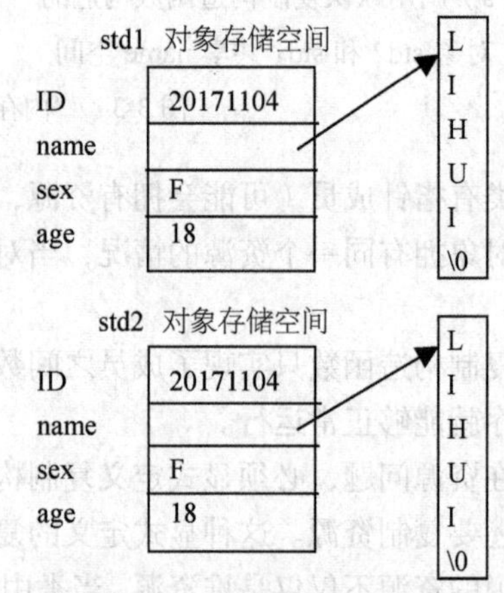

（b）利用字符串的复制函数，将 std1 的 name 所指向的字符串复制到 std2 的 name 所指向的空间

图 3-4　深复制的过程

复制构造函数的特点总结如下。

（1）复制构造函数本质上也是构造函数，所以函数名与类名相同，不指定返回值类型，也是在对象初始化的时候被编译系统自动调用，复制构造函数的形参只有一个，并且是本类对象的常引用。

（2）每个类都必须有一个复制构造函数，如果类中没有显式定义复制构造函数，则编译系统生成一个默认的复制构造函数，默认复制构造函数只能实现对象之间的浅复制。

（3）复制构造函数在以下三种情况下由编译系统自动调用。

① 用已有的对象去初始化一个新定义的对象时。

例：

```
int main()
{
Student  std1(20171104, "LiHui", 'F', 18);
Student  std2(std1);
std1.print( );
std2.print();
return 1;
}
```

② 当对象作为函数的实参传递给函数的形参时。

例：

```
void  f(Student std)
{
    std.print();
}
int main()
{
    Student  std1(20171104, "LiHui", 'F', 18);
    f(std1);
    return 0;
}
```

③ 当函数的返回值是类的对象，函数执行完毕返回时。

例：

```
Student f()
{
    Student  std1(20171104, "LiHui", 'F', 18);
    return std1;
}
int main()
{
    Student std=f();
    std.print();
    return 0;
}
```

3.5　定义对象数组

在第 2 章中介绍了数组是多个同类型变量组成的集合。而对象是用户自定义数据类型声明的变量，因此可以定义对象数组，成批处理同类型对象，简化程序设计过程。

对象数组的元素是对象。这些对象不仅具有数据成员，而且还有函数成员。因此，与基本数据类型数组相比，对象数组有以下特殊之处。

一维对象数组的声明形式如下：

```
类名    数组名[常量表达式];
```

与一般数组的用法类似，在使用对象数组时也只能引用单个数组元素。每个数组元素都是一个对象，通过这个对象可以访问它的公有成员。访问形式如下：

```
数组名[下标表达式].成员名;
```

对象数组中存放的都是对象，前面已经介绍了定义对象时系统会自动调用构造函数初始化对象。因此，在定义对象数组时，系统也会多次自动调用构造函数完成对数组中每一个对象元素的初始化。例如：

```
class Point{
private:
```

```
    double     x,y;
public:
    Point(double px=0.0, double py=0.0):x(px), y(py) { }
    ……
};
……
Point  p[2] = { Point (1,2), Point (3,4) };
```

声明坐标类 Point 后，可以通过类 Point 定义对象数组 p[2]。在程序执行时，系统会先后两次调用类 Point 中的构造函数分别初始化对象 p[0]和 p[1]。为了方便起见，有时在定义时不给定初始化参数，如下所示：

```
Point  p[2];
```

此时，若类 Point 中定义了带参的构造函数，则还需要再定义一个默认构造函数，或者给出带参的构造函数形参的默认值（如上示例代码所示）。当定义对象（数组）时，如果给出参数就调用带参的构造函数；如果没有给出参数则调用默认的构造函数，或者带参的构造函数按形参的默认值进行工作。

因此，在定义某个类时，如果考虑后期需要建立类的对象数组，那么构造函数的定义就要充分考虑到对象数组元素初始化的需要。数组各元素给定了初始化的值，要定义带参的构造函数以供调用；数组各元素没有给定初始化的值，或者初始化的值相同，则类中要定义带默认形参值的构造函数以供调用。

同样地，当数组生存期结束时，系统会自动调用析构函数来完成清理工作。

3.6 友　元

类很好地实现了封装和隐藏，一个类里的私有成员和保护成员只能由类内部的成员函数访问，外部不能通过对象直接访问。但有时为了提高编程效率，需要允许一个函数或类访问另外一个类中的私有成员或保护成员，这时可将这些类或函数声明为类的友元。

3.6.1 友元函数

可以把函数申明为一个类的友元，函数成为类的友元函数，它就可以访问类中的私有成员和保护成员。友元函数在被访问类中的声明格式如下：

```
friend <返回值类型><函数名><(参数表)>;
```

例 3-14 友元函数的声明与使用——编写一个函数求屏幕上两点之间的距离。

友元函数

```
// Example 3-14
#include<iostream>
#include <cmath>
using namespace std;
class Point{
private:
    double     x,y;
public:
    Point(double px=0.0, double py=0.0):x(px), y(py) { }
    ~Point()  {  }
```

```
    void print() { cout<<"("<<x<<","<<y<<")"<<endl; }
    friend double Distance(Point a, Point b);
};
double Distance(Point a, Point b)
{
    return sqrt((a.x-b.x)*(a.x-b.x)+(a.y-b.y)* (a.y-b.y));
}
int main( )
{
    Point   a(1.0, 3.0);
    Point   b(2.0, 5.0);
    a.print();
    b.print();
    cout<<"两点的距离为: "<<Distance(a,b)<<endl;
    return 0;
}
```

程序运行输出结果：

```
(1,3)
(2,5)
两点的距离为: 2.23607
```

友元函数可以访问类中里的所有成员，但友元函数并不是类的成员函数，它在类的外部。当函数被声明为类的朋友后，它就成为类的友元函数，相当于类为它打开了一个“后门”，使得在友元函数中访问类的私有成员保护成员不再受到限制。

读者尝试将 friend 关键字去掉，然后再编译，看看会报什么错误提示？友元函数和成员函数有什么区别？

3.6.2 友元类

友元类的声明方法与友元函数类似，友元类在被访问的类中的声明格式如下：

```
friend <类名>;
```

例 3-15　友元类的定义和使用。

友元类

```
// Example 3-15
#include <iostream>
using namespace std;
class A{
    private:
        int x;
        int y;
public:
    friend class B;
    A(int px, int py):x(px), y(py)  {    }
    ~A()    {        }
    void print()
    {
        cout<<"("<<x<<","<<y<<")";
```

```
    }
};
class B{
private:
    A   a1, a2;
public:
    B(A pa1, A pa2) :a1(pa1), a2(pa2) {  }
    ~B()    {   }
    void print()
    {
        a1.print();
        a2.print();
    }
    double len()
    {    return sqrt((a1.x-a2.x)* (a1.x-a2.x)+ (a1.y-a2.y)* (a1.y-a2.y));    }
};

int main()
{
    A    a1(1,3), a2(5,8);
    B    b(a1,a2);
    cout<<"线段:";
    b.print();
    cout<<"距离为: "<<b.len()<<endl;
}
```

程序运行输出结果：

```
线段:(1,3)(5,8)距离为: 6.40312
```

本例中类 A 描述的是二维坐标系中的一个点，类 B 是线段，在类 B 中有一个获取线段长度的公有方法，通过这个方法可以访问点对象的横纵坐标值（在一般情况下，在类外访问类对象的私有成员值是不允许的）。将类 B 声明为类 A 的友元后，类 B 中的所有成员函数会自动变成类 A 的友元函数，就可以访问 A 中的私有成员。

关于友元，需要注意以下几点：

（1）友元关系不能传递。B 类是 A 类的友元，A 类是 C 类的友元，如果没有特别声明，不能推断 B 类是 C 类的友元；

（2）友元关系是单向的。B 类是 A 类的友元，B 类的成员函数就是 A 类的友元函数，可以访问 A 类中的私有成员和保护成员。但不能由此推断 A 类也是 B 类的友元，A 类的成员函数不能访问 B 类中的私有成员和保护成员。

3.7 this 指针

例 3-16 隐含的 this 指针示例。

```
// Example 3-16
#include <iostream>
```

```
#define PI 3.1415926
using namespace std;
class circle
{
    int r;
public:
    double getArea();
    circle(int pr) { r=pr; }
};
double getArea()
{    return PI*r*r;    }
int main()
{
    circle  cir1(5);
    circle  cir2(10);
    circle  cir3(15);
    cout<<"半径为 5 的圆的面积为："<<cir1.getArea()<<endl;
    cout<<"半径为 10 的圆的面积为："<<cir2.getArea()<<endl;
    cout<<"半径为 15 的圆的面积为："<<cir3.getArea()<<endl;
}
```

程序运行输出结果：

```
半径为 5 的圆的面积为：78.5398
半径为 10 的圆的面积为：314.159
半径为 15 的圆的面积为：706.858
```

类的每个对象中都拥有数据成员的存储空间。例 3-16 中定义了三个对象，因此有三个同样大小的空间存放三个对象的数据成员。但是，cir1、cir2 和 cir3 在调用函数 getArea()时都调用同一段函数代码段。

当不同对象的成员函数引用数据成员时，如何保证引用的是指定对象的数据成员呢？

对于 cir1.getArea()，应该是引用对象 cir1 中的 r，来计算圆 cir1 的面积；而对于 cir2.getArea()来说，则应该是引用对象 cir2 中 r，来计算出圆 cir2 的面积。现在 cir1 和 cir2 调用的是同一个函数段，系统应该怎样使函数分别引用 cir1 和 cir2 中的数据成员？通过 this 指针可以解决这个问题。

在每一个成员函数中都包含一个特殊的指针，称为 this 指针。它是指向本类对象的指针。this 指针是一个特殊的隐含指针，它隐含在每一个类的非静态成员函数中（包括构造函数和析构函数），即类的每个非静态成员函数都有一个 this 指针指向调用这个成员函数的对象。当一个对象调用成员函数时，编译系统先将对象的首地址赋给 this 指针，然后调用成员函数。在成员函数存取数据成员时，隐含地使用 this 指针，这样成员函数就能够通过 this 指针来访问目的对象的数据成员。

例如，当 cir1 调用成员函数 getArea 时，编译系统把对象 cir1 的起始地址赋给 this 指针。因此，在成员函数引用数据成员时，就按照 this 的指向找到对象 cir1 的数据成员。例如 getArea 函数要计算 PI*r*r 的值，实际上是执行以下语句：

```
PI*(this->r)*(this->r)
```

由于当前 this 指向 cir1，因此相当于执行以下语句：

```
PI*(cir1.r)*(cir1.r)
```

这样就计算出圆 cir1 的面积。

同样地，如果 cir2 调用成员函数 getArea，编译系统就把对象 cir2 的起始地址赋给成员函数 getArea 的 this 指针，计算出来的结果就是 cir2 的面积。this 指针是隐式使用的，它是作为参数被传递给成员函数的。

成员函数 getArea 的定义如下：

```
double circle::getArea()
{     return PI*r*r;     }
```

C++编译后把它处理为：

```
double circle::getArea(circle *this)
{     return PI*this->r*this->r;     }
```

即在成员函数的形参表列中增加一个 this 指针。

在调用该成员函数时，实际上是用以下方式调用的：

```
cir1.getArea(&cir1);
```

将对象 cir1 的地址传递给形参 this 指针。然后按 this 的指向去引用对象的成员。

上述的这些过程都是编译系统自动实现的，程序设计者不必人为地在形参中增加 this 指针，也不必将对象 a 的地址传给 this 指针。同时，在需要时也可以显式地使用 this 指针。

例如，在 circle 类的 getArea 函数中，下面两种表示方法都是合法并且相互等价的。

```
return (PI * r * r);                          //隐含使用 this 指针
return (PI * this->r * this->r);              //显式使用 this 指针
```

可以用*this 表示被调用的成员函数所在的对象，*this 就是 this 所指向的对象，即当前的对象。上面的 return 语句也可写成：

```
return(PI*(*this).r * (*this).r);
```

*this 两侧的括号不能省略，不能写成*this.r。

3.8 类的组合

类的组合是指：类中的成员数据是另一个类的对象。通过类的组合可以在已有的抽象的基础上实现更复杂的抽象。

例如，在定义了点类（Point）以后，我们希望通过两个点定义一条线段，甚至还希望通过三个点定义一个三角形，或者四个点定义一个四边形，简单的示例代码如下：

```
class Point{
private:
    double x,y;
public:
    Point(int px, int py);
    //......
```

```
};
class Line{
private:
    Point p1, p2;
public:
    Line(Point &p1, Point &p2);
    //……
};
class triangle{
private:
    Point p1, p2, p3;
public:
    Triangle(Point& p1, Point& p2,Point& p3);
    //……
};
class quadrangle{
privte:
    Point p1,p2,p3,p4;
public:
    quadrangle(Point& p1, Point& p2, Point& p3, Point& p4);
    //……
};
```

类的组合

类组合中的难点是关于它的构造函数设计问题。组合类中有其他类的对象作为成员，这些对象成员也称为类的内嵌对象成员。组合类在创建对象时，它的各个内嵌对象将首先被自动创建。因此，在创建对象时既要对本类的基本数据类型数据成员进行初始化，又要对内嵌对象成员进行初始化。组合类构造函数定义的一般形式为：

```
类名::类名(总形参表):内嵌对象 1(形参表),内嵌对象 2(形参表) ,……
{      类的初始化       }
```

例 3-17　类的组合，线段类。

```
//Example 3-17
#include <iostream>
#include <cmath>
using namespace std;
class Point{
private:
    int x, y;
public:
    Point(int px, int py){
        x = px, y = py;
        cout<<"Point constructor called"<<endl;
    }
    Point(const Point& p){
        x = p.x, y= p.y;
        cout<<"Point copy constructor called"<<endl;
    }
    ~Point() { cout<<"Point destructor called"<<endl; }
    int getx()  {  return x;     }
    int gety()    {  return y;   }
};
```

```
class Line{
private:
    Point p1, p2;
    double len;
public:
    Line(Point& xp1, Point& xp2);
    ~Line()    {  cout<<"Line destructor called "<<endl;    }
    double getLen() { return len; }
};

Line::Line(Point& xp1, Point& xp2):p1(xp1),p2(xp2)
{
    double x = p1.getx()-p2.getx();
    double y = p1.gety()-p2.gety();
    len = sqrt(x*x+y*y);
    cout<<"Line constructor called "<<endl;
}

int main(){
    Point pa(3,4), pb(10,9);
    Line L1(pa, pb);
    cout<<"L1 Start Point "<<"("<<pa.getx()<<","<<pa.gety()<<")"<<endl;
    cout<<"L1 End Point "<<"("<<pb.getx()<<","<<pb.gety()<<")"<<endl;
    cout<<"The length of the L1 is: "<<L1.getLen()<<endl;
    return 0;
}
```

程序运行输出结果：

```
Point constructor called
Point constructor called
Point copy constructor called
Point copy constructor called
Line constructor called
L1 Start Point (3,4)
L1 End Point (10,9)
The length of the L1 is: 8.60233
Line destructor called
Point destructor called
Point destructor called
Point destructor called
Point destructor called
```

在程序运行后，先调用 Point 类的构造函数两次，构造 Point 类对象 pa 和 pb；然后，构造 Line 对象 L1，在执行 Line 类的构造函数之前，先调用内嵌对象的构造函数，由于内嵌对象是用已有的 Point 对象进行初始化的，所以调用了两次复制构造函数来完成内嵌对象的初始化；接下来执行组合类 Line 的构造函数体；最后输出相关信息。

程序运行到最后就开始析构对象，先析构 Line 对象。在析构组合类对象时，析构函数的执行顺序正好与构造函数相反。所以先执行 Line 类的析构函数，然后执行内嵌对象的析构函数，最后析构主函数中的两个 Point 类对象 pa 和 pb。

关于组合类的构造函数总结如下：

（1）类组合的构造函数设计原则：不仅要对本类中的基本类型成员数据赋初值，还要对对象成员进行初始化；

（2）构造函数的执行顺序是：先调用内嵌对象的构造函数，调用顺序按内嵌对象在组合类的定义中出现的次序；再执行组合类中的构造函数的函数体。

3.9　综合实例

例 3-18　示例对象的创建，动态空间管理，以及深复制实现。定义一个动态字符串类，该类用于存储字符串。

```
//Example 3-18
#include <iostream>
using namespace std;

class String{                                //创建 String 类
private:                                     //数据成员
    char* ch;
public:                                      //公有接口
    String(char*  p="");                     //构造函数带默认参数
    ~String();                               //析构函数
    String(const String & a);                //复制构造函数
    void print();                            //输出字符串内容
};

String::String(char*  p)
{
    ch = new char[strlen(p)+1];              //申请动态空间
    strcpy(ch, p);
}

String::String(const String & a)
{
    ch = new char[strlen(a.ch)+1];           //申请动态空间
    strcpy(ch, a.ch);
}
String::~String()
{
    delete [] ch;                            //释放空间
}
void String::print()
{
    cout<<ch<<endl;                          //输出、显示
}

int main( )
{
```

```
    String  a("123");                          //调用构造函数初始化对象
    String  b=a;                               //调用复制构造初始化对象
    cout<<"a: ";
    a.print();
    cout<<"b=a, b? \nb=";
    b.print();
    return 0;
}
```

程序运行输出结果：

```
a: 123
b=a, b?
b=123
```

该类中成员有指针，需要申请空间才能存放数据，因此显式定义了构造函数和析构函数，并定义了深复制构造函数。

例 3-19 示例对象数组。

```
//Example 3-19
#include <iostream>
using namespace std;
class Point{
public:                                       //公有接口
    Point(int px=0, int py=0)                 //构造函数带默认形参值
    { x=px, y=py; }
    void init(int px=0, int py=0)             //更新坐标值
    { x=px, y=py; }
    void print()                              //输出坐标值
    { cout<<'('<<x<<','<<y<<')'<<endl; }
private:
    int x,y;
};
int main()
{
    Point *pArray = new Point[5];
    if(!pArray){
        cout<<"allocation error! "<<endl;
        return -1;
    }
    int x,y;
    for(int k=0;k<5;k++)
    {
        cin>>x>>y;
        pArray[k].init(x,y);
    }
    cout<<"Array of Point:"<<endl;
    for(int k=0;k<5;k++)
        pArray[k].print();
    delete [] pArray;
```

```
    return 0;
}
```

程序运行输出结果：

```
1 2 3 4 5 6 7 8 9 10
Array of Point:
(1,2)
(3,4)
(5,6)
(7,8)
(9,10)
```

在执行“Point *pArray = new Point[5];”语句时，系统自动调用构造函数五次，按默认值初始化动态声明五个对象。

如果构造函数去掉默认值，程序还能正常运行吗？

例 3-20　示例类的组合。定义一个 Point 类，然后定义 Triangle 类，Triangle 类中有三个 Point 类对象成员，在主函数中定义一个 Triangle 类对象，并利用海伦公式计算该对象的面积。

```
//Example 3-20
#include <iostream>
using namespace std;
class Point{
public:                                   //公有接口
    Point(int px=0, int py=0)             //构造函数带默认形参值
    { x=px, y=py; }
    void print()                          //输出坐标值
    { cout<<'('<<x<<','<<y<<')'<<endl; }
    friend class Triangle;
private:
    int x,y;
};
class Triangle{
private:
    Point  p1, p2, p3;
public:
    Triangle(Point xp1, Point xp2, Point xp3):p1(xp1),p2(xp2),p3(xp3)
    {   }
    double GetArea();
    void display();
};
double Triangle::GetArea()
{
    double x1 = p1.x - p2.x;
    double y1 = p1.y - p2.y;
    double x2 = p1.x - p3.x;
```

```
    double y2 = p1.y - p3.y;
    double x3 = p2.x - p3.x;
    double y3 = p2.y - p3.y;
    double L1 = sqrt(x1*x1+y1*y1);
    double L2 = sqrt(x2*x2+y2*y2);
    double L3 = sqrt(x3*x3+y3*y3);
    double s = (L1+L2+L3)/2;
    return sqrt(s*(s-L1)*(s-L2)*(s-L3));
}

void Triangle::display()
{
    cout<<"the Point of Triangle are:"<<endl;
    p1.print();
    p2.print();
    p3.print();
}
int main()
{
    Point   p1(3,4),p2(4,5),p3(3,9);
    Triangle  t(p1,p2,p3);
    t.display();
    cout<<"三角形面积："<<t.GetArea();
    return 0;
}
```

程序运行输出结果：

```
the Point of Triangle are:
(3,4)
(4,5)
(3,9)
三角形面积：2.5
```

Triangle 是 Point 的组合类，里面包含三个 Point 对象。为了便于计算三角形边长(两点的距离)，将 Triangle 声明为 Point 的友元类，这样就可以方便地访问 Point 类中的私有成员——x 和 y。计算三角形面积时用到了已知三边边长求面积的海伦公式。

3.10 二级考点解析

3.10.1 考点说明

本章二级考点主要包括：（1）类的定义方式、数据成员、成员函数及访问权限（public,private, protected）；（2）对象和对象指针的定义与使用；（3）构造函数与析构函数；（4）this 指针的使用；（5）友元函数和友元类；（6）对象数组与成员对象。

3.10.2　例题分析

1. 有关类的说法不正确的是（　　）。

A. 类是一种用户自定义的数据类型

B. 只有类的友元函数、友元类和类的成员函数才能存取类的私有成员

C. 在类中，如果不作特别说明，所指的数据均为私有类型

D. 在类中，如果不作特别说明，所指的成员函数均为公有类型

解析：选项 A、B 都是正确的；如果不作特别说明，类中的成员都是私有类型。

答案：D

2. 下列关于类的说明，有错误的语句是（　　）。

class X

{

A. int a = 2;

B. X();

public:

C. X(int val)

D. ~X( );

};

解析：C++类的数据成员不能在定义类时直接赋初值，所以选项 A 有错误。其他三项都是正确的。

答案：A

3. 下列程序中说明的私有成员是（　　）。

```
class Point{
    int x,y;
public:
    void set(int px, int py);
private:
    int z;
public:
    int Getx();
    int Gety();
    int Getz();
};
```

A. x,y;　　　　B. z

C. Getx(), Gety(), Getz()　　　　D. A 和 B 都是

解析：用 public 修饰的成员是公有的，如果没有使用关键词，则所有成员默认定义为 private 权限。

答案：D

4. 有关类与对象的说法不正确的是（　　）。

A. 对象是类的一个实例

B. 一个类只能有一个对象

C. 任何一个对象只能属于一个具体的类

D. 类与对象的关系和数据类型与变量的关系相似

解析：从语言的角度来说，类是一种用户自己定义的数据类型。而一种数据类型可以定义多个变量，因此一个类也可以说明多个对象。

答案：B

5. 要定义一个引用变量 p，使之引用类 MyClass 的一个对象，正确的定义语句是（　　）。

A. MyClass p=MyClass;　　B. MyClass p=new MyClass;

C. MyClass &p=new MyClass;　　D. MyClass a，&p=a;

解析：声明引用的形式为　类型& 引用名=已有变量名。

答案：D

6. 若 MyClass 是一个类名，且有如下语句序列

```
MyClass c1,*c2;
MyClass *c3=new MyClass;
MyClass &c4=c1;
```

上面的语句序列所定义的类对象的个数是（　　）。

A. 1　　B. 2　　C. 3　　D. 4

解析：C2 声明了指向对象的指针，但是没有申请空间，c4 被绑定到已有的对象空间 c1 上，所定义的对象空间只有两个，即 c1 和 c3 所指向的对象空间。

答案：B

7. 有关析构函数的说法不正确的是（　　）。

A. 析构函数有且仅有一个

B. 析构函数和构造函数一样可以有多个

C. 析构函数的功能是用来释放一个对象

D. 析构函数无任何函数类型

解析：在一个类中，析构函数有且仅有一个，并且没有返回值，它的功能是用来释放一个对象，在对象删除前，用它来做一些清理工作。与构造函数功能正好相反，析构函数不指定参数，而构造函数可以指定参数。

答案：B

8. 通常复制构造函数的参数表是（　　）。

A. 某个对象名　　B. 某个对象的成员名

C. 某个对象的引用名　　D. 某个对象的指针名

解析：复制构造函数是一种特殊的构造函数，具有一般构造函数的所有特征，它只有一个参数，参数类型是本类对象的引用。

答案：C

9. this 指针是 C++实现（　　）的一种机制。

A. 抽象　　B. 封装　　C. 继承　　D. 重载

解析：this 指针是 C++实现封装的一种机制，它将对象和该对象调用的成员函数连接在一起，在外部看来，每一个对象都拥有自己的函数成员。

答案：B

10. 关于友元，下列说法错误的是（　　）。

A. 如果类 A 是类 B 的友元，那么类 B 也是类 A 的友元

B. 如果函数 fun()被说明为类 A 的友元，那么在在 fun()中可以访问类 A 的私有成员

C. 友元关系不能被继承

D. 如果类 A 是类 B 的友元，那么类 A 的所有成员函数都是类 B 的友元

解析：友元关系是单向的，没有交换性和传递性。类的友元函数可以访问类里面的私有成员，友元类的所有成员函数都自动称为类的友元函数。

答案：A

11. 下列的各类函数中（　　）不是类的成员函数。

A. 构造函数　　B. 析构函数　　C. 友元函数　　D. 复制构造函数

解析：友元可以访问类里面的成员，但不属于类。

答案：C

12. Sample 是一个类，执行下面语句后，调用 Sample 类的构造函数的次数是（　　）。

```
Sample a[2], *p = new Sample;
```

A. 0　　B. 1　　C. 2　　D. 3

解析：通过 Sample 定义了一个对象数组，其中有两个对象，然后定义了一个指针，并申请了动态对象空间，将空间地址放在了 p 中，因此有 3 个对象空间需要初始化。

答案：D

13. 已知 p 是一个指向类 X 数组成员 m 的指针，s 是类 X 的一个对象，如果要给 m 赋值为 3，（　　）是正确的。

A. s.p=3　　B. s->p=3　　C. s.*p=3　　D. *s.p=3

解析：通过类数据成员指针给数据成员赋值的语法形式为：<类名>.<*指针>=<值>。

答案：C

14. 已知 f1(int)是类 X 的公有成员函数，p 是指向成员 f1()的指针，采用它赋值，（　　）是正确的。

A. p=f1　　B. p=X::f1　　C. p=X::f1()　　D. p=f1()

解析：选项 A 和选项 D 是错误的；当给成员函数指针赋值时不能指定函数参数。

答案：B

15. 假定 Xcs 是一个类，该类中一个成员函数的原型为“Xcs *abc();”，则在类外定义时对应的函数头为（　　）。

解析：成员函数的原型为 “Xcs *abc();”说明 Xcs 中定义了一个函数，名称是 abc()，返回值是类指针。在类外定义时，函数头需要在函数前加上类名和作用域运算符。

答案：Xcs * Xcs ::abc();

16. 如下类定义中包含了构造函数和复制函数的原型声明请在横线处写正确的内容，使复制构造函数的声明完整。

```
class MyClass{
private:
    int data:
public:
    MyClass(int value);                          //构造函数
    MyClass(const ________ anotherObject)  ;     //复制构造函数
};
```

解析：复制构造函数的形参是本类对象的常引用。

答案：MyClass &

17. 请将下面的类 Date 的定义补充完整，使得由语句“Date FirstDay”；定义的对象 FirstDay 的值为 2017 年 10 月 1 日。

```
class Date{
public:
    Date( ________ ):year(y),month(m),day(d){ }
private:
    int year,month,day;                           //依次表示年、月、日
};
```

解析：定义对象时，没有给实参，仍能正常运行，说明构造函数形参带默认值。

答案：int year=2017, int month=10, int day=1。

3.11 本章小结

本章重点介绍了类与对象的基本概念。这一章的内容是面向对象技术学习的基础，只有掌握了类与对象，才能继续深入地学习继承与派生，类的多态性等知识。

类是用户自定义的一种数据类型，使用这些自定义的数据类型能够像使用基本数据类型一样定义变量、数组、指针和引用。

本章从面向对象抽象性和封装性的角度，介绍了如何定义类，类中成员访问权限控制等。类包括属性和方法两部分，类的属性出于安全考虑一般设置为对外不能访问，即私有的或保护的；为了给类的使用者提供方便，类的方法一般设置为公有的，类的方法也被称为类的成员函数，成员函数有两种定义方法：类中和类外。

对象是通过类定义的变量，在内存中具有真正的存储区域。通过对象可以在类外访问类中的公有成员。

由于声明对象后，编译系统需要为对象分配空间并进行初始化，C++使用构造函数对对象进行初始化，并使用析构函数对对象进行清理。

构造函数和析构函数形式比较特殊（与类名相同，不指定返回值类型），由编译系统自动调用。

当用已有的对象初始化新定义的对象时，复制构造函数被自动调用。

类中每个成员函数中都隐含一个 this 指针，指向调用成员函数的对象本身。

为了提高程序执行效率，可以给类声明一些友元，类的友元可以直接访问类中的私有成员。

对象数组与一般数组的区别在于，数组中存放的元素是复杂的对象。

3.12 习题

1. 选择题

（1）下列关于类定义的说法中，正确的是（　　）。

A. 类定义中包括数据成员和函数成员的声明

B. 类成员的缺省访问权限是保护的

C. 数据成员必须被声明为私有的

D. 成员函数只能在类体外进行定义

（2）下列说法正确的是（　　）。

A. 内联函数是在运行时将该函数的目标代码插入到每个调用该函数的地方

B. 内联函数在编译时是将该函数的目标代码插入到每个调用该函数的地方

C. 类的内联函数必须在类体内定义

D. 类的内联函数必须在类体外通过关键字 inline 定义

（3）在 C++程序中，对象之间的相互通信通过（　　）实现。

A. 继承　　B. 调用成员函数

C. 封装　　D. 函数重载

（4）在类的定义形式中，数据成员、成员函数和（　　）组成了类定义体。

A. 成员的访问控制信息　　B. 公有消息

C. 私有消息　　D. 保护消息

（5）已知类 X 中的一个成员函数说明如下：void set(X &a)；其中，X&a 的含义是（　　）。

A. 指向类 X 的指针为 a

B. 将 a 的地址赋给变量 Set

C. a 是类 X 的对象引用，用来作为 Set( )的形参

D. 变量 X 与 a 按位相与作为函数 Set( )的参数

（6）缺省的析构函数体是（　　）。

A. 不存在　　B. 随机产生的　　C. 空的　　D. 无法确定的

（7）下列说法正确的是（　　）。

A. 一个类只能定义一个构造函数，但可以定义多个析构函数

B. 一个类只能定义一个析构函数，但可以定义多个构造函数

C. 构造函数与析构函数同名，只是名字前面加了一个求反符号（~）

D. 构造函数可以指定返回值类型，析构函数不能制定返回值类型，即使是 void 类型也不行

（8）有关构造函数说法不正确的是（　　）。

A. 构造函数的名称和类的名称一样

B. 在创建对象时，系统自动调用构造函数

C. 构造函数无任何函数类型

D. 构造函数有且仅有一个

（9）（　　）是析构函数的特征。

A. 析构函数可以有一个或多个参数　　B. 析构函数定义只能在类体内

C. 析构函数名与类名不同　　D. 一个类中只能定义一个析构函数

（10）（　　）的功能是对对象进行初始化。

A. 析构函数　　B. 数据成员　　C. 构造函数　　D. 静态数据成员

（11）假定 X 为一个类，执行 X　a[3]，*p[2];语句时会自动调用该类的构造函数（　　）次。

A. 2　　B. 3　　C. 4　　D. 5

（12）假定 X 为一个类，则该类的复制构造函数的声明语句为（　　）。

A. MyClass(MyClass x)　　B. MyClass&(MyClass x)

C. MyClass(MyClass &x)　　D. MyClass(MyClass *x)

（13）下面关于友元的描述中，错误的是（　　）。

A. 友元函数可以访问该类的私有数据成员

B. 一个类的友元类中的成员函数都是这个类的友元函数

C. 友元可以提高程序的运行效率

D. 类与类之间的友元关系可以继承

（14）类 A 是类 B 的友元，类 B 是类 C 的友元，则（　　）是正确的。

A. 类 B 是类 A 的友元　　B. 类 C 是类 A 的友元

C. 类 A 是类 C 的友元　　D. 以上都不对

（15）一个类的友元函数能够访问该类的（　　）。

A. 私有成员　　B. 保护成员　　C. 公有成员　　D. 所有成员

（16）已知 X 类，则当程序执行到语句 X array[3]；时，调用了（　　）次构造函数。

A. 不确定　　B. 1　　C. 2　　D. 3

2. 读程序并写出下列程序运行结果

（1）下列程序的运行结果是________。

```
#include <iostream>
using namespace std;
class Elem
{
public:
    Elem(int    x=4, char c='t');
    ~Elem();
private:
    int da;
    char ch;
};
Elem::Elem(int x, char c):da(x), ch(c)
{     cout<<da<<" ";      }
Elem::~Elem()
{     cout<<ch<<" ";  }
void main()
{
    Elem  E1(3, 'M'), E2(6), E3, E4(3,'T');
    Elem  E[2]={Elem(10,'b'), Elem(20, 'c')};
}
```

（2）下列程序的运行结果是________。

```
#include <iostream>
using namespace std;
class MyData
{
public:
    MyData( );
    MyData(int);
    void Display();
    ~MyData();
protected:
```

```
    int number;
};
MyData::MyData()
{
    number=0;
    cout<<"Default constructing with default value:"<<number<<endl;
}
MyData::MyData(int m)
{
    number=m;
    cout<<"Constructing with given value:"<<number<<endl;
}
void MyData::Display()
{
    cout<<"Display a number:"<<number<<endl;
}
MyData::~ MyData()
{
    cout<<"Destructing\n";
}
int main()
{
    MyData  da1;
    MyData  da2(20);
    da1.Display();
    da2.Display();
}
```

（3）下列程序的运行结果是________。

```
#include <iostream>
using namespace std;
class A
{
   public:
    A(int i=0) {    m=i;     cout<<"Construtor"<<m<<endl;    }
    void set(int i)  {  m=i;  }
    void print() const {    cout<<m<<endl;    }
    ~A( ) { cout<<"Destructor"<<m<<endl; }
 private:
    int m;
};
void fun(const A& c)
{
    c.print( );
}
void main( )
{
    fun(5);
}
```

（4）下列程序的运行结果是________。

```
#include <iostream>
using namespace std;
```

```
class CSample
{
    int i;
public:
    CSample();
    CSample(int val);
    void Display();
    ~CSample();
};
CSample::CSample()
{
    cout<<"Constructor1"<<endl;
    i=0;
}
CSample::CSample(int val)
{
    cout<<"Constructor2"<<endl;
    i = val;
}
void CSample::Display()
{
    cout<<"i="<<i<<endl;
}
CSample::~CSample()
{
    cout<<"Destructor"<<endl;
}

int main()
{
        CSample a,b(10);
        a.Display();
        b.Display();
        return 0;
}
```

3. 程序填空题

（1）下面类中定义了复制初始化构造函数，请在程序中的横线处填入适当的语句，使类定义完整。

```
class MyClass
{
  public:
    MyClass(int xx=0, int yy=0) { X=xx; Y=yy; }
    ____(a)____;
  private:
    int X,Y;
};
MyClass::____(b)______            //复制初始化构造函数的实现
{
    X=____(c)____;
    ____(d)____;
}
```

（2）有如下类定义，请将 Sample 类的复制构造函数补充完整。

```
class Sample{
public:
    Sample(int data=0){ p=new int(data);}
    ~Sample()
    {    if(p) delete p;     }
    Sample(const Sample& s)
    {    ____(e)____;     }
private:
    int*p;
};
```

（3）在下面的横线上填上适当的语句，使其输出结果为 25，10。

```
#include <iostream>
using namespace std;
class Location
{
    int    X,Y;
public:
    ____(f)____;
    int GetX()  {  return X; }
    int GetY()  {  return Y; }
    void print()
    {  cout<<X<<","<<Y<<endl; }
};
void Location::init(int k, int t)
{ X=k; Y=t; }


int main()
{
    Location a;
    a.init(25,10);
    ____(g)____;
    return 0;
}
```

（4）在下面横线处填上适当语句，使程序运行输出结果为 1。

```
#include <iostream>
using namespace std;
class M
{
  int x;
  int get()  { return x; }
public:
  M(int i)  { x=i; }
  void show( ) {  cout<<get();  }
};
void main( )
{
        ____(h)____;            //初始化类 M 的对象 a
```

```
        ____(i)____;              //调用对象 a 的成员函数
}
```

（5）类 Sample 的构造函数将形参 data 赋值给数据成员 data。请将类定义补充完整。

```
class Sample{
public:
    Sample(int data=0);
private:
    int data;
};
Sample::Sample(int data)               //将 Sample 类成员变量 data 设置成形参的值
{ ____(j)____ }                        //注意形参与成员同名
```

4. 定义一个矩形类，包含长和宽两个属性，并通过成员函数 getArea()计算矩形的面积。

5. 定义一个 Circle 类，包含数据成员 radius（半径），通过成员函数 getArea()获取面积，成员函数 getcircumference()获取周长，在主函数中构造一个 Circle 对象进行测试。

6. 利用习题 5 中已经写好的类，完成关于游泳场改造预算的问题求解。

一个圆形游泳场如图 3-5 所示，游泳场周围要建一圆形过道，并在其周围围上栅栏，栅栏造价为 100 元/m，过道造价为 80 元/m^2，游泳池的造价为 250 元/m^2。过道宽度为 3m，游泳场中间游泳池的半径大小是根据建筑规划时具体情况从键盘输入的数值。试编程计算整个游泳场的造价。

7. this 指针是如何传递给类中函数的？

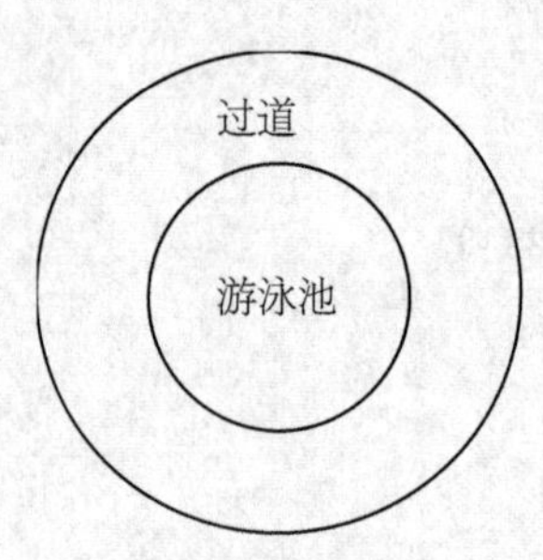

图 3-5　游泳场示意图

第4章 共享与保护

数据的共享和保护是程序员在编写大型复杂程序时要考虑的主要问题之一，如何在程序内部实现数据最大限度的共享，提高编程效率，同时又能避免非法操作或误操作给数据造成的破坏？C++为此提供了很好的支持机制。

本章主要介绍标识符的作用域、可见性、生存期的概念、类成员的共享和保护问题，以及多文档结构及编译预处理命令。

4.1 作 用 域

4.1.1 不同的作用域

通过对第 2 章的学习，我们已经知道，标识符必须先声明才能使用，声明标识符后，就可以在程序的其他位置引用它。

作用域是指一个标识符在程序中的哪些地方是有效的，C++中的很多作用域是通过大括号来进行限定的。

程序里有的标识符只是局部使用，此时把它定义成局部变量比较合适——只是自己使用，不需要传递给其他函数，如果完全暴露出来，导致其他位置对其进行了非法篡改，反而不是很好。但是如果一个标识符在很多地方（如很多函数）要用到，为了避免函数间繁琐地传递参数带来的不便，我们习惯将这样的一些变量设置为全局的，此时变量的作用域就是整个文件。

例 4-1 局部作用域范围的标识符。

```
//Example 4-1
#include <iostream>
using namespace std;
int main()
{
    int sum = 0;
    for (int val = 1; val <= 10; ++val)
        sum += val;
    cout << "Sum of 1 to 10 inclusive is "<< sum << std::endl;
    return 0;
}
```

程序运行输出结果：

```
Sum of 1 to 10 inclusive is 55
```

本程序统计 1～10 范围内的所有整数之和。程序中定义了三个标识符，main、sum 和 val，注意函数名也是一个标识符；main 是在大括号外面定义的，和其他在大括号外面定义的标识符一样，它具有全局作用域。具有全局作用域的标识符一旦被声明以后就能够在程序中任何位置被访问。main 函数体内部定义的 sum 变量的作用域从定义开始到 main 函数体结束，由于 sum 标识符具有块作用域，因此在 main 函数外部不能访问它；变量 val 在 for 语句中定义的，只能在 for 语句中使用。

因此，可在第一次要使用变量的时候再定义，这样既可以很方便地查到变量定义的位置，也可以提高程序的可读性。

归纳起来，变量的作用域范围主要包括以下几类：

（1）局部作用域；

（2）函数原型作用域；

（3）类作用域；

（4）文件作用域；

（5）命名空间作用域。

例 4-2 不同作用域示例。

```
//Example 4-2
#include <iostream>
using namespace std;
int reused = 40;                    //reused 具有文件作用域

class Data                          //Data 具有文件作用域
{
private:
    int data;                       //data 具有类作用域，在类内部可以随意访问。
public:
    void Putdata(int pd);           //pd 仅在函数原型声明中有效。
    int Getdata() {
        return data;
    }
};
void Data::Putdata(int pd)          //pd 仅在函数 Putdata 中有效。
{
    data = pd;
}
int main()
{
    Data  d1;                       //d1 具有局部作用域，只在 main 函数内有效。
    int   m;
    cin>>m;                         //cin 具有命名空间作用域
    d1.Putdata(m);
    cout<<d1.Getdata();             //cout 具有命名空间作用域
    return 0;
}
```

在具体了解命名空间作用域之前，有必要先学习命名空间的概念。

大型程序开发通常由不同的模块组成，不同的模块可能是由不同的开发小组开发的。不同模块中可能都会定义大量全局的标识符，比如一些类名和函数名等。当系统将它们合成在一起时，会引起不可避免的命名冲突；同样地，在开发大型软件时，也可能会引用不同开发者开发的库，这些库也有可能存在全局标识符冲突的问题。为了避免冲突，可以定义不同的命名空间，只要在一个命名空间下没有同名的全局标识符，就可以避免冲突。

命名空间的声明方法如下：

```
name NS_Example{
    class  complex;
    complex add(const complex&a, const complex &b);
    ……            //各种声明：类，变量，函数，模板
}                 //和语句块类似，结尾没有分号
```

和其他标识符的命名规则一样，命名空间的名称在其定义的作用域范围内必须是唯一的，命名空间可以定义在全局作用域中，也可以定义在另一个命名空间中。它不能定义在类中或函数中。

命名空间声明末尾没有分号。

不同的命名空间确定了不同的作用域，不同的命名空间可以包含名称相同的成员。在命名空间内部可以直接引用当前命名空间中声明的标识符，如果需要引用其他命名空间的标识符，需要加上其他命名空间的名称。

目前所给的示例程序中使用到的库都在标准命名空间 std 之下；程序中所用到的 cin、cout 和 endl 等都是在 std 中定义的。所以在引用这些标识符时需要在前面加上命名空间，如 std::cin、std::cout 和 std::endl 等，有时在标识符前面总是加上这样的命名空间限定会使语句显得过于冗长。C++会使用 using 语句解决这一问题，使用 using 语句进行声明后，可以使编程人员在引用某个命名空间中的标识符时，不用在前面加上繁琐的前缀。using 语句主要有两种形式，如下所示：

```
using  命名空间名::标识符名;
using namespace 命名空间名;
```

第一种形式将指定的标识符暴露于当前的作用域，使程序员在当前作用域中可以直接引用该标识符；第二种形式则将指定命名空间中的所有标识符暴露于当前作用域，使程序员在当前作用域中可以直接引用该命名空间内的任意标识符，前面很多示例采用的都是这种方式。

例 4-3　暴露指定标识符。

```
//Example 4-3
#include <iostream>
using std::cin;
int main()
{
    int i;
    cin >> i;            // 正确：cin 是 std 命名空间中的 cin
    cout << i;           // 错误：没有 cout 的引用声明，必须写完整的前缀
    std::cout << i;      // 正确：表明使用的是 std 命名空间中的 cout
```

```
    return 0;
}
```

每次引用声明后面一定要以分号结束，头文件中最好不要包含引用声明，头文件会被其他文件所包含，在头文件中包含命名空间引用声明可能会引起命名冲突等问题。

4.1.2 作用域嵌套

一个作用域可以包含其他一些作用域，被包含的作用域称为内部作用域，包含的作用域称为外部作用域。

在某个作用域声明了一个标识符后，这个作用域嵌套的所有内部作用域都可以访问这个标识符；在外部作用域定义的标识符也可以在内部作用域中重新定义。

例 4-4 内部作用域与外部作用域示例标识符的不同作用域。

```
//Example 4-4
#include <iostream>
using namespace std;
int reused = 42;                                      // reused 具有全局作用域
int main()
{
    int unique = 0;                                   // unique 具有块作用域
    cout << reused << " " << unique << endl;          //输出 42 0
    int reused = 0;                  // 定义新的局部变量 reused 后屏蔽了全局的 reused
    cout << reused << " " << unique << endl;          //访问局部 reused，输出 0 0
    cout << ::reused << " " << unique << endl;        //通过::指定访问全局的 reused 输出 42 0
    return 0;
}
```

程序运行输出结果：

```
42 0
0 0
42 0
```

为了说明内部作用域和外部作用域问题，我们定义了同名的全局变量和局部变量，在实际编程时尽量不要定义同名的全局变量和局部变量，否则会降低程序可读性。

4.2 生 存 期

每个对象（变量）都有生存期。生存期就是程序执行时，对象（变量）存在（存活）的那段时间。本节使用对象来统一表示类的对象和一般的变量。

对象的生存期可以分为静态生存期和动态生存期两种。在函数外部定义的全局对象在整个程序执行的过程中都有效，这些对象从程序运行开始“诞生”直到程序结束“死亡”，这类对象都具有静态生存期；局部对象的生存期取决于定义的方式，有动态生存期和静态生存期两种。

4.2.1　动态生存期

声明在块中的普通的局部对象，生存期从声明点开始，结束于声明所在的块执行完毕之时。具有动态生存期的对象，其存储空间在执行到块的时候被分配，块执行完毕后，对象生存期结束，空间被收回。前面示例中的很多局部变量都具有动态生存期。

4.2.2　静态生存期

如果对象的生存期与程序的运行期相同，则称它具有静态生存期。在命名空间作用域中声明的对象都是具有静态生存期的。局部对象如果要具有静态生存期，则需要用到关键字 static。例如，下列语句定义的变量 i 便是具有静态生存期的变量，也被称为静态变量：

```
static int i;
```

静态局部对象的特点是：（1）每个静态局部对象在第一次被执行之前进行初始化；（2）静态局部对象在整个程序运行过程中一直存在，直到程序运行结束才消亡。也就是说，如果在一个函数中定义了静态局部对象，当函数返回后，该变量空间不会消失，还保留着上一次存储的值，下一次再调用函数时在上一次所存储的值的基础上进行处理或运算，该变量在每次函数调用间实现数据共享。

例 4-5　利用静态成员在函数内部统计函数被调用了几次。

```
//Example 4-5
#include<iostream>
using namespace std;
int count_calls( )
{
    int n;
    int m=0;
    m=0;
    static int  count=0;
    return ++count;
}
int main( )
{
    for(int i=0;i<10;++i)
        cout<<count_calls()<<", ";
    return 0;
}
```

程序运行输出结果：

```
1, 2, 3, 4, 5, 6, 7, 8, 9, 10,
```

仅当第一次调用函数 count_calls 时，count 被初始化为 0，以后 count 不再执行初始化语句“static int count=0;”，每次函数调用将 count 加 1 并返回更新后的 count 值。无论什么时候执行函数 count_calls，变量 count 都已经存在，其中保存着上一次函数退出时 count 中存放的值。

如果静态局部对象没有给定初始化的数值，它们通常用默认的值初始化，例如，整型变量会被初始化为 0。

在 C++中标识符具有作用域，对象具有生存期。关于作用域和生存期要注意以下两点。

（1）标识符的作用域是指在程序中的某个位置哪些标识符是可见的。

（2）对象的生存期是指在程序执行过程中，对象一直存在。

例 4-6 变量的生存期与可见性。

```
//Example 4-6
#include <iostream>
using namespace std;
int i=0;                        //i 为全局变量具有静态生存期
void other(){
//a、b 为静态局部变量，具有静态生存期，在函数内部可见第一次进入 other()函数时被初始化
    static int a=2;
    static int b;
    int c=10;                   //c 为局部变量，具有动态生存期，每次进入函数时都初始化
    a+=2;
    i+=32;
    c+=5;
    cout<<"----OTHER----"<<endl;
    cout<<"i:"<<i<<" a:"<<a<<" b:"<<b<<" c:"<<c<<endl;
    b=a;
}
int main()
{
    static int a;               //a 为静态局部变量，具有全局生命期，局部可见
    //b、c 为局部变量，具有动态生存期，局部可见
    int b=-10;
    int c=0;
    cout<<"----MAIN----"<<endl;
    cout<<"i:"<<i<<" a:"<<a<<" b:"<<b<<" c:"<<c<<endl;
    c+=8;
    other();
    cout<<"----MAIN----"<<endl;
    cout<<"i:"<<i<<" a:"<<a<<" b:"<<b<<" c:"<<c<<endl;
    i+=10;
    other();
    return 0;
}
```

程序运行输出结果：

```
----MAIN----
i:0 a:0 b:-10 c:0
----OTHER----
i:32 a:4 b:0 c:15
----MAIN----
i:32 a:0 b:-10 c:8
----OTHER----
i:74 a:6 b:4 c:15
```

例 4-7 具有静态和动态生存期的对象的电子日历程序。

```
//Example 4-7
#include <iostream>
using namespace std;
```

```
class Calendar{
public:
    Calendar();
    void setY(int newY)
    {    year = newY;     }
    void  setM(int newM)
    {    month = newM;    }
    void setD(int newD)
    {    day = newD;          }
    void showDate( )
    {    cout<<year<<"/"<<month<<"/"<<day<<endl;     }
private:
        int year, month, day;
};
Calendar::Calendar():year(1990),month(1), day(1)
{
}
Calendar globcal;
int main(){
    cout<<"First date output:"<<endl;
    //引用具有文件作用域的对象 globcal
    globcal.showDate();
    globcal.setY(2017);
    globcal.setM(7);
    globcal.setD(31);
    Calendar myCal(globcal);                //声明具有块作用域的对象 myCal
                                            //调用复制构造函数，以 globcal 初始化 myclock

    cout<<"Second date output:"<<endl;
    myCal.showDate();                       //引用具有块作用于的对象 myCal
    return 0;
}
```

程序运行输出结果：

```
First date output:
1990/1/1
Second date output:
2017/7/31
```

在这个程序中，包含具有各种作用域类型的变量和对象。其中，在类定义中，三个成员函数的形参具有局部作用域，对象 myCal 也具有局部作用域，对象 globcal 具有文件作用域。在主函数中，这些变量、对象以及对象的公有成员都是可见的。具有文件作用域的 globcal 对象具有静态生存期，与程序的运行期相同，其余都具有动态生存期。

4.3 静态成员

通过对 4.2 节的学习，我们知道在一个函数内部定义的静态局部变量可以在每次函数调用间实现数据共享。这种共享仅限于这个函数调用之间，因为在函数外部是无法访问到函数内部的局部变量的。我们也可以将函数和函数要访问的数据封装成一个类，这样类中的数据成员可以被类中任何一个函数访问。一方面在类内部的函数之间实现了数据的共享；另一方面这种共享是受限制的，通过设定一定的访问权限后，可以把共享仅限定在类的范围之内。

数据的共享包括很多，有时候类的对象与对象之间也需要共享数据。**静态成员是解决同一个类的不同对象之间数据和函数的共享问题**。

例如，学生类的声明如下：

```
class Student{
protected:
    int ID;
    char* name;
    //......其他数据成员与成员函数略
};
```

假设设计了一个学生管理系统，系统中随时定义新的学生对象，如果要统计系统中所有学生对象的数目，这个数据应该怎么存放呢？当然也可以在类外设计一个全局变量来存放总数，但这种做法不能实现数据的隐藏。如果在类的内部增加一个数据成员用于存放总数，那么类中的数据成员在类的每个对象中都有一个副本，不仅会造成数据冗余，而且每个对象都分别维护一个“总数”，很容易造成各对象数据的不一致。这个“总数”是为类的所有对象所共同拥有的，应该声明为类的静态数据成员。

4.3.1 静态数据成员

在类中声明静态数据成员的格式如下：

```
class 类名{
static  <静态数据成员的声明>;
};
```

类中声明的静态数据成员仅仅是引用性声明，必须在命名空间作用域的某个地方使用类名限定定义性声明，这时也可以进行初始化。与类的一般数据成员不同，静态数据成员需要在类定义之外再进行定义，因为需要以这种方式专门为它们分配空间。非静态数据成员的数据空间是与它们所属对象的空间同时分配的。**一般在类的实现部分完成静态数据成员的初始化**。静态成员定义及初始化格式如下：

```
类名::静态数据成员标识符=初始值;
```

静态成员是类的所有对象共享的成员，而不是某个对象本身的成员，它在对象中不占存储空间。在使用时，可以通过对象引用类的静态成员，也可以不定义对象，通过类直接引用静态成员。

例 4-8 具有静态数据成员的 Student 类。

Student 用来表示学生类，在 Student 类中引入静态数据成员 count 用于统计 Student 类的对象个数。

类中的静态成员

```
//Example 4-8
#include <iostream>
using namespace std;
```

```
class Student{                                    //Student 类定义
protected:                                        //私有数据成员
    int ID;
    char* name;                                   //name 为需要动态申请的空间。
    char sex;
    int age;
    static int count;                             //静态数据成员声明，用于记录学生的个数。
public:                                           //外部接口
    Student(int pid, char* pname, char psex, int page);    //构造函数
    Student(Student &p);                          //复制构造函数
    void print();
    ~Student();
    void showCount(){                             //输出静态数据成员
        cout<<"Object count="<<count<<endl;
    }
};
Student::Student(int pid, char* pname, char psex, int page)
{
    ID=pid;
    name = new char[strlen(pname)+1];             //为 name 申请动态空间
    strcpy(name, pname);                          //将值放进 name 所指向的空间
    sex = psex;
    age = page;
    count++;                    //在构造函数中对 count 累加，所有对象共同维护同一个 count
}

Student::Student(Student &p){
    ID=p.ID;
    name = new char[strlen(p.name)+1];
    strcpy(name, p.name);
    sex = p.sex;
    age = p.age;
    count++;
}

void Student::print()
{
    cout<<" ID:"<<ID<<" Name:"<<name<<" Sex:"<<sex<<" Age:"<<age<<endl;
}
Student::~Student()
{
    count --;                                     //在析构函数中，对 count 进行减减操作
    delete [] name;
}

int Student::count=0;
int main()                                        //主函数
{
    Student  std1(20171104, "LiHui", 'F', 18);  //定义对象 std1，其构造函数会使 count 增 1
    std1.print( );
    std1.showCount();                             //输出对象个数
    Student  std2(20171105, "LiuDong", 'M', 17);
```

```
                                            //定义对象 std2，其构造函数会使 count 增 1
    std2.print();                           //输出对象个数
    std2.showCount();
    return 0;
}
```

程序运行输出结果：

```
ID:20171104 Name:LiHui Sex:F Age:18
Object count=1
ID:20171105 Name:LiuDong Sex:M Age:17
Object count=2
```

说明

类 Student 中的静态数据成员 count，用来统计 Student 类的对象个数，每定义一个新对象，count 的值就相应加 1，静态成员 count 的定义和初始化必须在类外进行，初始化时引用的方式要注意两点：（1）必须用类名来引用；（2）虽然静态数据成员在类中声明的是私有的，在这里却可以直接初始化。除了定义初始化的时候，在其他地方，例如，在主函数中就不允许直接访问了。count 的值是在类的构造函数中计算的，std1 对象生成时，调用构造函数；std2 对象生成时，调用构造函数。两次调用构造函数访问的均是同一个静态成员 count。通过对象 std1 和对象 std2 分别调用 showcount 函数，输出的也是同一个 count 在不同时刻的数值。这样，就实现了 std1 和 std2 两个对象之间的数据共享。

4.3.2 静态成员函数

在例 4-8 中，函数 showCount 是专门用来输出静态成员 count 的。count 是类中的私有成员，如果需要查看 count 的值，需要调用类的公有接口函数 showCount。在所有对象声明之前，系统中对象的个数为 0，可否通过 showCount 将这个值输出呢？由于此时系统中还没有对象，无法通过对象来调用 showCount，由于 count 是整个类共有的，不属于某一个对象。因此，我们希望对 count 的访问也可以不通过对象，而直接通过类名来访问。例 4-8 主函数中增加了类直接调用 showcount 语句，如下所示：

```
int main( )
{
    Student::showCount();
    Student  std1(20171104, "LiHui", 'F', 18); //定义对象 std1，其构造函数会使 count 增 1
    std1.print( );
    std1.showCount();                          //输出对象个数
    Student  std2(20171105, "LiuDong", 'M', 17);
                                               //定义对象 std2，其构造函数会使 count 增 1
    std2.print();                              //输出对象个数
    std2.showCount();
    return 0;
}
```

编译后“Student::showCount();”语句出错，提示对普通函数 showcount 的调用必须通过对象名。

可以将函数 showcount 也声明为静态的，同静态数据成员一样，静态成员函数也属于整个类，由同一类的所有对象共同拥有，为这些对象共享。静态成员函数可以直接由类调用，不需要通过类定义对象后再调用。

例 4-9　类中静态数据成员和静态函数成员示例。

本例中在 4-8 的基础上将 showcount 声明为类的静态成员函数。

```
//Example 4-9
#include <iostream>
using namespace std;

class Student{                                              //Student 类定义
protected:                                                  //私有数据成员
  //...... 私有数据成员的声明同例 4-8
public:                                                     //外部接口
    Student(int pid, char* pname, char psex, int page);   //构造函数
    Student(Student &p);                                    //复制构造函数
    void print();
    ~Student();
    static void showCount(){                                //静态成员函数输出静态数据成员
        cout<<"Object count="<<count<<endl;
    }
};
//......其他成员函数的实现同例 4-8
int Student::count=0;
int main()                                                  //主函数
{
    Student::showCount();
    //......同例 4-8
}
```

程序运行输出结果：

```
Object count=0
 ID:20171104 Name:LiHui Sex:F Age:18
Object count=1
 ID:20171105 Name:LiuDong Sex:M Age:17
Object count=2
```

可以在静态成员函数 showCount 中访问非静态成员 x、y 吗?

4.3.3　静态成员的访问

类中非静态的成员只能通过对象名来调用，而静态成员包括静态数据成员和静态成员函数，可以在类外通过类名和对象名来调用。但要习惯使用类名调用静态成员，因为**即使是通过对象名调用静态成员，实质上也是通过对象的类型信息确定调用类的静态成员，与具体对象没有任何关系。**

在一般情况下，类中静态成员函数主要用于访问同一个类中的静态数据成员，而不能访问类中的非静态数据成员。因为静态成员函数实质上并不是由某个具体对象来调用的，所以不能隐含

地通过调用对象访问类中的非静态成员。

在例 4-9 中，我们不能在静态成员函数 showCount 中访问本类的非静态成员 x 和 y。如果一定要在静态成员函数中访问非静态成员，可以显式地通过对象来调用。

例 4-10 类中静态成员函数通过对象访问非静态成员示例。

```
//Example 4-10
#include <iostream>
using namespace std;

class Student{                                        //Student 类定义
protected:
    //……私有数据成员的声明同例 4-8 和例 4-9
public:
    //……其他外部接口声明同例 4-8 和例 4-9
    static void showCount(Student p){
                                                      //静态成员函数访问静态数据成员及非静态数据成员
        cout<<"Object count="<<count<<endl; //静态成员函数直接访问静态信息
        cout<<"Current Student"<<" ID:"<<p.ID<<" Name:"<<p.name<<" Sex:"<<p.sex<<"
Age:"<<p.age<<endl;                                   //静态成员需要通过对象访问非静态信息
    }
};
//公有成员函数的具体实现同例 4-8 和例 4-9
int Student::count=0;
int main()                                                //主函数
{
    Student  std1(20171104, "LiHui", 'F', 18);  //定义对象 std1，其构造函数会使 count 增 1
    std1.showCount(std1);                 //通过静态成员函数访问非静态信息需要传入对象
    Student  std2(20171105, "LiuDong", 'M', 17);
                                          //定义对象 std2，其构造函数会使 count 增 1
    std2.showCount(std2);                 //通过静态成员函数访问非静态信息需要传入对象
    return 0;
}
```

程序运行输出结果：

```
Object count=2
Current Student ID:20171104 Name:LiHui Sex:F Age:18
Object count=3
Current Student ID:20171105 Name:LiuDong Sex:M Age:17
请按任意键继续. . .
```

为什么一开始 count 值输出 2，后来又输出 3?

4.4 保护共享数据

数据隐藏保证了数据的安全性，但有时我们又需要进行数据共享，各种形式的数据共享对数据的安全性造成了不同程度的破坏。为了既实现数据共享又能保护数据安全，通常我们会考虑以下几种方式：（1）对于既需要共享又不能更改的数据应该声明为常量；（2）将数据以及操作数据的函数封装成类，类中的函数可以随意访问类中的数据，从而实现共享。通过设定数据成员为私有或者保护，可以把共享限定在类的内部，对类外的函数来说，数据成员是隐藏的。下面我们主要介绍通过声明常量保护数据。

4.4.1　常对象

一个对象被声明为常对象后，其数据成员的值在对象整个生存期内不能被改变。因此，定义常对象时必须对其进行初始化，而且不能被更新。常对象定义格式如下：

```
const 类型说明符 对象名;
```

也可以把 const 关键字写在对象名前面，第一种写法更容易被编程人员接受。

在第 2 章中，我们介绍了常量。对于基本数据类型中的常量，C++语法对其提供了保护措施，即必须在定义时进行初始化，初始化后值不能被改变。

```
const  int m = 4;                //正确，用 4 对常量 m 进行初始化
m = 5;                           //错误，不能对常量赋值
```

对象不是变量，不能通过简单赋值更新其值。那么，如何保护常对象的值不被改变呢？

改变对象的数据成员的值有两种方法：（1）直接对对象数据成员进行访问赋值，由于限定对象为常对象，常对象的数据成员等同于常量，因此语法会限制其不能被赋值；（2）通过对象调用类的成员函数，在成员函数中可以对数据成员值进行修改。由于无法确定成员函数是否会修改数据成员，因此只能从语法上限定**常对象不能调用普通的成员函数，以防止数据成员在成员函数中被修改**。

4.4.2　类中的常成员

1. 常成员函数

在前一节中，我们了解到语法上规定常对象不能调用类中的普通成员函数，没有任何对外的接口可以使用，常对象还有什么用处呢？常成员函数就是专为常对象设计的，也就是说**常对象只能调用类中的常成员函数**。常成员函数声明的格式如下：

```
类型 函数名(形参表) const;
```

注意以下几点。

（1）与一般的成员函数不同，常成员函数在函数原型说明及函数定义里，const 关键字都是必不可少的一部分。

（2）C++在语法上规定，常对象只能调用其类中的常成员函数，不能调用其他普通的成员函数，否则在编译时就会出错，通过这个语法限定对常对象进行保护。

（3）C++在语法上规定，在声明为 const 类型的成员函数，即常成员函数中，不能更新数据成员的值。

（4）常对象不能调用一般成员函数，常对象可以调用的常成员函数中不能更新数据成员的值，通过这种语法限定可以保证常对象的值在生存期内不会被改变。

（5）类中可以定义两个同名、同形参的成员函数，仅通过关键词 const 进行重载区分。例如，在类中声明：

```
void display();
void display() const;
```

说明

语法上限定常对象只能调用常成员函数，但是不限制一般对象调用常成员函数。如果有两个同名的成员函数，一个声明为 const 类型，那么在理论上，一般对象都可以调用这两个成员函数。这会造成两个重载的函数都可以被匹配，此时编译器就会为一般对象选择最合适的重载函数——不带 const 关键字的函数。

例 4-11 常成员函数举例。

```
//Example 4-11
#include <iostream>
using namespace std;
class R
{
private:
    int R1, R2;
public:
    R(int r1, int r2)
    { R1=r1; R2=r2;}
    void display();
    void display() const;         //常成员函数，const 可实现函数重载
};
void R::display()
{
    cout<<R1<<"-"<<R2<<endl;
}
void R::display() const
{
    cout<<R1<<"+"<<R2<<endl;
}

int main()
{
    R a(50,40);                 //声明普通对象 a
    a.display();                //a 调用普通成员函数
    const R b(30,40);           //声明常对象 b
    b.display();                //b 调用常成员函数
    return 0;
}
```

程序运行输出结果：

```
50-40
30+40
```

说明

常成员函数不能更新对象的数据成员，也不能调用该类中没有用 const 修饰的普通成员函数；常对象必须被初始化，且不能被更新。常对象只能调用它的常成员函数，而不能调用其他普通成员函数。正因如此，在实际应用中，往往把数据成员不可修改的函数设置为常成员函数，把属性不可修改的对象也设置为常对象。常对象只能调用常成员函数，这种调用方式实现了对数据成员的保护。

2. 常数据成员

也可将类的成员数据声明为常量，使用 const 限定的数据成员为常数据成员。如果一个类中说明了常数据成员，那么任何函数中都不能对该成员赋值。只能在构造函数中对其进行初始化，且常数据成员必须利用构造函数所附带的初始化列表进行初始化，而不能在构造函数中直接用赋值语句为其进行赋值。

例 4-12　常数据成员应用举例。

```
//Example 4-12
#include <iostream>
using namespace std;
class A{
private:
    int    w,h;
    const int color;
public:
    A(int x,int y,int c): w(x),h(y),color(c)    {    }
    void display()
    {
        cout<<"("<<w<<","<<h<<")"<<"color is:"<<color<<endl;
}
};
int main()
{
    A  P(20,30, 0);
    P.display();
    return 0;
}
```

程序运行输出结果：

```
(20,30)color is:0
```

可否将类 A 中的构造函数写成下列形式，为什么？

```
A(int x, int y, int c)
{
    x=w, y=h, c=color;
}
```

4.4.3　常指针

为了将批量的数据传递给函数，我们通常会将成批的数据存放在数组中，然后将数组名传给函数。函数在得到成批的数据后，就可以进行需要的操作。很多时候我们希望把数据传递给函数使用，同时不希望函数修改数据，以降低引起数据安全问题的风险。

例 4-13　在主函数中定义数组，存放班级学生的分数，定义一个函数统计班级分数平均值。

```
//Example 4-13
#include <iostream>
using namespace std;
```

```
float getAverage(float* p, int len)
{
    float score=0;
    for(int i=0;i<len; i++)
        score += p[i];
    return score/len;
}
int main()
{
    float  score[20]={78,87,74,65,98,81,92,84,88,80,78,77,73,85,81,92,96,87,78,87};
    cout<<getAverage(score, 20);
    return 0;
}
```

程序运行输出结果：

```
83.05
```

getAverage 函数通过指针 p 获得批量数据，对这些数据进行处理，将处理后的结果返回给主调函数。但是，如果程序员由于一时疏忽把 getAverage 函数写成了下列形式：

```
float getAverage(float* p, int len)
{
    float score=0;
    for(int i=0;i<len; i++)
        score += p[i]=0;
    return score/len;
}
```

此时调用完 getAverage 函数后，就无法得到正确的结果，而且由于误操作，存放原始数据 score 数组中的信息全部都被修改了。如果程序后面有其他模块也会用到 score 中的数据，将导致后面的结果全部出错。因此，函数如果只有使用数据而无修改数据的必要，而形参类型为指针或引用时，一定要将形参声明为常指针或常引用。将 getAverage 形参类型声明为常指针的形式如下：

```
float getAverage(const float* p, int len);
```

const 和字符指针组合使用时，其位置可以不同。且位置不同时，所表示的含义也不同，假设有下列三种不同形式的定义：

（1）const char* str = "Hello";

（2）char* const str = "Hello";

（3）const char * const str = "Hello"

上面三个声明都声明了指向字符串“hello”的指针 str，如图 4-1 所示。

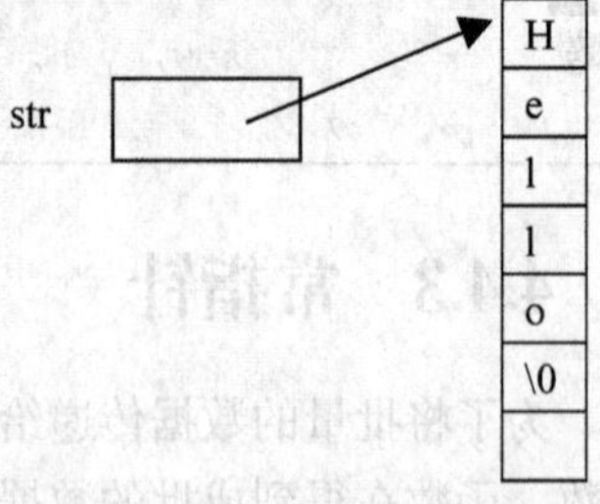

图 4-1　指向字符串的指针

声明（1），const 在 char 前面，则限定 str 所指向的空间不能更改，即不能进行下列操作：

```
str[1] = 'o';
```

声明（2），const 在 str 前面，则限定 str 不能更改，str 是指针变量，即 str 中存放的地址不能更改，因此不能进行下列操作。

```
str = "world";
```

声明（3），const 限定 char 和 str 都不能更改，所以无论是 str 所指向的空间，还是 str 本身的空间都不能更改。

4.4.4 常引用

如果在声明引用时用 const 限定，被声明的引用就是常引用。在常引用中被引用的对象不能被更新。与常指针用法类似，常引用主要用来作为形参，通过 const 限定形参后在函数里面就不能意外地发生对实参修改的事件。

例 4-14　常引用用法。

```
//Example 4-14
#include <iostream>
using namespace std;
class Point
{
private:
    double x,y;
public:
    Point(double px, double py):x(px),y(py) { }
    friend double dist(const Point& p1, const Point& p2);
    void display()
    {
        cout<<"("<<x<<","<<y<<")"<<endl;
    }
};
double dist(const Point& p1, const Point& p2)
{
    double m = p1.x - p2.x;
    double n = p1.y - p2.y;
    return sqrt(m*m+n*n);
}
int main()
{
    Point p1(4,5), p2(6,8);
    cout<<"两点:"<<endl;
    p1.display();
    p2.display();
    cout<<"距离为: "<<dist(p1, p2)<<endl;
    return 0;
}
```

程序运行输出结果：

```
两点:
(4,5)
(6,8)
距离为: 3.60555
```

4.5 编译预处理命令

C++从 C 语言那里继承了编译预处理。编译预处理的作用是对程序文本进行扫描，对其进行初步转换，产生新的源代码并提交给编译器。所有预处理指令在程序中都是以“#”来引导的，每一条预处理指令单独占用一行，结束的位置没有分号。预处理指令可以根据需要出现在程序中的任何位置。

4.5.1 C++常见的预处理命令

C++常用的预处理命令有三种。

1. 宏定义命令

这种命令一般用在 C 语言中，在 C++中很少使用，宏定义命令分为简单宏定义命令和带参数宏定义命令。

简单宏定义命令用来将一个标识符定义为一个字符串。在预处理时，将程序中出现的宏名用被定义的字符串替换，称为宏替换，替换后再进行编译。

例 4-15 简单宏定义应用：已知半径，编程求圆的周长、面积和球的体积。

```
//Example 4-15
#include <iostream>
using namespace std;
#define PI 3.14159
int main()
{
    double r,l,s,v;
    cout<<"Input radius: ";
    cin>>r;
    l=2*PI*r;
    s=PI*r*r;
    v=4.0/3.0*PI*r*r*r;
    cout<<"周长: l="<<l<<endl<<"面积: s="<<s<<endl<<"体积: v="<<v<<endl;
    return 0;
}
```

程序运行输出结果：

```
Input radius: 8
周长: l=50.2654
面积: s=201.062
体积: v=2144.66
```

说明

程序中所有的 PI 都被宏定义的字符串替换掉。这种简单的替换一般在C语言中使用，用来定义符号常量。而在 C++中使用常类型 const 来定义常量，const 可以定义不同类型的常量。因此，上述的程序可以改为：

例 4-16 用 const 常量替换宏定义。

```
//Example 4-16
#include <iostream>
using namespace std;
const double PI=3.14159;     //定义的常量为 double 型
int main()
{
    double r,l,s,v;
    cout<<"Input radius: ";
    cin>>r;
    l=2*PI*r;
    s=PI*r*r;
    v=4.0/3.0*PI*r*r*r;
    cout<<"周长: l="<<l<<endl<<"面积: s="<<s<<endl<<"体积: v="<<v<<endl;
    return 0;
}
```

程序运行输出结果：

```
Input radius: 10
周长: l=62.8318
面积: s=314.159
体积: v=4188.79
```

带参数的宏定义命令是指在宏名后面跟着参数表，在替换时，仅替换宏定义中与参数表相同的标识符。带参数的宏定义中出现的参数被称为形参，在程序中用宏定义时出现的参数则被称为实参。

例 4-17　带参数的宏定义。

```
//Example 4-17
#include <iostream>
using namespace std;
#define     MULTI(x,y)   (x)*(y)
int main()
{
    int a=1,b=4;
    int s= MULTI (a+2,b-3);
    cout<<"s="<<s<<endl;
    return 0;
}
```

带参数的宏定义命令

程序运行输出结果：

```
s=3
```

在 C++中已经很少出现这种带参数的宏定义命令了，取而代之的是内联函数。带参数的宏定义对于形参没有类型要求，这是 C 语言的弊端；思考一下，如果将“#define MULTI(x,y)　(x)*(y)”中的括号去掉，写成“#define MULTI (x,y)　x*y”程序编译运行后的结果还是正确的吗？

2. 文件包含命令

文件包含命令用来将另一个源文件嵌入到当前文件中的某个位置，以备将来需要时使用。C++

中常用的有#include <iostream>（提供有关输入/输出的功能）和#include <cmath>（提供许多数学计算的函数），文件包含命令一般放在程序的开头，有如下两种格式。

（1）#include <文件名>

按标准方式搜索，文件位于系统目录的 include 子目录下。

（2）#include "文件名"

首先在当前目录中搜索，若没有，再按标准方式搜索。

#include 指令可以嵌套使用。假设有一个头文件 myhead.h，该头文件中可以有如下的文件包含命令：

```
#include "file1.h"
#include "file2.h"
```

3. 条件编译命令

使用条件编译指令，可以限定程序中的某些内容只有在满足一定条件的情况下才参与编译。

（1）格式 1

```
#ifdef   <标识符>
    <程序段 1>
#else
    <程序段 2>
#endif
```

当标识符被宏定义时，程序段 1 参与编译；否则，程序段 2 参与编译。

（2）格式 2

```
#ifndef   <标识符>
    <程序段 1>
#else
    <程序段 2>
#endif
```

当标识符未被宏定义时，程序段 1 参与编译；否则，程序段 2 参与编译。

（3）格式 3

```
#if  <常量表达式>
     <程序段 1>
#else
     <程序段 2>
#endif
```

当常量表达式的值非 0 时，程序段 1 参与编译；否则，程序段 2 参与编译。

例 4-18 条件编译命令示例。

```
//Example 4-18
//文件 abc.h
```

```
#ifndef  T
    #define T  1
#endif
#if  T==1
    char s[]="good morning! ";
#endif

#include <iostream>
using namespace std;
#include "abc.h"
void main()
{
    cout<<"hello!"<<s<<endl;
}
```

程序运行输出结果：

```
hello!good morning!
```

4.5.2　使用条件编译指令防止头文件被重复引用

由于文件包含指令可以嵌套使用，所以在设计程序时要避免多次重复包含同一个头文件，否则会引起变量及类的重复定义。例如，某个工程包含如下四个源文件。

```
//main.cpp
#include "file1.h"
#include "file2.h"
int main(){
    …
}

//file1.h
#include "head.h"
    …

//file2.h
#include "head.h"
    …

//head.h
    …
class Point{
    …
}
    …
```

多文档结构

此时，由于#include 指令的嵌套使用，头文件 head.h 被包含了两次，于是编译时系统会指出错误：类 Point 被重复定义。那么，如何避免这种情况呢？这就要在可能被重复包含的头文件中使用条件编译指令。用一个唯一的标识符来标记某文件是否已参加过编译，如果已参加过编译，则说明该程序段是被重复包含的，编译时忽略重复部分。将文件 head.h 改写为：

```
//head.h
#ifndef_HEAD_H
#define HEAD_H
    …
class Point{
    …
}
    …
#endif
```

由于头文件之间经常嵌套使用，为了防止出现重复引用造成重定义的情况，一般在每个头文件前面都会加上预编译部分，防止头文件被重复引用。

4.6 二级考点解析

4.6.1 考点说明

本章二级考点主要包括：变量的作用域和生存周期、静态数据成员与静态成员函数的定义与使用方法、常数据成员与常成员函数。

4.6.2 例题分析

1. 有关类的作用域，下列说法中不正确的是（　　）。

   A. 说明类时所用的一对花括号形成所谓的类的作用域

   B. 类作用域不包含类中成员函数的作用域

   C. 类作用域中说明的标识符只在类中可见

   D. 在可能出现两义性的情况下，必须使用作用域限定符“：：”

解析：在类中成员函数中可以访问类的所有成员，作用域属于类作用域，类作用域不包含类中成员函数的作用域。

答案：B

2. 所有在函数中定义的变量，连同形式参数，都属于（　　）。

   A. 全局变量　　B. 局部变量　　C. 静态变量　　D. 寄存器变量

答案：B

3. 下列静态数据成员的特征中，（　　）是错误的。

   A. 说明静态数据成员时前边要加关键字 static 来修饰

   B. 静态数据成员在类体外进行初始化

   C. 在引用静态数据成员时，要在静态数据成员名前加<类名>和作用域运算符

   D. 每个对象都有一个静态成员存储空间

解析：静态数据成员是类的所有对象的共享成员，而不是某个对象的成员。

答案：D

4. 有以下程序：

```
#include<iostream>
using namespace std;
```

```
int i = 0;
void fun(){
    {static int i = 1;  std::cout<<i++<<','; }
    std::cout<<i<<',';
}
int main() {  fun();  fun();   return 0;  }
```

程序执行后的输出结果是（　　）。

A. 1,2,1,2,　　B. 1,2,2,3,　　C. 2,0,3,0,　　D. 1,0,2,0,

解析：fun()函数中，大括号内声明的静态局部变量 i 只能在大括号内访问。在大括号外，访问的是全局变量 i，无论调用多少次 fun()函数，全局变量 i 始终是 0；第一次调用 fun 函数，静态局部变量 i 初始化为 1，输出 1 后变成 2，第二次再调用输出 2 后变成 3。

答案：D

5. 下列程序的输出结果是（　　）。

```
#include<iostream>
using namespace std;
class point {
public:
    static int number;
public:
    point() { number++; }
    ~point() { number--; }
};
int point::number=0;
void main() {
    point*  ptr;
    point A,B;
    {  point*ptr_point=new point[3]; ptr=ptr_point; }
    point C;
    cout<<point::number<<endl;
    delete[]ptr;
```

A. 3　　B. 4　　C. 6　　D. 7

解析：静态成员 number 记录了当前存在的对象个数，输出 number 值时，有六个对象：A、B、C 以及三个动态申请的对象。

答案：C

6. 下列程序的运行结果是（　　）。

```
#include <iostream>
using namespace std;
class A{
public:
    static int x;
    int y;
};
int A::x=15;
void main(){
    A  a;
    cout<<A::x<<endl;
    cout<<a.x<<endl;
}
```

解析：x 是类 A 定义的一个静态数据成员，值为 15。a 是类 A 的一个对象，因为静态数据成员是类的所有对象共享的成员，所以 a.x 的值也是 15。

答案：15

7. 下列语句中错误的是（　　）。

A. const int a;　　B. const int a=10;

C. const int*point=0;　　D. const int*point=new int(10);

解析：常量在定义时必须初始化。

答案：15

8. 下列关于常数据成员说法中不正确的是（　　）。

A. 常数据成员的定义形式与一般常量的定义形式相同，但是常数据成员的定义必须出现在类体中

B. 常数据成员必须进行初始化，并且不能被更新

C. 常数据成员通过构造函数的成员初始化列表进行初始化

D. 常数据成员可以在定义时直接初始化

解析：常数据成员只能通过构造函数的成员初始化列表进行初始化。选项 A、B、C 都是正确的。

答案：D

9. 下列程序的运行结果是（　　）。

```
#include<iostream>
using namespace std;
class A {
public:
    A(int i):rl(i) { }
    void print( ) {cout<<'E'<<rl<<'-';}
    void print( ) const {cout<<'C'<<rl*rl<<'-';}
private:
    int rl;
};
int main(){
    A al(2);
    const A a2(4);
    al.print();
    a2.print();
    return 0;
}
```

A. 运行时出错　　B. E2-C16-　　C. C4-C16-　　D. E2-E4-

解析：两个 print 函数构成重载，a1 调用的是一般的成员函数，a2 为常量，调用的是常成员函数。

答案：B

10. 下列程序中错误的语句是（　　）。

```
#include<iostream>
using namespace std;
class MyClass{
public:
```

```
    MyClass(int x):val(x) { }
    void Set(int x){    val=x; }
    void Print() const {cout<<"val="<<val<<'\t';}
private:
    int val;
};
int main(){
    const MyClass obj1(10);
    MyClass obj2(20);
    obj1.Print();      //语句 1
    obj2.Print();      //语句 2
    obj1.Set(20);      //语句 3
    obj2.Set(30);      //语句 4
    return 0;
}
```

A. 语句 1　　B. 语句 2　　C. 语句 3　　D. 语句 4

解析：常对象只能访问常成员函数。

答案：C

11. 下列程序段中包含四个函数，其中具有隐含 this 指针的是（　　）。

```
int fun1();
class Test{
public:
    int fun2();
    friend int fun3();
    static int fun4();
};
```

A. fun1　　B. fun2　　C. fun3　　D. fun4

解析：必须通过类对象调用的类的成员函数里才含有隐含的 this 指针。

答案：B

4.7 本章小结

在 C++中，对数据的共享与保护是一个很重要的特性。在不同位置声明的标识符具有不同的作用域、可见性和生存期；通过类的静态成员可以实现一个类的不同对象之间数据和操作的共享；通过设置常量可以避免对数据不安全的修改，保护数据的安全。

程序的多文档结构有助于编写多个源代码文件来组织大型程序。另外，可以通过编译预处理命令为源程序做必要的预处理工作，从而避免很多不必要的麻烦和错误。

4.8 习　题

1. 选择题

（1）在说明"const char * ptr;"中 ptr 应该是（　　）。

A. 指向字符的指针　　　　　　　　B. 指向字符的常量指针
C. 指向字符串常量的指针　　　　　D. 指向字符串的常量指针

（2）（　　）只能访问静态成员变量。

A. 静态函数　　B. 虚函数　　C. 构造函数　　D. 析构函数

（3）局部变量可以隐藏全局变量，那么在有同名全局变量和局部变量的情形时，可以用（　　）提供对全局变量的访问。

A. 域运算符　　B. 类运算符　　C. 重载　　D. 引用

（4）下面对静态数据成员的描述中，正确的是（　　）。

A. 静态数据成员是类的所有对象共享的数据
B. 类的每个对象都有自己的静态数据成员
C. 类的不同对象都有不同的静态数据成员值
D. 静态数据成员不能通过类的对象调用

（5）关于使用 const 关键字修饰的对象的说法正确的是（　　）。

A. 不能用一般的成员函数来访问
B. 可以用一般的成员函数来访问
C. 可以访问 const 成员函数及 volatile 成员函数
D. 不能访问 const 成员函数

（6）静态成员遵循类的其他成员所遵循的访问限制，除了（　　）。

A. 静态成员函数　　　　　　　　B. 静态数据成员初始化
C. 私有静态数据成员　　　　　　D. 公有静态数据成员

（7）关于类中数据成员的生存期说法正确的是（　　）。

A. 与对象的生存期无关　　　　　B. 比对象的生存期长
C. 比对象的生存期短　　　　　　D. 由对象的生存期决定

（8）在如下程序中具有隐含的 this 指针的是（　　）。

```
int f1();
static int f2();
class MA{
public:
    int     f3();
    static int f4();
}
```

A. f1　　B. f2　　C. f3　　D. f4

（9）类的静态成员（　　）。

A. 是指静态数据成员
B. 是指静态函数成员
C. 为该类的所有对象共享
D. 遵循类的其他成员所遵循的所有访问限制

（10）下列程序运行时输出的结果是（　　）。

```
#include<iostream>
using namespace std;
class A{
public:
```

```
    static int a;
    void init()    {  a=1;  }
    A(int a=2) {  init();a++;   }
};
int A::a=0;
A obj;
int main()
{  cout<<obj.a;  return 0;      }
```

A. 0　　B. 1　　C. 2　　D. 3

（11）下列程序运行时输出的结果是（　　）。

```
#include <iostream>
using namespace std;
class Toy{
public:
    Toy(char* _n) { strcpy (name,_n); count++;}
    ~Toy(){ count--; }
    char* GetName()    { return name; }
    static int getCount()    { return count; }
private:
    char name[10];
    static int count;
};
int Toy::count=0;
int main(){
    Toy t1("Snoopy"),t2("Mickey"),t3("Barbie");
    cout<<t1.getCount()<<endl;
    return 0;
}
```

A. 1　　B. 2　　C. 3　　D. 运行时出错

（12）下列程序的输出结果是（　　）。

```
#include <iostream>
using namespace std;
class A{
public:
    A(int i=0):r1(i) { }
    void print() {cout<<'E'<<r1<<'-';}
    void print() const {cout<<'C'<<r1*r1<<'-';}
    void print(int x) {cout <<'P'<<r1*r1*r1<<'-';}
private:
    int r1;
};
int main() {
    A a1;
    const A a2(4);
    a1.print(2);
    a2.print();
    return 0;
}
```

A. P8-E4　　B. P8-C16-　　C. P0-E4-　　D. P0-C16-

2. 填空题

（1）静态成员在定义或说明时前面要加上关键字____(a)____。

（2）将关键字const写在成员函数的____(b)____和____(c)____之间时，所修饰的是this指针。

（3）当初始化类中的const成员和引用成员时，必须通过____(d)____进行。

（4）全局对象在____(e)____函数执行之前要调用它们的构造函数。

（5）____(f)____成员函数不能直接引用类中说明的非静态成员。

（6）有如下类定义：

```
class Sample{
public:
    Sample();
    ~Sample();
private:
    static int date;
};
```

将静态数据成员data初始化为0的语句是____(g)____。

（7）在下面横线处填上合适的语句，完成对类中静态成员的定义。

```
class test
{
private:
    static int x;
public:
    static int fun();
};
____(h)____ ;                    //将x的值初始化为5
____(i)____ {  return x; }   //定义静态成员函数
```

（8）下面程序的输出结果为____(j)____。

```
#include<iostream>
using namespace std;
class Sample{
private:
    const int x;
    static const int y;
public:
    const int & r;
    Sample(int i):x(i), r(x)
    {

    }
    void disp()
    {
        cout<<"x="<<x<<",y="<<y<<",r="<<r<<endl;
    }
};
const int Sample::y=10;
void main()
{
```

```
    Sample a(1), b(2);
    a.disp();
    b.disp();
}
```

（9）下列程序的输出结果为____(k)____。

```
#include <iostream>
using namespace std;
class S{
private:
    int x,y;
public:
    S(int i, int j){  x=i;  y=j;  }
    void disp(){ cout<<"disp1:x="<<x<<",y="<<y<<endl; }
    void disp() const { cout<<"disp2:x="<<x<<",y="<<y<<endl; }
};
int main(){
    S a(4,6);
    a.disp();
    const S b(5,7);
    b.disp();
    return 0;
}
```

3. 什么叫作作用域，有哪几种类型的作用域？

4. 在函数 f()中定义一个静态变量 n，f()中对 n 的值加 1，在主函数中，调用 f()10 次，显示 n 的值。

5. 假设一个公司的正式员工实行终生编号制；第一个正式员工的工号为 1，第二个正式员工的工号为 2，依次类推。试编写程序设计员工类，其基本属性包括员工工号、姓名、年龄和职称等。工号按上述规则自动生成。请设计必要的成员函数，完成此类。

第5章 继承与派生

编写程序是为了解决现实世界中的实际问题，类采用了人类思维中的抽象和分类的方法，类与对象的关系恰当地反映了个体与同类群体共同特征之间的关系。而不同的类也具有共性和特性，通过继承可以实现类之间的求同存异，避免再次编写相同的代码。继承性是面向对象技术最重要的基本特征。继承机制很好地实现了代码的重用和扩充，大大提高了程序开发的效率。本章首先介绍继承与派生的概念，基类与派生类的概念，继承后带来的访问权限的变化；然后介绍派生类的构造函数和析构函数；最后介绍多继承。

5.1 继承的层次关系

类的继承和派生的层次结构，就是人们对自然界中的事物进行分类、分析和认识的过程在程序设计中的体现。现实世界中的事物都是相互联系、相互作用的，人们在认识的过程中，根据它们的实际特征，抓住其共同特征和细小差别，利用分类的方法进行分析和描述。一个直观的例子就是交通工具的分类，这个分类层次如图 5-1 所示。这个层次图反映了交通工具的派生关系，最高层是抽象程度最高的，是最具有普通和一般意义的概念，下层具有了上层的特性，同时加入了自己的新特性，而最下层是最为具体的。在这个层次结构中，由上到下，是一个具体化、特殊化的过程；由下到上，则是一个抽象化的过程。上下层之间的关系就可以看作基类与派生类的关系。

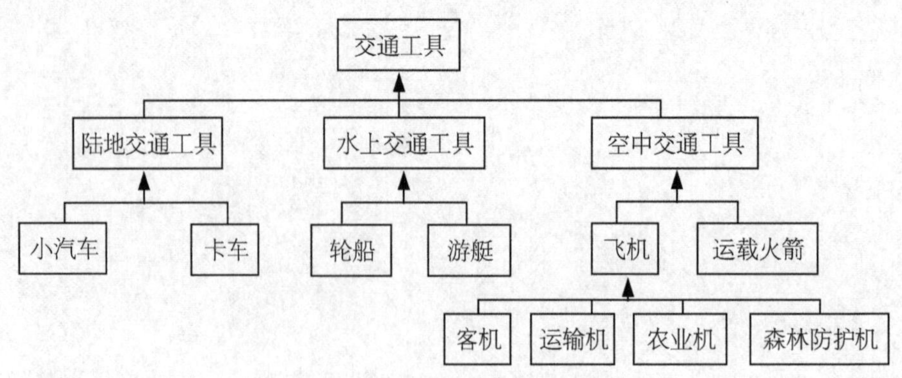

图 5-1 交通工具分类层次图

从图中可以看出，下一层的所有交通工具都具备了上一层交通工具的特点，并且每个还具备自己的新特性。这种分类方式考虑了事物之间的共性和个性的关系，这种描述问题的方法反映到面向对象的程序设计中就是类的继承和派生。

继承是从前辈那里获得属性和行为，派生是在已有的类的基础上产生新的类，派生出来的新的类保持原类特征的同时可以加入自己独有的新特征。原有的类被称为基类或父类，新产生的类则被称为派生类或子类。一个派生类可以进一步派生出新的类，这样就形成了类之间的层次关系。通过类的派生可以建立具有共同关键特征的对象家族，从而实现代码的重用，这种继承和派生的机制十分便于对已有程序的发展和改造。

5.2 派 生 类

派生类是特殊的基类，基类是派生类的抽象描述。派生类自动继承了基类的成员，同时还添加了自己的新成员。因此，派生类不等同于基类。

5.2.1 派生类的定义

派生类的定义格式如下：

```
class    派生类名：继承方式    基类名
{
    派生类新定义成员;
}
```

其中，“基类名”是已有的类的名称，“继承方式”关键字有：public、protected 和 private，分别表示公有继承、保护继承和私有继承，系统默认是私有继承（private）。

例 5-1 示例定义公有派生类。

```
//Example 5-1
#include <iostream>
#include <string>
using namespace std;
class Person
{
public:
    void SetPerson(string pName, int pAge, char pSex)
    {
        name = pName;
        age = pAge;
        sex = pSex;
    }
    string GetName()
    {
        return name;
    }
    int GetAge()
    {
        return age;
    }
    char GetSex()
```

```
        {
            return sex;
        }
        void print()
        {
            cout<<"姓名: "<<name<<endl;
            cout<<"年龄: "<<age<<endl;
            cout<<"性别: "<<sex<<endl;
        }
    private:
        string name;
        int age;
        char sex;
    };

    class Student: public Person
    {
    public:
        void SetStudent(string pName, int pAge, char pSex, string pID, float pScore)
        {
            SetPerson(pName, pAge, pSex);
            ID = pID;
            score=pScore;
        }
        string GetID()
        {
            return ID;
        }
        float GetScore()
        {
            return score;
        }
        void print()
        {
            Person::print();
            cout<<"学号: "<<ID<<endl;
            cout<<"分数: "<<score<<endl;
        }
    private:
        string ID;
        float score;
    };

    int main()
    {
        Student   s;
        s.SetStudent("WangPin", 16, 'M', "20171101",87);
        s.print();
        return 0;
    }
```

程序运行输出结果：

```
姓名：WangPin
年龄：16
性别：M
学号：20171101
分数：87
```

派生类自动继承基类的成员 GetName()、GetAge()和 GetSex()，在主函数中通过基类和派生类的公有成员函数来进行数据的访问。

5.2.2　派生类的生成过程

通过例 5-1 来分析派生类定义的过程，我们得出派生类的生成经历了以下三个步骤：

（1）吸收基类的成员

继承后，派生类继承基类中除构造函数和析构函数外的所有成员。注意：派生的过程中构造函数和析构函数都不被继承。本例中 Student 类继承了基类 Person 中所有的成员：ID、score、SetPerson、GetName( )、GetAge( )、GetSex( )（关于派生后的构造函数问题将在 5.4 节中进行介绍）。

（2）改造基类成员

当派生类中同名的属性或行为具有基类的不同特征时，就需要在派生类中重新声明或定义，例如，派生类定义和基类同名的方法：print( )。

（3）添加新的成员

派生类从基类基础上发展而来，但具备自己新的特征，因此需要在派生类中添加新成员，以保证派生类在功能上有所发展。由于基类的构造函数和析构函数都不能继承，派生类中还需要加入新的构造函数和析构函数来完成一些特定的初始化和清理工作。

5.3　继承成员的访问权限

派生类继承了基类的全部数据成员和除了构造、析构函数之外的全部函数成员，从基类继承到派生类中的成员，访问权限会发生什么样的变化？这些成员在基类中有 3 种访问权限，通过 3 种继承方式：公有、私有和保护被继承到派生类中后，访问权限也发生了一些变化。

5.3.1　公有继承的访问权限变化

当类的继承方式是公有继承时，基类的公有成员和保护成员被派生类继承后成为派生类的公有成员和保护成员，派生类的成员可以直接访问它们。基类的私有成员虽然被派生类继承下来，但是派生类的成员无法访问它们。基类的公有成员被派生类继承后作为派生类的公有成员，可以被派生类的对象从类外访问。

例 5-2　将例 5-1 部分内容改写，实现相同的效果。

```
//Example 5-2
class Person
{
```

```
    //......Person 类的定义同例 5-1
};
class Student: public Person
{
public:
    //......公有接口其他同例 5-1
    void print()
    {
        cout<<"学号: "<<ID<<endl;
        cout<<"分数: "<<score<<endl;
    }
private:
    //私有成员定义同例 5-1
};
int main()
{
    Student   s;
    s.SetStudent("WangPin", 16, 'M', "20171101",87);
    s.Person::print();
    s.print();
    return 0;
}
```

派生类的定义及访问权限变化

通过公有继承方式，基类 Person 中的公有成员 SetStudent( )和 print( )被继承后作为派生类的公有成员，派生类的成员可以直接访问它们，派生类的对象在类外也可以直接访问它们。通过派生类对象访问公有成员 print 时，要注意派生类重新定义了和基类同名的公有成员函数 print()，因此需要使用域作用运算符进行区分；基类 Person 中的私有成员虽然被派生类继承下来，但是派生类新定义的成员不能直接访问他们，必须通过从基类继承过来的成员间接访问。

派生类的函数 print()可否写成下面的形式，为什么？

```
class Student: public Person
{
public:
    //......公有接口其他同例 5-1
    void print()
    {
        cout<<"姓名: "<<name<<endl;
        cout<<"年龄: "<<age<<endl;
        cout<<"性别: "<<sex<<endl;
        cout<<"学号: "<<ID<<endl;
        cout<<"分数: "<<score<<endl;
    }
private:
    //......私有成员定义同例 5-1
};
```

5.3.2　私有继承的访问权限变化

当类的继承方式为私有继承时，在派生类中，基类的公有成员和保护成员被继承下来作为派生类的私有成员，派生类的成员可以直接访问它们；基类的私有成员被派生类继承下来，但不能被派生类的成员访问。通过私有继承后，在类的外部，派生类的对象无法访问基类的所有成员。

例 5-3 私有继承示例（在例 5-2 的基础上将继承方式修改为私有继承）。

```
#Example 5-3
#include <iostream>
#include <string>
using namespace std;
class Person
{
    //……Person 定义同例 5-2
};

class Student: private Person          //采用私有继承方式
{
public:                                //派生类新添加公有接口 SetStudent、GetID、GetScore
    void SetStudent(string pName, int pAge, char pSex, string pID, float pScore)
    {
        SetPerson(pName, pAge, pSex);
        ID = pID;
        score=pScore;
    }
    string GetID()
    {
        return ID;
    }
    float GetScore()
    {
        return score;
    }
    void print()                       //派生类改写了接口 print
    {
        cout<<"学号: "<<ID<<endl;
        cout<<"分数: "<<score<<endl;
    }
    string GetName()                   //派生类中重写基类中的公有接口 GetName()
    {
        return Person::GetName();
    }
    int GetAge()                       //派生类中重写基类中的公有接口 GetAge()
    {
        return Person::GetAge();
    }
    char GetSex()                      //派生类中重写基类中的公有接口 GetSex()
    {
        return Person::GetSex();
    }
private:                               //派生类新添加的私有成员 ID、score
    string ID;
    float score;
};
```

```
int main()
{
    Student   s;
    s.SetStudent("WangPin", 16, 'M', "20171101",87);
    cout<<"姓名: "<<s.GetName()<<endl;
    cout<<"年龄: "<<s.GetAge()<<endl;
    cout<<"性别: "<<s.GetSex()<<endl;
    s.print();
    return 0;
}
```

程序运行输出结果：

```
————————————————
姓名: WangPin
年龄: 16
性别: M
学号: 20171101
分数: 87
————————————————
```

继承后，派生类 Student 继承了 Person 类的成员，派生类中的成员包括从基类继承过来的成员以及自身添加的新成员。当继承方式为私有继承时，基类中的公有成员和保护成员都成为派生类的私有成员，本例中基类中的公有成员 GetName、GetAge、GetSex 被派生类继承下来后作为派生类的私有成员，派生类的成员函数可以访问它们，但是类外的派生类对象不能访问。而基类中的私有成员 name、age、sex 被派生类继承后，不能被派生类定义的成员函数访问。

基类中原有的公有接口 GetName、GetAge、GetSex 在派生类中全部失效（变成了派生类的私有成员），也不会在以后的继承层次中起作用，为了使例 5-3 中的程序正常运行，我们就在派生类中重写了一些公有接口来替换基类中已失效的公有接口。因此，在实际派生中，一般不采用私有派生方式。

5.3.3 保护继承的访问权限变化

在保护继承中，基类的公有成员和保护成员被派生类继承后作为派生类的保护成员，而基类的私有成员在派生类内是不可直接访问的。因此，派生类的其他成员可以直接访问从基类继承过来的公有成员和保护成员，但在类的外部通过派生类的对象则无法直接访问它们。无论是派生类的成员还是派生类的对象都无法直接访问基类的私有成员。

对比 5.3.2 节中的私有继承方式，在直接派生类中，从基类继承过来的所有成员的访问属性私有继承和保护继承都是相同的。但是，如果派生类作为新的基类继续派生时，私有继承和保护继承的区别就比较明显了。

假设 Student 类以私有继承的方式继承了 Person 类后，Student 类又派生出 ColledgeStudent 类，那么，ColledgeStudent 类的成员和对象都不能访问间接从 Person 类中继承过来的成员；如果 Student 类是以保护的方式继承了 Person 类，那么，Person 类的公有成员和保护成员在 Student 类中都是保护成员。Student 类在派生出 ColledgeStudent 类后，Person 类中的公有成员和保护成员被 ColledgeStudent 类间接继承后，若采用的是保护继承，则其还是保护成员。

在未发生继承时，类中的私有成员和保护成员在访问权限上基本没有什么区别，通过继承后，可以看出类中的私有成员和保护成员的不同特征。

对类本身的对象而言，类 Person 中保护成员的访问权限和类中的私有成员的访问权限是相同的，都是可以被类的成员函数访问，不能被类外的对象访问；当 Person 类派生出新的类 Student 之后，对派生类而言，基类中的保护成员和公有成员具有相同的访问特性。在某些情况下，可以适当地设定类中某些成员的访问属性为受保护的，从而在数据隐藏和共享之间实现平衡——既能实现数据隐藏，又能方便继承，进而实现代码的高效重用和扩充。

下面通过一些例子来说明类中保护成员的特性。

基类 Base 的定义为：

```
class Base{
protected:
    int  i;
};
```

编写一个函数如下：

```
void Fun( )
{
    Base  b;
    b.i=5;                //错误，类外不能访问类中的私有成员
}
```

程序在编译阶段会报错，错误的原因是在类外的模块 Fun 函数中试图通过对象访问类中的保护成员，这是不允许的。因为保护成员的访问规则与私有成员相同，即不能在类外通过对象访问。因此，在这种情况下，保护成员就得到了很好的隐藏。

在某些情况下我们希望略微改变对保护成员的隐藏，例如，希望 i 对其他外部模块仍然是隐藏起来的，但是能被 Fun 函数模块访问到，有一种比较有效的方法——Base 类作为基类公有派生出 DriveBase 类，将 Fun 函数作为派生类 DriveBase 的成员函数。这种方法使得在派生类 DriveBase 中，基类 Base 的保护成员与公有成员一样，可以被 DriveBase 类的成员函数随意访问，代码如下所示：

```
class Base{
protected:
    int i;
}
class Derived:public Base
{
public:
    void Fun();
};
void Derived::Fun()
{
    Base  b;
    b.i= 5;
}
```

在派生类的成员函数 Fun 内部，是可以访问基类的保护成员的。

思考

可以在类外通过派生类 Derived 类对象访问基类中的保护成员吗？如可行，请编写相关程序。

5.3.4 继承方式对比

几种继承方式带来的基类中成员访问权限的变化如表 5-1 所示。

表 5-1 继承方式引起访问权限的变化

访问权限 \ 继承方式	公有	私有	保护
公有	公有	私有	保护
私有	不可访问	不可访问	不可访问
保护	保护	私有	保护

在一般情况下，选择公有继承即可，当程序规模较大，需要多人合作完成时，可以根据需要选择保护继承或者私有继承。

5.4 派生类的构造函数和析构函数

5.4.1 构造函数

定义好派生类后，通常需要用派生类定义对象，在定义对象时，系统会自动调用构造函数进行初始化。由于派生类不能继承基类的构造函数，必须定义自己的构造函数，并且派生类拥有基类所有的数据成员，因此，**派生类的构造函数除了需要对自己的数据成员进行初始化外，还必须调用基类的构造函数初始化基类的数据成员**，这种调用过程是编译系统自动完成的。若基类构造函数需要一些形参，派生类构造函数必须要传相应的参数给基类构造函数，否则编译会出现错误。

派生类构造函数的一般格式如下：

```
<派生类名>(<总参数表>):<基类名>(<参数表 1>), <对象成员名>(<参数表 2>)
{
        <派生类数据成员的初始化>
}
```

与一般构造函数基本原则相同：派生类的构造函数与类名相同，无任何返回值；派生类构造函数的总参数表中不仅包括用来对派生类新成员初始化的参数，还包括基类初始化所需要的参数，如果派生类中有子对象，还应包括子对象初始化的参数。在参数表之后，需要列出基类名、传给基类构造函数的参数、对象成员名，以及用来对对象成员进行初始化的参数，各项目之间用逗号隔开。

例 5-4 派生类构造函数示例。

```
//Example 5-4
#include <iostream>
#include <string>
using namespace std;
class Person
{
public:
```

派生类构造函数

```
        Person(string pName, int pAge, char pSex)
        {
            name = pName;
            age = pAge;
            sex = pSex;
        }
        string GetName()
        {
            return name;
        }
        int GetAge()
        {
            return age;
        }
        char GetSex()
        {
            return sex;
        }
        void print()
        {
            cout<<"姓名: "<<name<<endl;
            cout<<"年龄: "<<age<<endl;
            cout<<"性别: "<<sex<<endl;
        }
    private:
        string name;
        int age;
        char sex;
    };

    class Student: public Person
    {
    public:
        Student(string pName, int pAge, char pSex, string pID, float pScore):Person
(pName, pAge, pSex)
        {
            ID = pID;
            score=pScore;
        }
        string GetID()
        {
            return ID;
        }
        float GetScore()
        {
            return score;
        }
        void print()
        {
            Person::print();
            cout<<"学号: "<<ID<<endl;
            cout<<"分数: "<<score<<endl;
```

```
    }
private:
    string ID;
    float score;
};
int main()
{
    Student   s("WangPin", 16, 'M', "20171101",87);
    s.print();
    return 0;
}
```

说明

例 5-4 与例 5-1 代码基本相似，与例 5-1 不同的是，例 5-4 中定义了构造函数完成初始化的工作。对比这两个程序，在基类 Person 中声明了构造函数，且构造函数需要三个参数。此时派生类必须要声明构造函数，因为在定义派生类对象时，系统会首先调用基类构造函数，而基类的构造函数需要对应匹配的参数，此时派生类必须定义构造函数，提供一个将参数传给基类构造函数的途径，保证基类构造函数被自动调用时能够获得必要的数据。如果基类有默认的构造函数，派生类也不需要对新增的成员进行初始化，派生类不声明构造函数，全部采用默认的构造函数。此时系统会自动为派生类生成默认的构造函数，该默认的构造函数自动调用基类默认的构造函数对继承自基类的数据成员进行初始化。

派生类构造函数的调用顺序是：首先调用基类的构造函数，再调用对象成员类的构造函数（如果有对象成员），最后调用派生类自己的构造函数。

例 5-5　继承中的构造函数及其调用顺序示例。

```
//Example 5-5
//Shape.h
#include <iostream>
using namespace std;
enum CLR {BLACK,WHITE,RED,GREEN,YELLOW,BROWN,ORANGE};
class Shape
{
private:
    CLR color;
    int   Pos_x, Pos_y;                              //基类中添加图形位置坐标信息
public:
    Shape(int px=0, int py=0, CLR cor = BLACK)       // px 和 py 需要添加默认值
    {
        color = cor;  Pos_x=px; Pos_y=py;
        cout<<"Construct Shape"<<endl;
    }
    int GetX() {  return Pos_x;  }
    int GetY() {  return Pos_y;  }
    CLR GetC() {  return color;     }
    float GetArea()  {return 0;}
    float GetPerimeter()  {return 0;}
};
//Rectangle.h
#include "Shape.h"
```

```
class Rectangle:public Shape
{
private:
    int w, h;
public:
        Rectangle(int px, int py, int pw, int ph, CLR cor = BLACK):Shape(px, py,cor)
        {
            w = pw, h = ph;
            cout<<"Construct Rectangle"<<endl;
        }
        Rectangle(int pw, int ph)
        {
            w = pw, h = ph;
            cout<<"Construct Rectangle"<<endl;
        }
    int GetWidth()     { return w;}
    int GetHeight()    { return h; }
        float GetArea()     { return w*h; }
    float GetPerimeter()    { return 2*(w+h); }
};
//main.cpp
#include "Rectangle.h"
#include <string>
int main()
{
    string color[7]={"BLACK","WHITE","RED","GREEN","YELLOW","BROWN","ORANGE"};
    Rectangle  r1(3,4);
    cout<<"矩形 1 的信息:      "<<endl;
    cout<<"矩形的位置:    "<<"("<<r1.GetX()<<","<<r1.GetY()<<")"<<endl;
    cout<<"矩形的面积:    "<<r1.GetArea()<<endl;
    cout<<"矩形的周长:     "<<r1.GetPerimeter()<<endl;
    cout<<"矩形的颜色:     "<<color[static_cast<int>(r1.GetC())]<<endl;
    Rectangle  r2(15,15,8,10,RED);
    cout<<"矩形 2 的信息:      "<<endl;
    cout<<"矩形的位置:     "<<"("<<r2.GetX()<<","<<r2.GetY()<<")"<<endl;
    cout<<"矩形的面积:     "<<r2.GetArea()<<endl;
    cout<<"矩形的周长:      "<<r2.GetPerimeter()<<endl;
    cout<<"矩形的颜色:      "<<color[static_cast<int>(r2.GetC())]<<endl;
    return 0;
}
```

程序运行输出结果：

```
Construct Shape
Construct Rectangle
矩形 1 的信息:
矩形的位置: (0,0)
矩形的面积: 12
矩形的周长: 14
矩形的颜色: BLACK
Construct Shape
Construct Rectangle
```

```
矩形 2 的信息：
矩形的位置：(15,15)
矩形的面积：80
矩形的周长：36
矩形的颜色：RED
```

例 5-5 中定义了两个派生类对象 r1 和 r2，由于 r1 只有两个初始化的参数，因此调用的是派生类中带两个参数的构造函数，在执行派生类的构造函数之前，系统会先执行基类的构造函数。由于并没有传参数给基类的构造函数，所以基类的构造函数在执行时全部按照默认值工作。在定义对象 r2 时，根据初始化参数的个数，调用的是带 5 个参数的派生类的构造函数，在执行派生类构造函数体之前，先执行基类的构造函数，基类构造函数根据传入的三个参数对基类的成员进行初始化。基类成员初始化完毕后，再执行派生类构造函数体内容。

（1）如果派生类构造函数初始化列表中没有传参数给基类构造函数，那么会调用基类的构造函数吗？请分析上述程序给出解答，并利用编译环境提供的调试工具，跟踪派生类对象的构造过程，观察实际情况与你的回答是否一致。

（2）请注意基类 Shape 有默认的构造函数，所以派生类可以不为基类构造函数提供参数，读者可以尝试将基类构造函数的形参默认值去掉，使得 Shape 类没有默认构造函数，观察编译时错误的信息，并理解其中的原因。

5.4.2 析构函数

基类的析构函数也不能被派生类继承。派生类对象生存期结束时，需要调用析构函数完成对象清理工作，因此派生类需要定义自己的析构函数。由于派生类继承了基类的成员，基类成员的清理工作应该由基类的析构函完成。因此，编译系统在对派生类对象进行析构时，首先会调用派生类自身的析构函数对派生类自己添加的成员进行清理，然后再调用基类的析构函数，对从基类继承过来的成员进行清理，这种调用是由系统自动完成的。由于析构函数没有参数，因此派生类析构函数的形式非常简单。

析构函数的调用顺序是：先调用派生类自己的析构函数，再调用对象成员类的析构函数（如果派生类中有对象成员），最后调用基类的析构函数，其调用顺序与调用构造函数的顺序刚好相反。

例 5-6　派生类析构函数示例。

```
//Example 5-6
#include <iostream>
using namespace std;
class Person
{
public:                                          //公有接口
    Person(char* pName, int pAge, char pSex)
    {
        name = new char[strlen(pName)+1];//根据传输的字符串的内容申请空间
        strcpy(name, pName);              //将字符串内容复制到 name 所指向的空间
        age = pAge;
        sex = pSex;
```

派生类中的析构函数及析构函数的执行顺序

```
    }
    ~Person()
    {
        cout<<"Destruct Person"<<endl;
        delete [] name;                    //释放生存期过程中 name 申请的空间
    }
    char* GetName()
    {
        return name;
    }
    int GetAge()
    {
        return age;
    }
    char GetSex()
    {
        return sex;
    }
    void print()
    {
        cout<<"姓名: "<<name<<endl;
        cout<<"年龄: "<<age<<endl;
        cout<<"性别: "<<sex<<endl;
    }
private:
    char* name;
    int age;
    char sex;
};

class Student: public Person
{
public:
    Student(char* pName, int pAge, char pSex, char* pID, float pScore):Person
(pName, pAge, pSex)
    {
        ID = new char[strlen(pID)+1]; //根据传输的字符串的内容为 ID 赋值
                                      //申请相应大小的空间
        strcpy(ID, pID);              //将传输的字符串内容复制到 ID 所指向的空间
        score=pScore;
    }
    ~Student()
    {
        delete [] ID;
        cout<<"Destruct Student"<<endl;
    }
    char* GetID()
    {
        return ID;
    }
    float GetScore()
    {
```

```
        return score;
    }
    void print()
    {
        Person::print();
        cout<<"学号: "<<ID<<endl;
        cout<<"分数: "<<score<<endl;
    }
private:
    char* ID;
    float score;
};
int main()
{
    Student  s("WangPin", 16, 'M', "20171101",87);
    return 0;
}
```

程序运行输出结果：

```
Destruct Student
Destruct Person
```

在程序即将运行完毕时，s 的生存期即将结束，系统自动调用 s 的析构函数~Student()。由于类 Student 是派生类，所以在执行完派生类的析构函数之后，系统会去执行其基类的析构函数~Person()。因此，程序先输出“Destruct Student”，再输出“Destruct Person”。

5.5 类型兼容原则

派生类是从基类继承过来的，它保持了基类所有的特征。因此，一个公有派生类的对象是可以用来当作一个基类对象使用的。反之则不可以，因为派生类在基类的基础上有所发展，具备了基类所不具备的新的属性和特征。

一个公有派生类的对象的地址可以赋值给（或初始化）一个基类指针，一个公有派生类对象可以初始化一个基类引用，派生类对象可以赋值给一个基类对象，虽然基类的指针可以指向派生类的对象，但是它只能访问派生类中从基类继承过来的成员，无法访问派生类自有成员。这种类型兼容规则对于多态性的实现具有重要的意义，相关内容将在后续章节详细讨论。

5.6 多继承

根据派生类继承基类的个数，将继承分为单继承和多继承。之前我们主要以单继承为例学习了派生类的定义以及使用中应注意的问题。多继承可以看成是单继承的组合，它们有很多相似的特征，本节我们来讨论使用多继承时要注意的问题。

5.6.1 多继承的定义

多继承的基类不只一个，而是有多个，派生类与每个基类之间的关系可以看作是一个单继承。多继承的定义格式如下：

```
class  <派生类名>:<继承方式><基类名 1>,…, <继承方式><基类名 n>
{
    <派生类新定义的成员>
}
```

5.6.2 多继承的构造函数以及调用顺序

在多继承方式下，派生类构造函数要负责为每一个基类构造函数传入初始化的参数，派生类的构造函数格式如下：

```
class  <派生类名>(<总参数表>):<基类名 1>(<参数表 1>),…, <基类名 n>(<参数表 n>)
{
    派生类数据成员的初始化
}
```

其中，<总参数表>必须包含完成所有基类初始化所需的参数。

由于存在多个基类，多继承规定派生类包含多个基类时，构造函数的调用顺序是：先调用所有基类的构造函数，再调用对象成员的构造函数（如果有对象成员），最后调用派生类自己的构造函数。其中，处于同一继承层次的各基类构造函数的调用顺序取决于定义派生类时所指定的基类的顺序，与派生类构造函数中所定义的成员初始化列表顺序无关。如果类中有对象成员，那么，对象成员构造函数的调用顺序与对象在类中声明的顺序一致。

例 5-7 多继承下构造函数和析构函数的调用顺序。

```
//Example 5-7
#include <iostream>
using namespace std;
class Base1
{
public:
    Base1(int i)
    {
        b1 = i;
        cout<<"construct Base1"<<endl;
    }
    void display() { cout<<"b1="<<b1<<endl;    }
    ~Base1()    {  cout<<"destruct Base1"<<endl;  }
private:
    int b1;
};
class Base2
{
public:
    Base2(int i)
    {
        b2 = i;
```

```
        cout<<"construct Base2"<<endl;
    }
    void display() { cout<<"b2="<<b2<<endl;    }
    ~Base2()    {  cout<<"destruct Base2"<<endl;  }
private:
    int b2;
};

class Derive:public Base2, public Base1
{
public:
    Derive(int m):Base1(m+2),Base2(m-2)
    {
        d=m;
        cout<<"construct Derive"<<endl;
    }
    void display()
    {
        Base1::display();
        Base2::display();
        cout<<"d="<<d<<endl;
    }
    ~Derive() { cout<<"destruct Derive"<<endl; }
private:
    int d;
};
int main()
{
    Derive  d(10);
    d.display();
}
```

程序运行输出结果：

```
construct Base2
construct Base1
construct Drived
b1=12
b2=8
d=10
destruct Drived
destruct Base1
destruct Base2
```

构造函数的调用顺序是：Base2、Base1、Derive，析构函数的调用顺序是：Derive、Base1、Base2。

5.6.3 多继承中的同名隐藏和二义性问题

在例 5-7 中，派生类中定义了与基类同名的函数 display，对于在不同作用域声明的标识符，可见性原则是：如果存在两个或多个包含关系的作用域，外层声明了一个标识符，而内层没有再次声明同名标识符，那么外层标识符在内层依然可见；**如果在内层声明了同名标识符，则外层标识符在内层不可见，此时称内层标识符隐藏了外层同名标识符，这种现象被称为同名隐藏规则。**

在类的派生层次结构中，基类的成员和派生类新增加的成员都具有类作用域，两者的作用范围不同，是相互包含的两个层，派生类在内层。这时，在基类 Base1、Base2 中都定义了 display 函数，在派生类中也定义了 display 函数。如果在类外通过派生类对象 d 去调用 display 函数，派生类新成员就会隐藏外层同名的成员，直接使用成员名只能访问派生类的成员。若派生类中声明了与基类成员函数同名的新函数，即使函数的形参表不同，也不构成重载的关系，从基类继承过来的同名函数也会被隐藏。若要访问被隐藏的成员，就需要使用作用域操作符和基类名来限定。

当派生类中定义了与基类同名但具有不同的形参的函数时（形参个数不同，或者形参类型不同），不属于函数重载，这时派生类中的函数使基类中的函数隐藏，调用父类中的函数必须使用父类名称来限定。只有在相同作用域中定义的函数才可以构成重载。

例 5-8　多继承同名隐藏示例。

```
//Example 5-8
#include <iostream>
using namespace std;
class Base1
{
    //…… 同例 5-7
};
class Base2
{
    //…… 同例 5-7
};

class Derive:public Base2, public Base1
{
public:
    void display()
    {
        cout<<"d="<<d<<endl;
    }
//……其余同例 5-7
};
int main()
{
     Derive  d(10);
     d.Base1::display();
     d.Base2::display();
     d.display();
}
```

程序运行结果与例 5-7 相同。

在主函数中，定义了派生类对象 d，根据同名隐藏规则，如果通过派生类对象访问 display 函数，只能访问派生类新添加的成员，从基类继承过来的成员由于处于外层作用域而被隐藏。此时要通过 d 访问从基类继承过来的成员，就必须使用类名和作用域操作符；访问 Base1 中的 display，使用 Base1::display；访问 Base2 中的 display，使用 Base2::display。

通过作用域操作符，明确且唯一地标识了派生类中由基类继承过来的成员，解决了同名隐藏的问题。

如果在派生类中没有定义 display，是不是就不存在同名隐藏，那么，通过 d 可以访问到的是 Base1 的 display，还是 Base2 的 display?请改写程序，验证你的想法。

假如我们把派生类定义的 display 函数删除，此时派生了继承了来自 Base1 的 display 和 Base2 的 display，由于 display 存在二义性，依然无法直接通过派生类对象 d 直接访问基类的成员 display。

如果某个派生类的部分或者直接基类是从另一个共同的基类派生而来，在这些间接基类中，从上一级基类继承来的成员拥有相同的名称，在派生类中也会产生同名的现象。这种同名也需要通过作用域操作符来进行标识，而且必须用直接基类来进行限定。

基类 A 中声明了数据成员 a、构造函数、析构函数和函数 fun0，A 派生出了 B1 和 B2，再以 B1、B2 作为基类共同派生出新类 C，在派生类中都没有添加新的同名成员。这时的 C 类，包含通过 B1，B2 继承过来的基类 A 中的同名成员 fun0，类的关系图及派生类的结构图如图 5-2 所示，其中“+”号表示公有，“−”号表示私有，保护的用“#”号表示。

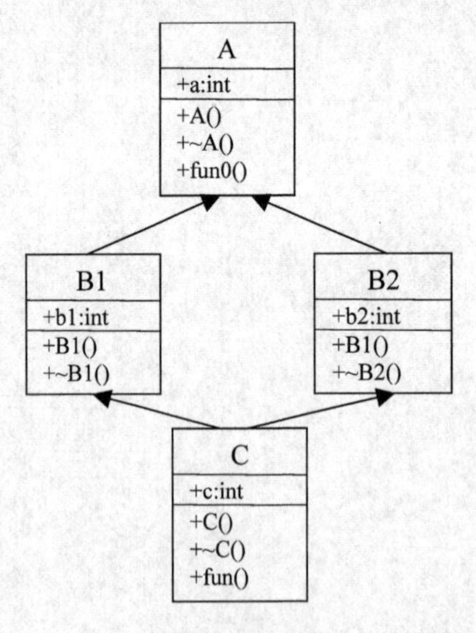

（a）类的关系图

（b）派生类的成员构成图

图 5-2　多层继承下的派生类关系图及成员构成图

对于派生类中成员 a 和 fun0 的访问，只能通过直接基类 B1 或者 B2 的名称来限定才可以，不能通过基类 A 来限定，因为通过 A 限定无法表明成员是从 B1 继承的，还是从 B2 继承的。

例 5-9　复杂版本的多继承同名隐藏示例。

```
//Example 5-9
#include <iostream>
using namespace std;

class A{
public:
    int a;
    void fun0() { cout<<"A function is called"<<endl; }
    A() { cout<<"construct A"<<endl; }
    ~A() {  cout<<"destruct A"<<endl;  }
};

class B1:public A{
public:
    int b1;
    B1(){  cout<<"construct B1"<<endl;  }
    ~B1() {  cout<<"destruct B1"<<endl;  }
};

class B2:public A{
public:
    int b2;
    B2() {  cout<<"construct B2"<<endl;  }
    ~B2() {  cout<<"destruct B2"<<endl;  }
};

class C:public B1, public B2{
public:
    int c;
    void fun() { cout<<"C function is called"<<endl;}
    C() {  cout<<"construct C"<<endl;  }
    ~C() {  cout<<"destruct C"<<endl;  }
};

int main(){
    C  c;
    c.B1::a = 10;
    c.B1::fun0();
    c.B2::a = 20;
    c.B2::fun0();
    return 0;
}
```

程序运行输出结果：

```
construct A
construct B1
construct A
construct B2
construct C
A function is called
A function is called
```

```
destruct C
destruct B2
destruct A
destruct B1
destruct A
```

在主函数中定义了派生类对象 c，如果只通过成员名称来访问该类的成员 a 和 fun0，系统就无法唯一确定要引用的成员。这时必须通过作用域操作符，通过直接基类来确定要访问的从基类继承来的成员。

此时，在内存中，派生类对象同时拥有两个 a 的空间，这两个 a 可以分别通过 B1 和 B2 调用基类 A 的构造函数进行初始化，能够存放不同的数值。也可以使用作用域操作符通过直接基类进行区分，分别进行访问。但是，在大多数情况下，我们不需要两个同名副本，只需要保留一个即可，C++提供了虚基类技术来解决此问题。

5.6.4 虚基类

在例 5-9 中，当我们定义一个派生类对象 c 时，它会构造 B1 类，B2 类，B1，B2 类都有一个父类，因此 A 类被构造了两次，在 c 中，A 中的数据成员 a 有两个副本，A 中的成员函数 fun0 也有两个映射。一般可以将共同基类 A 设置为虚基类，这时从不同的路径继承过来的同名数据成员在内存中就只有一个空间，同一个函数名也只有一个映射，在构造派生类对象 c 时，A 类只会构造一次。

例 5-10　虚基类应用示例。

```
//Example 5-10
#include <iostream>
using namespace
#include <iostream>
using namespace std;

class A{
public:
    int a;
    void fun0() { cout<<"A function is called"<<endl;  }
    A() { cout<<"construct A"<<endl; }
    ~A() {  cout<<"destruct A"<<endl;  }
};

class B1: virtual public A{
public:
    int b1;
    B1(){  cout<<"construct B1"<<endl;  }
    ~B1() {  cout<<"destruct B1"<<endl;  }
};

class B2: virtual public A{
public:
    int b2;
    B2() {  cout<<"construct B2"<<endl;  }
    ~B2() {  cout<<"destruct B2"<<endl;  }
};
```

```
class C:public B1, public B2{
public:
    int c;
    void fun() { cout<<"C function is called"<<endl;}
    C() {  cout<<"construct C"<<endl;  }
    ~C() {  cout<<"destruct C"<<endl;  }
};

int main(){
    C c;
    c.a = 10;
    c.fun0();
    return 0;
}
```

程序运行输出结果：

```
construct A
construct B1
construct B2
construct C
A function is called
destruct C
destruct B2
destruct B1
destruct A
```

虚基类并不是将基类声明为虚基类，只是在类的派生过程中使用了 virtual 关键字。

在具体程序设计过程中，如果不需要重复的副本，可以选择虚基类，如果需要更多副本空间存在不同数据，则可以采用作用域操作符方式区别访问。一般采用虚基类可以使得程序更加简洁，同时节省更多内存空间。

5.7 综合实例

例 5-11 多重派生及虚基类的应用示例。设计一个 Person 类，从 Person 类派生出学生类、教师类，再从学生类派生出大学生类，最后从教师类和大学生类共同派生出助教类。

```
//Example 5-11
#include <iostream>
#include <string>
using namespace std;
class Person{
public:
    Person(){
        name = "";
    }
```

```
    void insert_name(string pname){
        name = pname;
    }
    void print(){
        cout<<"Name: "<<name<<endl;
    }
private:
    string name;
};
class Student:virtual public Person{                    //Person 是 Student 的虚基类
public:
    Student():Person() {
        id = "";
    }
    void inserter_id(string pid){
        id = pid;
    }
    void print(){
        cout<<"ID: "<<id<<endl;
    }
private:
    string id;
};

class Teacher:virtual public Person{                    //Person 是 Teacher 的虚基类
public:
    Teacher():Person() { salary=0;}
    void inser_salary(float ps){
        salary = ps;
    }
    void print(){
        Person::print();                                //访问基类中 print
        cout<<"Salary: "<<salary<<endl;
    }
private:
    float salary;
};
class Postgrad:public Student{
public:
    Postgrad():Student(){
        dpart = "";
    }
    void insert_dp(string pdp){
        dpart= pdp;
    }
    void print(){
        Student::print();
        cout<<"Depart Name:"<<dpart<<endl;
    }
private:
    string dpart;
};
class TaidS:public Teacher, public Postgrad{  //从 Teacher、Postgrad 共同派生出 TaidS
```

```
public:
    TaidS():Teacher(),Postgrad() { }
    void print(){
        Teacher::print();
        Postgrad::print();
    }
};

int main(){
    Teacher  tch;
    tch.insert_name("Liu jia");
    tch.inser_salary(4500);
    cout<<"教师信息: "<<endl;
    tch.print();
    TaidS    taid;
    taid.insert_name("Wang Pin");
    taid.inser_salary(2500);
    taid.inserter_id("201701001");
    taid.insert_dp("Computer");
    taid.print();
    return 0;
}
```

程序运行输出结果：

```
教师信息:
Name: Liu jia
Salary: 4500
学生助教信息:
Name: Wang Pin
Salary: 2500
ID: 201701001
Depart Name:Computer
```

Person 是 Student 和 Teacher 的虚基类，由关键字 virtual 引导。在主函数中创建了 Teacher 类对象 tch 和 TaidS 类对象 taid，通过 taid 对象访问基类 Person 的函数 insert_name。由于 Person 声明为虚基类，此时从 Teacher 和 Student 继承过来的 insert_name 只有一个映射，所以能够成功编译。如果将 Student 和 Teacher 类声明中的 virtual 去掉，此时 taid 对象访问 insert_name 函数就会出错，因为存在由 Student 和 Teacher 派生而来的两种不同的映射。

在程序设计中，最好不要使用多继承；如果一定要使用多继承，尽量使用虚基类继承方式。

5.8　二级考点解析

5.8.1　考点说明

本章二级考点主要包括：派生类的定义和访问权限、继承基类的数据成员与成员函数、基类指针与派生类指针的使用、虚基类、子类型关系；具体包含：派生类的定义、派生类对基类成员的访问权限、派生类中基类成员的权限、派生类中的构造函数析构函数、继承的二义性、虚基类的定义、虚基类的构造函数。

5.8.2 例题分析

1. 在公有派生的情况下，派生类中定义的成员函数只能访问原基类的（　　）。

A. 公有成员和私有成员　　B. 私有成员和保护成员

C. 公有成员和保护成员　　D. 私有成员、保护成员和公有成员

解析：根据派生后的访问权限变化，在公有派生情况下，基类的公有成员和保护成员到派生类中分别是公有成员和保护成员，派生类中定义的成员函数可以访问。而基类的私有成员无论何种派生方式到派生类中都是不可被派生类新定义的成员访问的。

答案：C

2. 下列代码声明了三个类

```
class Person{  };
class Student:public Person{  };
class Undergraduate:Student{  };
```

下列关于这些类之间关系的描述中，错误的是（　　）。

A. 类 Person 是类 Undergraduate 的基类

B. 类 Undergraduate 从类 Student 公有继承

C. 类 Student 是类 Person 的派生类

D. 类 Undergraduate 是类 Person 的派生类

解析：类默认的派生方式是私有派生，所以类 Undergraduate 是类 Student 私有类。

答案：B

3. 下列关于派生类构造函数和析构函数的说法中，错误的是（　　）。

A. 派生类的构造函数会隐含调用基类的构造函数

B. 如果基类中没有缺省构造函数，那么派生类必须定义构造函数

C. 在建立派生类对象时，先调用基类的构造函数，再调用派生类的构造函数

D. 在销毁派生类对象时，先调用基类的析构函数，再调用派生类的析构函数

解析：派生类构造函数会先调用基类的构造函数，然后再执行派生类构造函数体的内容，如果基类没有缺省构造函数，派生类要定义构造函数并负责传递必要的参数给基类的构造函数。析构函数调用顺序与构造函数正好相反，派生类对象生存期即将结束时，先调用派生类的析构函数，再调用基类的析构函数。

答案：D

4. 有如下程序：

```
#include <iostream>
using namespace std;
class Base{
public:
    Base(int x=0)  {  cout<<x;  }
};
class derived : public Base{
public:
```

```
    derived(int x=0)    {    cout<<x;    }
private:
     Base val;
};
int main(){
    derived d(1);
    return  0;
}
```

程序的输出结果是（　　）。

A. 0　　B. 1　　C. 01　　D. 001

解析：如果派生类中有子对象，那么构造函数在执行之前，首先执行基类的构造函数，然后再执行子对象的构造函数，最后执行派生类自己的构造函数体中的内容。

答案：D

5. 若有如下类定义：

```
classs B {
    void fun1() { }
protected;
    double varl;
public:
    void fun2() { }
};
class D:public B{
protected:
    void fun3() {  }
};
```

已知 obj 是类 D 的对象，下列语句中不违反成员访问控制的权限的是（　　）。

A. obj.fun1();　　B. obj.var1;　　C. obj.fun2();　　D. obj.fun3();

解析：根据继承后访问权限控制的变化，B 类中的公有成员 fun2 在派生类 D 中还是公有成员，可以被类外的对象访问。

答案：C

6. 下列关于虚基类的描述中，错误的是（　　）。

A. 使用虚基类可以消除由多继承产生的二义性

B. 构造派生类对象时，虚基类的构造函数只被调用一次

C. 声明“class B : virtual public A”说明类 B 为虚基类

D. 建立派生类对象时，首先调用虚基类的构造函数

解析：声明“class B : virtual public A”说明类 A 为虚基类

答案：C

7. 有如下程序：

```
#include<iostream>
using namespace std;
class CA{
public:
CA( )    {    cout<<'A';        }
};
class CB :private CA{
```

```
public:
  CB( )    {    cout<<'B';    }
};
int main( )
{     CA a; CB b; return 0;          }
```

这个程序的输出结果是（　　）。

解析：基类定义对象 a，调用构造函数，输出 A；然后派生类定义对象 b，先调用基类构造函数，再调用派生类自己的构造函数输出 AB。

答案：AAB

8. 继承具有（　　），即当基类本身也是某一个类的派生类时，底层的派生类也会自动继承间接基类的成员。

A. 规律性　　B. 传递性　　C. 重复性　　D. 多样性

解析：如下面的类所示：

```
class A
{
public:
    int x;
    …
};
class B:public A
{
public:
    int y;
    …
};
class C:public B
{
public:
    int z;
    …
};
```

由类的继承特性可知：类 B 中包含两个数据成员，即 x 和 y；类 C 中包含 3 个数据成员，即 x、y 和 z。由此可见，继承具有传递性。

答案：B

9. 若类 A 和类 B 的定义如下：

```
class  A{
    int     i,j;
public:
    void get( );
    //…
};
class B:A{
    int k;
public:
    void make( );
    //…
};
```

```
class B::make( )
{    K=i*j;    }
```

则上述定义中，（　　）是非法的表达式。

A. void get( )　　　　B. int k;

C. void make( )　　　　D. k=i*j;

解析：类中成员默认的访问属性是私有的，默认的继承方式也是私有继承。类 B 是从类 A 私有派生的，类 A 的私有成员不能被类 B 新定义的成员访问。因此，在类 B 新定义的成员函数 make 中访问类 A 中的私有成员 i、j 是错误的。

答案：D

10. 在多继承中，公有派生和私有派生对于基类成员在派生类中的可访问性与单继承的规则（　　）。

A. 完全相同　　　　B. 完全不同

C. 部分相同，部分不同　　　　D. 以上都不对

解析：在单继承和多继承中，公有派生和私有派生对于基类成员在派生类中的可访问行的规则是相同的，答案为选项 A。

11. 设置虚基类的目的是（　　）。

A. 简化程序　　　　B. 消除二义性

C. 提高运行效率　　　　D. 减少目标代码

解析：在多继承中，若在多继承路径上，有公共基类，这个公共基类便会产生多个副本，为了解决二义性问题，把公共基类定义为虚基类。因此，设置虚基类的目的就是为了消除二义性。

答案：B

12. 关于多继承二义性的描述中，错误的是（　　）。

A. 一个派生类的基类中都有某个同名成员，在派生类中对这个成员的访问可能出现二义性

B. 解决二义性的最常用的方式是对成员名的限定法

C. 基类和派生类同时出现的同名函数，也存在二义性问题

D. 一个派生类是从两个基类派生出来的，而这两个基类又有一个共同的基类，对该基类成员进行访问，可能出现二义性问题

解析：当基类和派生类中出现同名函数，不会造成二义性。如下面的程序：

```
#include <iostream>
using namespace std;
class A
{
public:
  void disp()    {    cout<<"class A"<<endl;  }
};
class B:public A
{
public:
  void disp()    {  cout<<"class B"<<endl;    }
};
int main()
{
```

```
    B  b;
    b.disp();
};
```

该程序的输出结果为“class B”，即 b.disp()派生类的同名函数，如果需要引用基类中同名的函数，则必须采用 b.A::disp() 的形式。

答案：A

5.9 本章小结

本章主要介绍了类的继承，继承是面向对象的核心概念之一。

类的继承是新的类从已有的类中取得已有的特征；类的派生是从已有的类产生新类的过程。继承方式有三种：公有继承、私有继承、保护继承。继承方式用来确定基类成员在派生类中的权限。

派生类中的成员包括两部分：（1）从基类继承过来的成员；（2）派生类中自己定义的新成员。从基类继承过来的私有成员派生类不能直接访问。

基类的构造函数和析构函数都不能继承，派生类需要定义自己的构造函数和析构函数。由于从基类继承过来的成员需要通过基类的构造函数进行初始化，因此在执行派生类构造函数体之前，系统会自动调用基类构造函数对基类成员进行初始化。在析构时，先执行派生类的析构函数，然后再执行基类的析构函数。如果派生类中有子对象，那么构造的顺序就是：基类、子对象、派生类；析构的顺序是：派生类、子对象、基类。

在继承中，派生类可能含有与基类同名的数据成员或者成员函数。在访问该同名成员时，会产生二义性。C++采用当前类为默认作用域，若要访问其他作用域中同名的标识符，需要使用作用域运算符。

在某些情况下，由于多继承可能会导致派生类对象对基类成员访问的不唯一，造成对基类成员访问的二义性。可以采用作用域运算符进行区分，或者设置虚基类，消除二义性。虚基类的构造函数优先级要高于非虚基类。因此，如果有虚基类，派生类的构造函数总是最先执行虚基类的构造函数。

这些概念对初学者而言比较抽象，请在反复的程序实践中仔细体会并理解这些概念。

5.10 习题

1. 选择题

（1）下列关于继承方式的描述中，错误的是（　　）。

A. 如果不显式地指定继承方式，缺省的继承方式是私有（private）

B. 采用公有继承方式时，基类中的公有成员在派生类中仍然是公有成员

C. 采用保护继承方式时，基类中的保护成员在派生类中仍然是保护成员

D. 采用私有继承方式时，基类中的私有成员在派生类中仍然是私有成员

（2）如果派生类以 public 方式继承基类，则原基类的 protected 成员和 public 成员在派生类

中的访问类型分别是（　　）。

A. public 和 public　　B. public 和 protected

C. protected 和 public　　D. protected 和 protected

（3）定义派生类时，若不使用关键字显式地规定采用何种继承方式，则默认方式为（　　）。

A. 私有继承　　B. 非私有继承　　C. 保护继承　　D. 公有继承

（4）建立一个有成员对象的派生类对象时，各构造函数体的执行次序为（　　）。

A. 派生类、成员对象类、基类　　B. 成员对象类、基类、派生类

C. 基类、成员对象类、派生类　　D. 基类、派生类、成员对象类

（5）下列对派生类的描述中，（　　）是错误的。

A. 一个派生类可以作为另一个派生类的基类

B. 派生类至少有一个基类

C. 派生类的成员中除了其自身的成员外，还包含了它的基类的成员

D. 派生类中继承的基类成员的访问权限到派生类保持不变

（6）派生类的对象对它的基类成员中（　　）是可以访问的。

A. 公有继承的公有成员　　B. 公有继承的私有成员

C. 公有继承的保护成员　　D. 私有继承的公有成员

（7）对基类和派生类的关系描述中，（　　）是错误的。

A. 派生类是基类的具体化　　B. 派生类是基类的子集

C. 派生类是基类定义的延续　　D. 派生类是基类的组合

（8）派生类的构造函数的成员初始化列表中，不能包含（　　）。

A. 基类的构造函数　　B. 派生类中子对象的初始化

C. 基类的子对象初始化　　D. 派生类中一般数据成员的初始化

（9）下列关于成员访问权限的描述中，不正确的是（　　）。

A. 公有数据成员和公有成员函数都可以被类对象直接处理

B. 类的私有成员只能被公有成员函数以及该类的任何友元类或友元函数访问

C. 保护成员在派生类中可以被访问，而私有成员不可以

D. 类的内联函数必须在类体外通过关键字 inline 定义

（10）有如下程序：

```
#include <iostream>
using namespace std;
class Base
{
public:
    Base() { cout<<"BB"; f(); }    void f() {  cout<<"Bf";  }
};

class Derived:public Base
{
public:
    Derived(){  cout<<"DD";  }
    void f() {  cout <<"Df;";  }
};
int main()
```

```
{
    Derived d; return 0;
}
```

执行上面的程序将输出（　　）。

A. BBBfDD　　B. BBDfDDDf　　C. DD　　D. DDBBBf

（11）有如下程序：

```
#include <iostream>
using namespace std;
class BASE{
public:
    ~BASE() {  cout<<"BASE"; }
};
class  Derived:public BASE{
public:
    ~ Derived()
    { cout<<"DERIVED"; }
};
int main() {  Derived x; return 0; }
```

程序执行后的输出结果是（　　）。

A. BASE　　B. DERIVED　　C. BASEDERIVED　　D. DERIVEDBASE

（12）下面是关于派生类声明的开始部分，其中正确的是（　　）。

A. class virtual B:public A　　B. virtual class B:public A

C. class B:public A virtual　　D. class B: virtual public A

2. **填空题**

（1）对于派生类的构造函数，在定义对象时构造函数的执行顺序为：先执行___(a)___，再执行___(b)___，后执行___(c)___。

（2）基类的___(d)___不能被派生类的成员访问，基类的___(e)___在派生类中的性质和继承的性质一样，而基类的___(f)___在私有继承时在派生类中成为私有成员，在公有和保护继承时在派生类中仍为保护成员。

（3）___(g)___提供了类与外部的界面，___(h)___只能被类的成员访问，而___(i)___不允许外界访问，但允许派生类的成员访问，这样既有一定的隐藏能力，又提供了开放的界面。

（4）下列程序的输出结果是：___(j)___。

```
#include <iostream>
using namespace std;
class Base1{
public:
    Base1() { cout<<"B1"; }
};
class Base2:public Base1{
public:
    Base2()    { cout<<"B2"; }
};
class Derived:public Base2{
public:
    Derived() { cout<<"D"; }
```

```
};
int main() {
    Derived d;
    return 0;
}
```

（5）下列程序的输出结果是：＿(k)＿。

```
#include <iostream>
using namespace std;
class CSAI_A{
public:
    ~CSAI_A() { cout<<"~A"; }
};

class CSAI_B:public CSAI_A{
public:
    ~CSAI_B() { cout<<"~B"; }
};
class CSAI_C:public CSAI_B{
public:
    ~CSAI_C() {  cout<<"~C"; }
};
int main() {  CSAI_C c; return 0; }
```

（6）下列程序的输出结果是：＿(l)＿

```
#include <iostream>
using namespace std;
class A{
public:A(int i)  {  cout<<i; }
};
class B:virtual public A{
public : B():A(1) {}
};
class C:public B{
public:C():A(2) {}
};
int main() { C c; return 0; }
```

（7）根据注释的提示，将类 B 的构造函数补充完整。

```
class A{
    int a;
public:
    A(int aa=0) { a = aa; }
};
class  B:public A{
    int b;
    A   c;
public:
    //用 aa 初始化基类 A，用 aa+1 初始化对象成员 c.
    B(int aa):____(m)____{b = aa+2; }
};
```

（8）请将下列类定义补充完整。

```
#include <iostream>
using namespace std;
class Base{
public:
    void fun() { cout<<"Base::fun"<<endl; }
};
class  Dervied:public Base{
public:
    void fun(){
        ____(n)____//显式调用基类的 fun 函数
        cout<<"Derived::fun"<<endl;
    }
};
```

（9）请将下列类定义补充完整，使得程序输出结果为“ABCD”。

```
#include <iostream>
using namespace std;
class A{
public: A() { cout<<'A'; }
};
class B:______(o)______{
public:B() { cout<<'B'; }
};
class C:______(p)______{
public: C() { cout<<'C'; }
};
class D: public B, public C{
public: D() { cout<<'D'; }
};
int main(){
    D obj;
}
```

3. 如果派生类 B 已经重新定义了基类 A 的一个公有成员函数 fn1()，没有重新定义基类的公有成员函数 fn2()，那么，如何通过派生类 B 的对象调用基类的成员函数 fn1()和 fn2()?

4. 定义一个基类 Point，在 Point 的基础上派生出 Rectagnle 和 Circle，二者都有 getArea()函数计算面积。

5. 定义一个基类及其派生类，在构造函数和析构函数中输出提示信息，构造派生类对象，观察构造函数析构函数的执行情况。

6. 什么叫作虚基类，它有何作用?

第6章 多态性

多态性是面向对象程序设计的又一个重要特征。由于继承产生了相关的不同的类，各种不同的类的对象对同一消息会做出不同的响应，因此需要引入多态性机制。多态性机制增加了软件系统的灵活性，进一步减少了软件的冗余信息，提高了软件的可重用性和可扩充性，使得编程更加灵活。本章首先介绍了实现多态的不同方式和相关技术，然后介绍了虚函数的定义和使用、纯虚函数与抽象类等，最后介绍了运算符重载。

6.1 初识多态

多态是指同样的消息被不同类型的对象接收时导致不同的行为。而消息是指对类的成员函数的调用，不同的行为意味着不同的实现，即发送了同样的消息（调用了同名的函数），不同类型对象的后台行为不同（实际执行了不同的函数）。在程序设计中经常会涉及多态性问题，例如，不同类型的数做加法运算，以及第2章中介绍的函数重载，都是典型的多态现象。面向对象中多态主要体现在以下4个方面。

1. 重载多态

重载函数采用相同的函数调用方式，根据传入参数的不同，后台执行不同的函数，是多态的一种体现。前面介绍的普通函数重载及类的成员函数重载都属于重载多态。

2. 强制多态

关键强制多态，有如下两个实例：

（1）函数调用

```
int   max(int a, int b)
{  return max(a, b);  }
int  main()
{
    int x=4;
    double y =5.6;
    cout<<max(x,y);
}
```

在调用函数max时，根据max函数形参类型，double类型的变量y会被转换成int类型，以满足函数形参对两个整型的需求。

（2）类型强制转换

```
int   a = 10;
double  b, c= 21.2;
b = a+c;
```

当一个整型变量和一个浮点型变量进行加法运算时，也会首先进行类型强制转换，把整型数变成浮点数再相加，这也是强制多态的实例。

3. 包含多态

包含多态是类族中定义于不同类中的同名成员函数的多态行为，主要通过虚函数来实现。

4. 参数多态

参数多态与模板相关联，在使用时必须赋予实际的类型才可以实例化。具体内容在第7章介绍。

本章主要介绍重载多态和包含多态，包含多态中关键内容是虚函数；函数重载在第2章和第3章已经做过详细的介绍。这里主要介绍运算符重载。

6.2 联 编

多态从实现的角度可以划分为两类：编译时的多态和运行时的多态。编译时的多态是在编译的过程中确定了同名函数具体调用哪一个；而运行时的多态则是在程序运行过程中才动态地确定同名函数具体调用哪一个。这种确定调用具体代码段的过程就是联编。**联编就是指计算机程序自身彼此关联的过程；即把一个源程序经过编译、连接，使之成为可执行的程序文件的过程**。在这个过程中，计算机程序自身彼此关联，即将函数名和函数体联系在一起，将标识符名和存储地址联系在一起。用面向对象的术语讲，就是把消息和对象的方法相结合的过程。根据联编进行的阶段的不同，可以将其划分为静态联编和动态联编。这两种联编过程分别对应着多态的两种实现方式。

6.2.1 静态联编

静态联编支持的多态性，我们将其称为编译时的多态性，又称为静态的多态性，因为联编的过程是在程序开始执行之前进行的。在编译、连接的过程中，系统可以根据类型匹配等特征确定程序中调用与具体执行函数的关系，即在哪个地方调用什么函数，此时的多态性就被称为编译时的多态性。

编译时的多态性可以通过函数重载来实现。**函数重载的意义在于它可以用同一个名字访问一组相关的函数**，能使用户为某一类操作取一个通用的名字。编译程序在编译时决定选择具体的函数段执行，这种方式也利于解决程序的复杂性。一般的函数和成员函数，构造函数都可以重载。

C++中通过两种工作方式实现编译的的多态性：函数重载和运算符重载。它们都属于静态联编。

函数重载已在第2章中介绍过，在第3章中我们也介绍了构造函数重载，通过前面的学习可以了解，很多同名函数具有不同的功能，编译系统可以根据参数的不同来确定调用的是哪一个函数。

静态联编函数调用速度快、效率较高，但是编程不灵活。

例6-1 静态联编带来的一些问题的示例。

```
//Example 6-1
#include <iostream>
```

```
using namespace std;
class Shape{
    float x, y;
public:
    Shape(int px, int py):x(px),y(py){  cout<<"Shape constructor called"<<endl;  }
    float Area() {
        return 0;
    }
};
class Rectangle:public Shape
{
private:
    int w, h;
public:
    Rectangle(int px, int py, int pw, int ph):Shape(px, py), w(pw), h(ph)
    {   cout<<"Rect constructor called"<<endl;    }
    float Area()    {
        return w*h;
    }
};

class Circle:public Shape
{
private:
    int r;
public:
    Circle(int px, int py, int pr):Shape(px, py), r(pr)
    {   cout<<"Circle constructor called"<<endl;    }
    float Area()    {
        return 3.14*r*r;
    }
};

int main()
{
    Rectangle  r1(30,40, 4,8);
    Circle cr(30,40,4);
    Shape  *p = &r1;
    cout<<r1.Area()<<endl;
    cout<<p->Area()<<endl;
    p=&cr;
    cout<<cr.Area()<<endl;
    cout<<p->Area()<<endl;
    return 0;
}
```

程序运行输出结果：

```
Shape constructor called
Rect constructor called
Shape constructor called
Circle constructor called
```

```
32
0
50.24
0
```

说明

根据第 5 章的内容：（1）在构造派生类 Rectangle 对象 r1 之前，首先会调用基类 Shape 的构造函数，因此先输出“Shape constructor called”，再输出“Rect constructor called”，构造 Circle 类对象 cr 也是如此；（2）根据第 5 章介绍的类型兼容性规则，基类指针 p，可以指向不同的公有派生类对象，这里指向 r1 和 cr。但是由于程序中完成的是静态联编，在程序编译阶段，基类指针 p 对于 Area 方法的调用只能绑定到基类的 Area 方法上，虽然程序运行时 p 指向了不同的派生类对象，但由于绑定过程在编译阶段已经完成，所以无论运行时 p 指向什么类型的对象始终调用的都是基类中的 Area 方法，因此，这种联编方式输出的结果不是我们期望的结果。

关于类型兼容原则，在实际应用时读者需要注意以下几个方面。

（1）基类的指针可以指向它的公有派生类的对象，但是不允许指向它的私有派生类的对象。

（2）派生类的指针不允许指向它基类的对象。

（3）基类的指针指向它的公有派生类的对象时，只能用它来直接访问派生类中从基类继承来的成员，而不能直接访问公有派生类中定义的新成员。

6.2.2 动态联编

从例 6-1 中可以得知：有些联编工作不能在编译阶段完成，只有在程序运行时才可以确定将要调用的函数。与静态联编相对应，这种绑定工作在程序运行阶段完成，被称为动态联编，又被称为动态绑定。

动态联编支持的多态性，我们称之为运行时的多态性，也称为动态多态性。在 C++中，运行的多态性，就是动态联编。动态联编提高了编程的灵活性和程序的易维护性，但与静态联编相比，函数调用速度慢。

6.3 动态联编的实现——虚函数

在例 6-1 中，基类的指针既可以指向基类的对象，又可以指向派生类的对象。但是，当它指向派生类的对象时，并没有按照期望调用派生类中的 Area()函数，它仍然调用基类的 Area()函数，导致运行结果出错。要解决这个问题就要用虚函数。

虚函数是实现动态联编的基础，它是一种动态的重载方式，它允许在运行时建立函数调用与函数体之间的联系，也就是在运行时才决定如何动作，即动态联编。

基类的指针指向它的公有派生对象时，访问公有派生类中继承自基类的公有成员，可采用显式的方法，如 r.Area()，或采用指针强制类型转换的方法：

```
p = &r;
p->Area();
```

但这两种方法都没有达到动态调用的效果，若要实现动态的调用功能，需要将函数 Area()声明为虚函数。

6.3.1 虚函数的声明

虚函数是一个在基类中声明为 virtual 的函数，并在一个或多个派生类中被重新定义的成员函数，虚函数的声明格式如下：

```
virtual <返回值类型> <函数名>  (<参数表>);
```

虚函数的定义非常简单，就是基类的函数加上一个 virtual 说明，基类中声明为 virtual 的函数一般在派生类中需要重新定义。在重新定义时，参数的类型和个数必须相同，一旦一个函数被声明为虚函数，则无论声明它的类被继承了多少层，在每一层派生类中该函数都继续保持虚函数特性。

6.3.2 虚函数的调用

如果某个类中一个成员函数被说明为虚函数，意味着该成员函数在派生类中可能有不同的函数实现，当使用对象指针或对象引用调用虚函数时，采用动态联编方式，即在运行时进行关联或绑定。

例 6-2 虚函数实现动态联编。

```
//Example 6-2
#include <iostream>
using namespace std;
class mybase{
int a,b;
public:
    mybase(int x, int y)
    {a = x, b = y;}
    virtual void show()
    {
        cout <<"基类 mybase:"<<endl;
        cout <<a <<" "<<b<<endl;
    }
};

class myclass:public mybase
{
    int c;
public:
    myclass(int x, int y, int z):mybase(x,y)
    {c=z;}
    void show()
    {
        cout<<"派生类 myclass:"<<endl;
        cout<<"c="<<c<<endl;
    }
};
int main()
{
    mybase   mb(50, 50), *mp;
    myclass    mc(10,20,30);
    mp = &mb;
    mp->show();
```

虚函数实现动态联编

```
    mp = &mc;
    mp->show();
    getchar();
    return 0;
}
```

程序运行输出结果：

```
基类 mybase:
50 50
派生类 myclass:
c=30
```

（1）虚函数与重载不同，虚函数参数类型个数完全相同。

（2）定义一个基类的对象指针或者基类对象引用，就可以指向不同派生类的对象，同时调用不同派生类的虚函数。这就是动态联编的结果。

将例 6-1 中的 Area 设置为虚函数，观察结果是否有什么不同。

6.4 纯虚函数与抽象类

6.4.1 纯虚函数

在例 6-1 中，对于 Shape 类中的虚函数 Area()，无法给出具体的函数实现，所以固定返回 0。在很多情况下，存在基类中虚函数无法给出具体实现代码的情况，如写一个空的函数体。这就引出了纯虚函数的概念。

纯虚函数在声明时要在函数原型的后面赋 0，其声明格式如下：

```
virtual <返回值类型> <函数名>(<参数表>) = 0;
```

函数声明为纯虚函数后，就不用给出具体的定义。

6.4.2 抽象类

抽象类是一种特殊的类，自身无法实例化，即自身无法定义对象，主要是作为基类派生出新的类，并且使得所有派生出来的类都保留统一的接口操作。

如果一个类中至少包含一个纯虚函数，这个类就被称为抽象类。抽象类特点如下：

（1）抽象类至少包含一个没有给出具体实现的纯虚函数，抽象类无法实例化，不能定义对象；

（2）抽象类不能作为形参类型、函数返回类型或转换类型，但是可以定义抽象类指针和引用指向公有派生对象，实现动态多态性。

（3）在抽象类中也可以定义普通成员函数和虚函数，仍然可以通过派生类对象来调用这些不是纯虚函数的函数。

（4）不允许从非抽象类（即不包含纯虚函数的类）派生出抽象类。

例 6-3　纯虚函数抽象类的应用示例。

```
//Example 6-3
#include <iostream>
using namespace std;
class Shape{
private:
    //……私有成员定义同例 6-1
public:
    //……其他公有成员定义同例 6-1
    virtual float Area()=0;
};
class Rectangle:public Shape
{
    //……Rectangle 定义同例 6-1
};

class Circle:public Shape
{
    //……Circle 定义同例 6-1
};
int main()
{
    //…… 主函数内容同例 6-1
}
```

程序运行输出结果：

```
Shape constructor called
Rect constructor called
Shape constructor called
Circle constructor called
32
32
50.24
50.24
```

6.5　运算符重载

在第 2 章中，我们已经介绍了 C++为内置数据类型定义了大量的运算和自动转换操作。程序员利用这些特性可以很方便地完成大量的混合类型的运算。

基本的数据类型可以用 C++语法规定的运算符进行运算，但自定义的数据类型不能直接使用。用户有时会自定义一些数据类型，希望也可以很方便地使用这些运算符。

一个复数 z 可以表示为 $z=x+yi$，x、y 均为实数，分别称为 z 的实部和虚部，若两个复数 $z1=x1+yi1$，

$z2=x1+y2$i，则两个复数的加法、减法计算公式分别如下：

$$z1+z2 = x1+x2 +(y1+y2)i;$$
$$z1-z2 = x1-x2 +(y1-y2)i;$$

为了完成复数的加减法，在例 6-4 中定义了 add()、sub()两个成员函数。

例 6-4 利用成员函数完成复数的加、减法运算。

分析：本例中，add()、sub()函数为类 Complex 的成员函数，由于做加法运算和减法运算都需要两个操作数，成员函数必须由一个 Complex 类对象来调用，调用 add()、sub()的对象就是第一个左操作数。因此，这两个函数中需要传入的形参是右操作数，即第二个操作数。因此两个函数的形参只有一个，类型为 Complex 类的对象。复数相加、相减后，返回的也是一个复数，所以返回值也为 Complex 类型。

运算符重载

```
//Example 6-4
//类的声明文档：Complex.h
#include <iostream>
using namespace std;
class Complex{
protected:
   double real, image;
public:
   Complex(double px=0, double py=0)
   {  real=px, image=py;  }
   Complex add(Complex c);
   Complex sub(Complex c);
   void print();
};
//类的实现：Complex.cpp
#include "Complex.h"
Complex Complex::add(Complex c)
{
    return Complex(real+c.real, image+c.image);
}
Complex Complex::sub(Complex c)
{
    return Complex(real-c.real, image-c.image);
}
void Complex::print()
{
    if(image< 0.0)
        cout<<"("<<real<<image<<"i"<<")"<<endl;
    else
        cout<<"("<<real<<"+"<<image<<"i"<<")"<<endl;
}
//主函数文档：main.cpp
#include "complex.h"
#include <iostream>
using namespace std;
int main()
{
    Complex a(1.8, -2.4), b(4.3, 4.7);
    Complex c = a.add(b);
    Complex d = a.sub(b);
```

```
    c.print();
    d.print();
    return 0;
}
```

程序运行输出结果：

```
——————————
(6.1+2.3i)
(-2.5-7.1i)
——————————
```

如何在 Complex 类中增加一个用于完成复数乘法运算的成员函数 Multi?

通过一定的处理后，C++默认的运算符也可以作用在自定义的数据类型 Complex 上，使用系统内置的运算符完成自定义数据类型对象的运算可以使程序具有更好的可读性，书写也更加方便。

当然，我们不能直接把语句“Complex c =a.add(b)”改写为：“Complex c= a+b”，否则编译后出现错误，因为 C++中的运算符默认只能作用于基本的数据类型，要想使这些运算符作用于用户自己定义的数据类型，我们必须定义当运算符作用于某个类对象时，具体做什么操作，这就是运算符重载。

C++中通过运算符重载机制可以使得系统原有的运算符具有多重含义，当它作用在用户自定义的数据类型上时，就按运算符重载时定义的运算规则进行运算。

运算符重载的实质就是函数重载，在实现的过程中，首先把相应的表达式转换成对运算符重载函数的调用，将操作数转化为运算符重载函数的实参；然后根据参数匹配的原则确定需要调用的运算符重载函数，这个过程在编译过程中采用静态联编的方式完成。

运算符重载的一般语法形式为：

```
返回值类型 operator 运算符(形参表)
{
    函数体
}
```

例 6-5 利用运算符重载完成复数的加、减法运算。

分析：运算符重载的实质是函数重载，重载+、−运算，首先要定义两个函数 operator+和 operator−。分析后我们发现，这两个函数与例 6-4 中的 add 和 sub 形式几乎是完全一致的。

```
//Example 6-5
#include <iostream>
using namespace std;
class Complex{
protected:
    //…… 与例 6-4 相同
public:
    //…… 其他部分与例 6-4 相同
    Complex operator+ (Complex c);          //函数名称 add 替换为 operator+
    Complex operator- (Complex c);          //函数名称 sub 替换为 operator-
};
//类的实现：Complex.cpp
```

```
#include "Complex.h"
Complex Complex::operator+(Complex c)
{
    return Complex(real+c.real, image+c.image);
}
Complex Complex::operator-(Complex c)
{
    return Complex(real-c.real, image-c.image);
}
//…… 其他部分与例 6-4 相同

//main 函数文件
#include "complex.h"
#include <iostream>
using namespace std;
int main()
{
    Complex a(1.8, -2.4), b(4.3, 4.7);
    Complex c = a+b;
    Complex d = a-b;
    c.print();
    d.print();
    return 0;
}
```

程序运行输出结果：

```
(5+2i)
(-3-6i)
```

6.5.1 运算符重载规则

运算符重载规则说明如下。

（1）运算符重载的实质是函数重载，可以对大部分的运算符进行重载，这是C++的重要特点。C++编译器根据参数个数和类型来决定调用哪个函数重载，同一个运算符可以定义几个运算符重载函数来进行不同的操作。运算符重载返回类型可以是任意的，通常与操作数类型相同。

（2）重载后的运算符所做的操作要尽量保持原来的意义，否则会降低程序的可读性。

（3）C++中，用户不能定义新的运算符，只能对已有的运算符进行重载。有六个运算符不能重载：成员访问运算符“.”，成员指针运算符“->”和“*”，作用域运算符“::”，sizeof运算符和三目运算符“?:”。

（4）重载运算符与预定义运算符的使用方法完全相同，它不能改变原来运算符的参数个数，也不能改变其优先级。

实现运算符重载是通过 operator 关键字实现的，运算符重载一般可以通过类的成员函数和类的友元函数来实现。

6.5.2 运算符重载为成员函数

运算符重载为类的成员函数后，作为类的成员函数它可以任意访问类中的私有成员。在实际使用时，类中的成员函数总是通过该类的对象来访问的，如果是双目运算符，左操作数一定是访问成员函数的对象本身，另一个操作数通过运算符重载函数的参数表来传递；如果是单目运算符，操作数就是访问成员函数的对象本身，不需要再传递任何参数。

例 6-6 复数类乘法运算重载为类的成员函数。

```
//Example 6-6
#include <iostream>
using namespace std;
class complex
{
private:                                                    //私有成员
    double real, image;
public:                                                     //公有接口
    complex(double r=0.0, double i=0.0):real(r), image(i) {  }
    ~complex()    {    }
    complex operator* (const complex & c) const;            //定义两个复数乘法运算
    complex operator* (const double& c) const;              //定义复数与实数的乘法运算
    void print()const;
};

void complex::print() const
{
    cout<<"("<<real<<","<<image<<")"<<endl;
}

complex complex::operator*(const complex& c) const
{
    return complex(real*c.real-image*c.image, real*c.image+image*c.real);
}

complex complex::operator*(const double& c) const
{
    return complex(real*c, image*c);
}

int main()
{
    complex c1(3,4), c2(7,8), c3;
    c3=c2*c1;
    cout<<"c2:";
    c2.print();
    cout<<"c1";
    c1.print();
    cout<<"c2*c1:";
    c3.print();
    c3=c2*5.0;
    cout<<"c2*5.0:";
    c3.print();
    return 0;
}
```

程序运行输出结果：

```
c2:(7,8)
c1(3,4)
c2*c1:(-11,52)
c2*5.0:(35,40)
```

在本例中将复数的乘法重载为复数类的成员函数，由于复数可以与另一个复数进行乘法运算，也可以和另一个实数进行乘法运算，因此这里重载了两种形式。运算符重载为成员函数，除函数名称必须使用 operator<运算符>之外，其他与普通成员函数没有什么区别。在使用时可以采用成员函数调用的方式，也可以采用直接通过运算符对复杂操作数操作的方式。重载后的运算符原有的功能不受影响。因此，相同的运算符作用于不同的对象，就会导致不同的操作行为，从而体现了C++的多态性。

6.5.3 运算符重载为友元函数

友元函数是类的“朋友”，它可以自由地访问类的所有成员。与重载为类的成员函数不同，当运算符重载为类的友元函数时，由于友元是外部函数，不存在对象调用它，因此运算符所需要的操作数都需要通过函数的形参来传递，形参参数表中参数从左至右的顺序就是运算符操作数的顺序。

例 6-7 运算符重载为类的友元函数，实数与复数的加减运算。

```
//Example 6-7
#include <iostream>
using namespace std;
class complex
{
private:
    double real, image;
public:
    complex(double r=0.0, double i=0.0):real(r), image(i) {  }
    ~complex()    {    }
    friend complex operator+ (double c1, const complex & c2);
    friend complex operator- (double c1, const complex & c2);
    void print()const;
};

void complex::print() const
{
    cout<<"("<<real<<","<<image<<")"<<endl;
}

complex operator+ (double c1, const complex & c2)
{
    return complex(c1+c2.real, c2.image);
}

complex operator- (double c1, const complex & c2)
{
    return complex(c1-c2.real, -c2.image);
```

```
}

int main()
{
    complex c1(3,4), c2;
    c2=4+c1;
    cout<<"4+";
    c1.print();
    cout<<"结果为:";
    c2.print();
    c2=4-c1;
    cout<<"4-";
    c1.print();
    cout<<"结果为: ";
    c2.print();
    return 0;
}
```

程序运行输出结果：

```
4+(3,4)
结果为:(7,4)
4-(3,4)
结果为: (1,-4)
```

例 6-8 重载单目运算符！。

分析：假定复数的！运算规则为：实部与虚部互换，虚部符号取反，即若复数 c=3+4i，则进行非运算后！c=4−3i，针对 Complex 类重载！运算符为类的友元。

单目运算符重载为类的友元

```
//Example 6-8
#include <iostream>
using namespace std;
class complex
{
private:
    double real, image;
public:
    complex(double r=0.0, double i=0.0):real(r), image(i) {  }
    ~complex() {    }
    friend complex operator! (complex & c);
    void print()const;
};

void complex::print() const
{
    cout<<"("<<real<<","<<image<<")"<<endl;
}

complex operator! (complex & c)
{
    double temp = c.real;
```

```
    c.real = c.image;
    c.image = -temp;
    return c;
}

int main()
{
    complex c1(3,4),c2;
    cout<<"c1:";
    c1.print();
    c2=!c1;
    cout<<"c2=!c1:"<<endl;
    cout<<"c2为: ";
    c2.print();
    cout<<"c1为:";
    c1.print();
    return 0;
}
```

程序运行输出结果：

```
c1:(3,4)
c2=!c1:
c2为: (4,-3)
c1为:(4,-3)
```

说明

一个数进行非操作后，这个数本身也要发生改变，所以这里函数的形参必须是引用，以实现值的双向传递。

请读者尝试修改运算符重载函数如下：

思考

```
complex operator! (complex c)
{
    double temp = c.real;
    c.real = c.image;
    c.image = temp;
    return c;
}
```

类中友元声明作相应修改：friend complex operator! (complex c)；程序运行结果正确吗？为什么？

运算符重载的一般规律有如下几点。

（1）运算符既可以重载为类的成员函数，也可以重载为类的友元函数。

（2）对于双目运算符，重载为类的成员运算符函数，有一个参数，重载为类的友元运算符函数带有两个参数；对于单目运算符，重载为成员运算符函数不带参数，重载为类的友元运算符函数带有一个参数。

（3）双目运算符一般可以被重载为友元运算符函数或成员运算符函数，但如果第一个操作数是基本数据类型则必须使用友元；=、（　）、[]，只能重载为类的成员函数；+=、−=、/=、！=、~=、%=、>=、<= 建议重载为成员函数；其他双目运算符建议重载为友元函数。

6.5.4 特殊运算符的重载

1. ++和--的重载

单目运算符++、--，分别使操作数增1和减1，两者都有前缀和后缀两种不同的运算效果，这里我们以++运算符重载来说明这类运算符在重载过程中要注意的一些问题。

前缀和后缀++运算符都能够使操作数增1，但是前缀++运算表达式的结果是操作数增1以后的值，而后缀的++运算表达式的结果是操作数增1以前的值。

例 6-9 单目运算符“++”重载为类的成员函数。

作为单目运算符重载为类的成员函数时，操作数调用成员函数的对象本身，形参表应该是空的，但++运算符有前缀和后缀之分，为了进行区分，重载的后缀运算符的形参表中有一个 int 类型的参数，它仅表明重载的是后缀运算符，不需要定义形参变量，在函数体中也不必使用它。

```
//Example 6-9
#include <iostream>
using namespace std;

class Point{                            //Point 类定义
private:
    int x, y;
public:
    Point(int px=0, int py=0):x(px), y(py)
    {

    }
    void print();
    Point operator++();                 //前缀++运算符重载
    Point operator++(int);              //后缀++运算符重载
};

void Point::print()                     //输出
{
    cout<<"("<<x<<","<<y<<")"<<endl;
}

Point Point::operator++()               //前缀++，先返回++后的值
{
    x++;
    y++;
    return *this;
}

Point Point::operator++(int)            //返回++前的值，本身值进行++操作
{
    Point old = *this;
    x++;
    y++;
    return old;
```

```
}

int main()
{
    Point a(3,4),b,c;
    cout<<"a 的坐标:"<<endl;
    a.print();
    b=a++;                                  //a 的值赋给 b 后，a 再执行++操作
    cout<<"执行 b=a++后:"<<endl;
    cout<<"a 的坐标:"<<endl;
    a.print();
    cout<<"b 的坐标:"<<endl;
    b.print();
    c=++a;                                  //a++后的值赋给 c
    cout<<"执行 c=++a 后:"<<endl;
    cout<<"a 的坐标:"<<endl;
    a.print();
    cout<<"c 的坐标:"<<endl;
    c.print();
    return 0;
}
```

程序运行输出结果：

```
a 的坐标:
(3,4)
执行 b=a++后:
a 的坐标:
(4,5)
b 的坐标:
(3,4)
执行 c=++a 后:
a 的坐标:
(5,6)
c 的坐标:
(5,6)
```

例 6-10　单目运算符“--”重载为类的友元函数。

```
//Example 6-10
#include <iostream>
using namespace std;
class Point{
private:
    int x, y;
public:
    Point(int px=0, int py=0):x(px), y(py)
    {           }
    void print();
    friend Point operator--(Point& a);
    friend Point operator--(Point& a, int);
};
```

```
void Point::print()
{
    cout<<"("<<x<<","<<y<<")"<<endl;
}
Point operator--(Point &a)
{
    a.x--;
    a.y--;
    return a;
}
Point operator--(Point &a, int)
{
    Point old = a;
    a.x--;
    a.y--;
    return old;
}
int main()
{
    Point a(21,43),b,c;
    cout<<"a 的坐标:"<<endl;
    a.print();
    b=a--;
    cout<<"执行 b=a--后:"<<endl;
    cout<<"a 的坐标:"<<endl;
    a.print();
    cout<<"b 的坐标:"<<endl;
    b.print();
    c=--a;
    cout<<"执行 c=--a 后:"<<endl;
    cout<<"a 的坐标:"<<endl;
    a.print();
    cout<<"c 的坐标:"<<endl;
    c.print();
    getchar();
    return 0;
}
```

程序运行输出结果：

```
a 的坐标:
(21,43)
执行 b=a--后:
a 的坐标:
(20,42)
b 的坐标:
(21,43)
执行 c=--a 后:
a 的坐标:
(19,41)
c 的坐标:
(19,41)
```

如果函数形参不采用引用的形式，结果正确吗？为什么？

2. 赋值运算符重载

对任一类 X，如果用户没有自定义的赋值运算符函数，那么编译系统将自动地为其生成一个默认的赋值运算符函数，默认赋值运算符函数重载形式如下：

```
X&X::operator=(const X & source)
{
    成员间赋值
}
```

若 obj1、obj2 是类 X 的两个对象，obj2 已经被创建，则编译程序遇到下列语句：obj1 = obj2；就调用默认的赋值运算符函数，它将对象 obj2 的数据成员逐一复制到对象 obj1 的数据成员中。

通常，默认地赋值运算符是可以正常工作的，但是在某些特殊情况下，如类中有指针类型时，使用默认赋值运算符会产生错误，这个错误被称为“指针悬挂”。

例 6-11 使用默认赋值运算符函数造成指针悬挂的示例。

```
//Example 6-11
#include <iostream>
using namespace std;
class Student{
private:
    char * name;
public:
    Student(char* ptr)
    {
        name = new char[strlen(ptr)+1];
        strcpy(name, ptr);
    }
    ~Student()
    {
        delete [] name;
    }
    void print()
    {
        cout<<name<<endl;
    }
};
int main()
{
    Student s1("wang");          //s1 指针指向字符串"wang"
    {
        Student s2("");          //s2 中指针指向空
        s2 = s1;
        cout <<"s2:";
        s2.print();
    }
    s1.print();                  //显示乱码，s2 释放了 s1name 所指向的空间，造成指针悬挂
    return 0;
}
```

赋值运算符的重载

说明

运行例 6-11，s2 被赋值为 s1 后，输出 s2 里 name 的值，显示的内容为“wang”；继续执行后面的语句，s1 调用 print 方法显示其属性时，出现了乱码；继续运行到程序即将结束时，出现内存访问错误的提示。

当执行 s2=s1 后，默认的赋值运算符重载函数，将 s1 的 name 指针值复制到 s2 的 name 指针变量中，因此，s1、s2 指向了相同的内容，如图 6-1（a）所示。接下来 s2 生存期结束，s2 调用析构函数，把 s2、s1 的 name 指向的共同空间被释放了，如图 6-1（b）所示；此时 s1 的 name 指针就变成了悬挂指针，之后再访问这个空间所指向的内容就出现了乱码且提示内存访问错误，如图 6-1（c）所示。

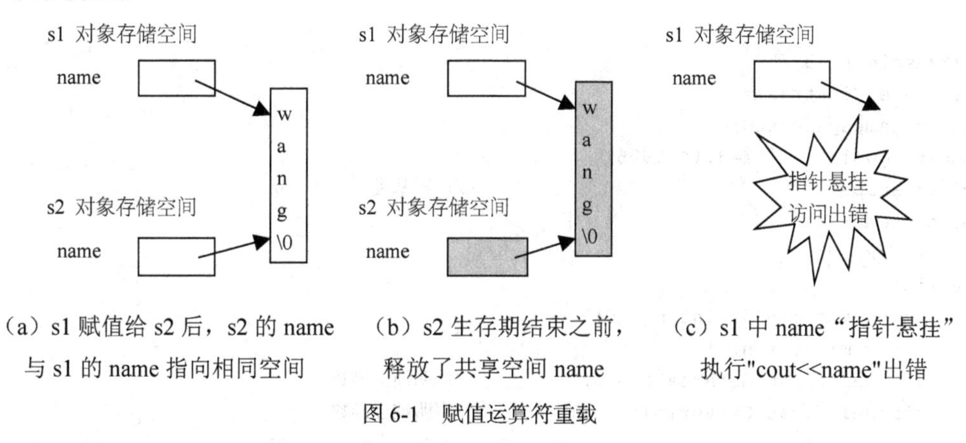

（a）s1 赋值给 s2 后，s2 的 name 与 s1 的 name 指向相同空间　（b）s2 生存期结束之前，释放了共享空间 name　（c）s1 中 name“指针悬挂”执行"cout<<name"出错

图 6-1　赋值运算符重载

当类的成员中有指针，析构函数有释放资源的操作时，不能使用默认的赋值运算符重载函数，必须自己写赋值运算符重载函数。

例 6-12　定义赋值运算符函数解决指针悬挂问题示例。

```
//Example 6-12
#include <iostream>
using namespace std;
class Student{
    //...... 其余部分同例 6-11
    Student& operator=(const Student& s)
    {
        if(name!=NULL) delete [] name;
        name = new char[strlen(s.name)+1];
        strcpy(name, s.name);
        return *this;
    }
};
int main()
{
    //......主函数同例 6-11
}
```

程序运行输出结果：

```
s2: wang
wang
```

6.6 综合实例

例 6-13 动态联编示例。

定义一个 Shape 抽象类，在此基础上派生出 Rectangle 和 Circle 类，二者都有 GetArea()函数计算对象面积，GetPerim() 函数计算对象的周长。使用 Rectangle 类派生一个新类 Squre。在主函数中定义基类指针指向各派生类对象，并调用 GetArea()和 GetPerim() 函数计算各对象的面积和周长。

```
//Example 6-13
#include <iostream>
using namespace std;
const double    PI=3.1415926;
class shape{                                  //声明基类
protected:
    int x, y;
public:
    shape(int m = 0, int n = 0)
    { x = m;  y = n; }
    virtual float GetArea() = 0;              //声明纯虚函数
    virtual float GetPerim() = 0;             //声明纯虚函数
};
class Rectangle:public shape{                 //声明派生类 Rectangle
public:
    Rectangle(int m, int n);                  //派生类构造函数
    float GetArea();
    float GetPerim();
};
class Circle:public shape{                    //声明派生类 Circle
public:
    Circle(int r);
    float GetArea();
    float GetPerim();

};
class Squre:public Rectangle{                 //从 Rectangle 派生新的类 Squre
public:
    Squre(int m);
};
Rectangle::Rectangle(int m, int n):shape(m,n)
{    }
float Rectangle::GetArea() {
    return    x*y;
}
float Rectangle::GetPerim() {
    return    2*(x+y);
}
Circle::Circle(int r):shape(r)
{      }
```

```
float Circle::GetArea() {
    return (PI*x*x);
}
float Circle::GetPerim()  {
    return (2*PI*x);
}
Squre::Squre(int m):Rectangle(m, m)
{    }
void main(){
    Rectangle    obj1(3,5);
    Squre        obj2(4);
    Circle        obj3(10);
    shape *p;
    p=&obj1;
    cout<<"矩形，长3，宽5，面积、周长分别为:"<<endl;
    cout<<p->GetArea()<<endl;
    cout<<p->GetPerim()<<endl;
    p=&obj2;
    cout<<"正方形，边长为4，面积、周长分别为:"<<endl;
    cout<<p->GetArea()<<endl;
    cout<<p->GetPerim()<<endl;
    p=&obj3;
    cout<<"圆，半径为10，面积、周长分别为:"<<endl;
    cout<<p->GetArea()<<endl;
    cout<<p->GetPerim()<<endl;
}
```

程序运行输出结果：

```
矩形，长3，宽5，面积、周长分别为:
15
16
正方形，边长为4，面积、周长分别为:
16
16
圆，半径为10，面积、周长分别为:
314.159
62.8319
```

例6-14 运算符重载示例。

设计字符串类 String，使之能完成字符串的定义，在构造函数中申请动态空间，并在析构函数中释放空间；复制构造函数完成深复制，String 中重载赋值运算符和“+”运算符。String 类中 print 函数将字符串内容输出。

```
//Example 6-14
#include <iostream>
using namespace std;
class String;
class String{
private:
    char* ch;
```

```
public:
    String(char*  p);
    String(const String & a);
    String operator = (const String& b);
    friend String operator + (const String& a, const String& b);
    void print( );
};

String::String(char*  p)
{
    ch = new char[strlen(p)+1];
    strcpy(ch, p);
}

String::String(const String & a)
{
    ch = new char[strlen(a.ch)+1];
    strcpy(ch, a.ch);
}
String String::operator=(const String& b)
{
    if(strlen(ch)!=strlen(b.ch))
    {
        delete [] ch;
        ch = new char[strlen(b.ch)+1];
    }
    strcpy(ch,b.ch);
    return *this;
}
String operator+(const String& a, const String& b)
{
    char*  ch;
    ch = new char[strlen(a.ch)+strlen(b.ch)+1];
    strcpy(ch, a.ch);
    strcat(ch, b.ch);
    String  c(ch);
    return c;
}
void String::print( )
{
    cout<<ch<<endl;
}
int main( )
{
    String  a("hello), b("world! ");
    String  c("");
    c = a+b;
    c.print();
    return 0;
}
```

程序运行输出结果：

```
hello world!
```

6.7　二级考点解析

6.7.1　考点说明

本章二级考点主要包括虚函数、指向派生类的基类指针和运算符重载等，具体包括多态性的概念、虚函数的定义、抽象类的特征、虚函数在指向派生类的基类指针中的应用、运算符重载的概念和典型运算符重载函数的应用等。

6.7.2　例题分析

1. 在 C++中用来实现运行时多态的是（　　）。

A. 重载函数　　B. 析构函数　　C. 构造函数　　D. 虚函数

2. 在 C++中，用来实现运行时多态性的是（　　）。

A. 内联函数　　B. 重载函数　　C. 模板函数　　D. 虚函数

3. 下列选项中，与实现运行时多态性无关的是（　　）。

A. 重载函数　　B. 虚函数　　C. 指针　　D. 引用

解析：例题 1～3 考查多态性及虚函数的概念，多态分运行时多态和编译时多态，函数重载属于典型的编译时多态。虚函数是实现运行时多态的必要条件，用指针或引用调用虚函数就可以实现运行时的多态。

答案：1. D；2. D；3. A

4. 类 Shape 的定义：

```
class Shape{
public:
  virtual void Draw()=0;
};
```

下列关于 Shape 类的描述中，正确的是（　　）。

A. 类 Shape 是虚基类

B. 类 Shape 是抽象类

C. 类 Shape 中的 Draw 函数声明有误

D. 语句“Shape s;”能建立 Shape 的一个对象 s

解析：考查纯虚函数、抽象类的概念。Shape 中包含纯虚函数“Draw”，因此 Shape 是抽象类，不能定义对象。注意，虚函数和虚基类没有必然联系。

答案：B

5. 虚函数支持多态调用，一个基类的指针可以指向派生类的对象，而且通过这样的指针调用虚函数时，被调用的是指针所指的实际对象的虚函数，而非虚函数不支持多态调用。有如下程序：

```
#include<iostream>
using namespace std;
```

```
class Base {
public:
    virtual void f() {    cout<<"f0+";  }
    void g() {    cout<<"g0+";  }
};
class Derived:public Base {
public:
    void f() {  cout<<"f+";    }
    void g() {  cout<<"g+";    }
};
int main() {
    Derived d;
    Base*p=&d;
    p->f();
    p->g();
    return 0:
}
```

运行时输出的结果是（　　）。

A. f+g+　　B. f0+g+　　C. f+g0+　　D. f0+g0+

解析：基类指针 p 指向派生类对象 d，由于 f 是虚函数，调用函数 f 时，可以实现运行时多态。根据运行时 p 所指向的对象 d 的类型，p 调用派生类中的 f 函数，先输出“f+”，当 p 调用函数 g 时，由于 g 不是虚函数，根据编译是 p 的类型决定 p 调用的是基类中的 g 函数，输出“g0+”。

答案：C

6. 下列关于运算符重载的描述中，错误的是（　　）。

A. 可以通过运算符重载在 C++中创建新的运算符

B. 赋值运算符只能重载为成员函数

C. 运算符函数重载为类的成员函数时，第一操作数是该类对象

D. 重载类型转换运算符时不需要声明返回类型

解析：针对运算符重载，只能重载系统已有的运算符，因此 A 错误；赋值运算符只能重载为成员函数，因此 B 正确；成员函数只能通过类对象调用，所以 C 正确；选项 D 也是正确的，类型转换函数能够实现把一个类类型转换成基本数据类型（int、float、double、char 等）或者另一个类类型。其定义形式如下，注意不能有返回值，不能有参数，只能返回要转换的数据类型。

```
class X
{
public:
    operator TYPE()
    {
        //.....
        return TYPE 对象;
    }
};
```

答案：A

7. 下列关于运算符重载的叙述中，错误的是（　　）。

A. 有些运算符可以作为非成员函数重载

B. 所有的运算符都可以通过重载而被赋予新的含义

C. 不得为重载的运算符函数的参数设置默认值

D. 有的运算符只能作为成员函数重载

解析：C++中有些运算符不能重载；A、D 都是正确的，选项 B 错误。运算符重载是用一个 operator 函数来规定运算符如何根据操作数产生一个运算结果，每个操作数作为一个实参对应函数的一个形参，函数的返回值对应运算结果。形参默认值是指在调用这个函数时实参可有可无，没有实参时对应的形参就使用默认值。运算符中操作数是不可缺少的，没有哪个运算符有可有可无的操作数值，因此，运算符重载的时候形参是不应该有默认值的。

答案：B

8. 下列关于运算符重载的描述中，错误的是（　　）。

A. ::运算符不能重载

B. 类型转换运算符只能作为成员函数重载

C. 将运算符作为非成员函数重载时必须定义为友元

D. 重载[]运算符应完成“下标访问”操作

解析：可以不声明为友元，此时访问类中私有成员必须通过公有接口间接进行。

答案：C

9. 将运算符“+”重载为非成员函数，在下列原型声明中，错误的是（　　）。

A. MyClock operator + (MyClock,long);

B. MyClock operator + (MyClock,MyClock);

C. MyClock operator + (long,long);

D. MyClock operator + (long,MyClock);

解析：运算符重载后的两个操作数，必须有一个是用户自定义的数据类型，不能都是系统基本数据类型。

答案：C

10. 在下面程序中对一维坐标点类 Point 进行运算符重载。

```
#include<iostream>
using namespace std;
class point {
public:
    point (int val) {x=val;}
    point& operator++() {x++;return *this;}
    point operator++(int) {point old= *this; ++(*this);  return old;}
    int GetX( ) const {return x;}
private:
    int x;
};
int main( )  {
    point a(10);
    cout<<(++a).GetX();
    cout<<a++.GetX();
    return 0;
}
```

编译和运行情况是：（　　）。

A. 输出 1011　　B. 输出 1111　　C. 输出 1112　　D. 出错

解析：point 类中重载了前缀和后缀的++运算；根据两种运算符重载的规则，第一次输出 11，第二次输出的也是 11。

答案：B

11. 有以下关于类的定义，下列说法错误的是（　　）。

A. 类 A 不可以定义对象　　B. 类 B 不可以定义对象

C. 类 B 可以定义对象　　D. 类 C 可以定义对象

```
class A
{
protected:
    int x;
public:
    void setx(int i) {     x=i;     }
    virtual void disp()=0;
};
class B:public A
{
protected:
    int y;
public:
    void sety(int j) {     y=j;     }
};
class C:public B
{
public:
    void disp()
    {
        cout<<"x="<<x<<",y="<<y<<endl;
    }
};
```

解析：派生类 B 仍然是抽象类，不能定义对象，派生类 C 给出了抽象函数的具体实现，因此不再是抽象类，可以定义对象。

答案：C

12. 下列运算符函数中，肯定不属于类 Value 的成员函数的是（　　）。

A. Value operator+(Value);　　B. Value operator−(Value, Value);

C. Value operator*(int);　　D. Value operator/(Value);

解析：双目运算符重载为类的成员函数，形参表中形参只有第二个操作数，调用成员函数的对象是第一个操作数。

答案：C

13. 下面关于纯虚函数和抽象类的描述中，（　　）是错误的。

A. 纯虚函数是一种特殊的虚函数，它没有具体意义

B. 一个基类中说明有纯虚函数，该基类的派生类一定不再是抽象类

C. 抽象类只能作为基类来使用，其纯虚函数的定义由派生类给出

D. 抽象类是指具有纯虚函数的类

解析：带有纯虚函数的类称为抽象类，抽象类中的纯虚函数的定义由派生类给出，但派生类如果没有给出纯虚函数的定义，则派生类仍然作为抽象类存在。

答案：B

14．将运算符重载为类成员函数时，其参数表中没有参数，说明该运算是（　　）。

A．不合法的运算符　　B．一元运算符

C．无操作数的运算符　　D．二元运算符

解析：运算符重载为类的成员函数时，调用成员函数的对象是第一个操作数，形参的格式比操作数个数少一个。

答案：B

15．下列运算符中，不能被重载的是（　　）。

A．&&　　B．!=　　C．.　　D．++

解析：不能重载的运算符包括："."　"->"　"*"　".*"　"::"　"?="和"sizeof"。

答案：C

16．通过运算符重载，可以改变运算符原有的（　　）。

A．操作数类型　　B．操作数个数　　C．优先级　　D．结合性

解析：通过运算符重载使得运算符不仅可以作用于基本的数据类型，还可以作用于用户自己定义的数据类型。运算符重载不能改变操作数的个数、优先级、结核性。

答案：A

17．类 Shape 中定义了纯虚函数 CalArea()，三角形类 Triangle 继承了类 Shape，请将 Triangle 类中的 CalArea 函数补充完整。

```
class Shape{
public:
    virtual int CalArea()=0;
}
class Triangle: public Shape{
public:
    Triangle{int s, int h}: side(s),height(h) {}
    ________________
    {   return side*height/2   }
private:
    int side;
    int height;
};
```

答案：int CalArea()

6.8 本章小结

C++中的多态性是指 C++代码可以根据运行情况的不同而执行不同的操作。

C++支持两种多态性：编译时的多态和运行时的多态。编译时的多态通过使用重载函数获得，运行时的多态性通过使用继承和虚函数来获得。多态性的实现与函数联编有关，C++中有静态联编和动态联编；静态联编在程序编译时进行，动态联编在程序运行时进行。

虚函数是用关键字 virtual 进行说明的非静态成员函数，虚函数是动态联编的基础，某个类的成员函数被说明为虚函数，就意味着该成员函数在派生类中可能有不同的实现。当使用指针或引

用调用虚函数时，对该虚函数调用采用动态联编方式，即使用基类类型指针（或引用）就可以访问到该指针（或引用）正在指向的派生类的同名虚函数，实现运行过程中的多态性。

如果虚函数不能给出有意义的实现，可以把它说明为纯虚函数，纯虚函数是值为 0，且没有具体实现的虚函数，包含纯虚函数的类被称为抽象类，抽象类主要作为基类生成派生类，抽象类不能实例化。

运算符重载赋予了已有的运算符多重含义，使得其可以作用于自定义的数据类型。本章详细介绍了运算符重载的概念、需要注意的问题，以及运算符重载函数的两种形式：（1）将运算符重载函数声明为类的成员函数；（2）将运算符重载函数声明为类的友元函数。并结合具体示例说明了常见单目运算符和双目运算符的重载方法及应注意的问题。

6.9 习 题

1．选择题

（1）在 C++中，有以下内容：

I. 函数重载　　II. 内联函数　　III. 模板　　IV. 虚函数

V. 析构函数　　VI. 运算符重载　　VII. 构造函数　　VIII. 继承

用于实现运行时多态的是（　　）。

A. V、VII 和 VIII　　B. III、IV

C. IV 和 VIII　　D. I、III 和 VI

（2）以下现象属于多态性的是（　　）。

A. 没有继承关系的两个类中定义相同名称的函数

B. 具有继承关系的两个类中定义相同名称的函数

C. 两个不同函数内定义了相同类型相同名称的变量

D. 两个不同函数内定义了不同类型相同名称的变量

（3）以下虚函数的定义，正确的是（　　）。

A. class C{ static virtual void func(); };

B. class C{ virtual void main(); };

C. class C{ void virtual func();　};

D. class C{ virtual void func();　}

（4）虚函数必须是类的（　　）。

A. 成员函数　　B. 友元函数　　C. 私有函数　　D. 公有函数

（5）下列关于虚函数和虚基类的说明中，正确的是（　　）。

A. 从虚基类继承的函数都是虚函数

B. 虚基类中的函数都是虚函数

C. 定义了虚函数的类必须作为虚基类使用

D. 以上说法都不对

（6）在一个类体的下列声明中，正确的纯虚函数声明是（　　）。

A. friend virtual void fun()=0 ;　　B. friend virtual void fun();

C. virtual int func(int)=0;　　D. virtual int func(int);

（7）下列叙述中，正确的是（　　）。

A. 纯虚函数不是虚函数　　B. 抽象类可以作基类

C. 纯虚函数可以是内联函数　　D. 抽象类可以产生类的实例

（8）在一个抽象类中，一定包含有（　　）。

A. 虚函数　　B. 纯虚函数　　C. 模板函数　　D. 重载函数

（9）下列叙述中，不正确的是（　　）。

A. 公有派生类对象的地址可以直接赋值给指向基类的指针

B. 基类对象的地址可以直接赋值给指向公有派生类对象的指针

C. 公有派生类的对象可以赋值给基类对象

D. 基类的引用可以初始化为公有派生类的对象

（10）在下列运算符中，可以重载为非成员函数的是（　　）。

A. =　　B. 【 】　　C. +　　D. long

（11）已知在一个类体中包含如下函数原型："friend CSAI operator++(CSAI&, int);" 下列关于这个函数的叙述中，正确的是（　　）。

A. 重载一元运算符"++"，有两个参数，说明运算符重载可以更改操作符的个数

B. 重载前缀运算符"++"，第二个参数无实际意义，"++"的操作数个数仍是一个

C. 定义错误，重载运算符"++"为友元函数时只能有一个参数

D. 重载一元运算符"++"为非类成员函数

（12）已有如下 C++类声明

```
class CSAI
{
public:
    CSAI  operator-(int);          //[1]
    CSAI&  operator-()             //[2]
};
```

则下列关于这个类的叙述中，错误的是（　　）。

A. 语句【1】重载了减号运算符"–"

B. 语句【2】重载了取负运算符"–"

C. 语句【1】、【2】分别重载了二元运算符和一元运算符

D. 产生二义性问题，编译错误

（13）在表达式"x–3/z"中，"–"是作为成员函数重载的运算符，"/"是作为非成员函数重载的运算符。下列叙述中正确的是（　　）。

A. x 可以是 C++内部类型的对象，z 可以是自定义类的对象

B. 成员函数"operator–"的优先级别比非成员函数"operator/"的高

C. x 可以是自定义类的对象，z 可以是非整数 0 的自定义类的对象。

D. 在函数"operator–"和"operator/"中都只有一个参数

（14）在下面的运算符重载函数的原型中，错误的是（　　）。

A. friend int operator+(CSAI &, int);

B. operator long();

C. friend CSAI& operator=(int);

D. friend istream& operator>>(istream&, CSAI &);

（15）有表达式“operator−−(c,0), operator++()”，其中 c 是类的对象。则以下叙述正确的是（　　）。

A. 运算符“++”是非成员函数重载

B. 运算符“−−”是成员函数重载;

C. 运算符“−−”是前缀运算符

D. 运算符“−−”是后缀运算符

（16）将前缀运算符“−−”重载为非成员函数，下列原型中，能正确用于类中说明的是（　　）。

A. Decr& operator −−(int);

B. Decr operator −−(Decr&,int);

C. friend Decr& operator −−(Decr&);

D. frlend Decr operator −−(Decr&,int);

2. 填空题

（1）C++有两种联编方式，其中在程序编译时的联编叫作___(a)___联编。

（2）从实现的角度划分，C++所支持的两种多态性分别是___(b)___时的多态性和运行时的多态性。

（3）定义虚函数需要关键字___(c)___。

（4）拥有纯虚函数的类就是___(d)___类，该类不能实例化。

（5）不能重载的运算符有___(e)___。

（6）运算符“−”“delete”“-=”“=”“+”“−>*”中，只能作为成员函数重载的有___(f)___，不能重载的有___(g)___。

（7）若将一个二元运算符重载为类的成员函数，其形参个数应该是___(h)___个。

（8）在表达式“x+=y”中，“+=”是作为非成员函数重载的运算符。若使用显式的函数调用代替直接使用运算符“+=”，这个表达式还可以表示为___(i)___。

（9）若以成员函数形式，为类 CSAI 重载“double”运算符，则该运算符重载函数的原型是___(j)___。

（10）下面程序的输出结果是：___(k)___

```
#include <iostream>
using namespace std;
class CSAI_A
{
public:
    virtual void fun() {    cout<<"A";    }
};
class CSAI_B:public CSAI_A
{
public:
    void fun()
    {
        CSAI_A::fun(); cout<<"B";
    }
};
int main()
{
```

```
    CSAI_A  *p = new CSAI_B;
    p->fun();
    delete p;
    return 0;
}
```

（11）有如下程序：

```
#include <iostream>
using namespace std;
class CSAI
{
    int x[2];
public:
    int &operator [] (int i) { return (x[i]); }
    friend istream& operator>> (istream& s, CSAI &a)
    {
        return (s>>a.x[0]>>a.x[1]);
    }
    friend ostream& operator<<(ostream& s, CSAI & a)
    {
        return (s<<a.x[0]<<","<<a.x[1]);
    }
};
int main()
{
    CSAI  a;
    cin>>a[0]>>a[1];
    cout<<a;
    return 0;
}
```

程序执行后输入 1 2，则这个程序的输出结果是____(l)____。

（12）下列程序的输出结果是____(m)____。

```
#include <iostream>
using namespace std;
class complex{
public:
    complex(double r =0, double i =0):re(r), im(i) { }
    double real() const { return re; }
    double imag() const { return im;}
    complex operator +(complex c) const
    { return complex(re+c.re, im+c.im); }
private:
    double re, im;
};

int main()
{
    complex a = complex(1, 1) + complex(5);
    cout << a.real() << '+' << a.imag() <<'i' << endl;
    return 0;
}
```

（13）下列程序的输出结果是：____(n)____。

```
#include <iostream>
using namespace std;
class base {
public:
    int n;
    base(int x) { n = x;}
    virtual void set(int m)
    { n = m; cout << n <<' ';}
};

class deriveA:public base {
public:
    deriveA(int x):base(x) { }
    void set(int m)
    { n += m; cout << n <<' ';}
};
class deriveB:public base {
public:
    deriveB(int x):base(x) { }
    void set(int m)
    { n +=m; cout <<n << ' ';}
};
int main() {
    deriveA dl(1);
    deriveB d2(3);
    base *pbase;
    pbase = &dl;
    pbase->set(1);
    pbase = &d2;
    pbase->set(2);
    return 0;
}
```

（14）下列程序的输出结果是____(o)____。

```
#include <iostream>
using namespace std;
class B{
public:
    B(int xx):x(xx)
    { ++count; x+=10;}
    virtual void show() const
    {cout<<count<<'_'<<x<<endl;}
protected:
    static int count;
private:
    int x;
};
class D:public B{
public:
    D(int xx,int yy):B(xx),y(yy)
```

```
    {++count; y+=100;}
    virtual void show() const
    {cout<<count<<'_'<<y<<endl;}
private:
    int y;
};
int B::count=0;
int main(){
    B *ptr=new D(10,20);
    ptr->show();
    delete ptr;
    return 0;
}
```

（15）请将下面的程序补充完整，使得程序输出：飘是张娜的书。

```
#include <iostream>
using namespace std;
class Book{
public:
    Book(char *str)
    { strcpy(title,str); }
    ____(p)____void PrintInfo()
    { cout<<title<<endl;}
protected:
    char title[50];
};

class MyBook:public Book{
public:
    MyBook(char *s1,char *s2="张娜"):____(q)____
    {    strcpy(owner,s2);    }
    virtual void PrintInfo()
    {    cout<<title<<"是"<<owner<<"的书"<<endl;    }
private:
    char owner[10];
};

int main(){
    Book *prt=new MyBook("飘");
    prt->PrintInfo();
    return 0;
}
```

（16）图形类 Shape 中定义了纯虚函数 CalArea()，三角形类 Triangle 继承了类 Shape，请将 Triangle 类中的函数补充完整。

```
#include <iostream>
using namespace std;
class Shape{
public:
    virtual int CalArea()=0;
};
class Triangle: public Shape{
```

```
public:
    Triangle(int s, int h): side(s),height(h) {    }
    ____(r)____{ return side*height/2;  }
private:
    int side;     int height;
};
```

（17）下面是二维向量“Vector2D”的定义，其中作为成员函数重载的运算符“+”的功能是将两个向量的分量 x 和 y 对应相加，然后返回作为相加结果的新对象；请补充完整。

```
class Vector2D{
    double x;
    double y;
public:
    Vector2D(double x0=0, double y0=0):x(x0),y(y0) {}
    void show()  { cout<<"("<<x<<","<<y<<")"; }
    Vector2D operator+(Vector2D);
};
Vector2D ____(s)____operator+(Vector2D a){
    return Vector2D(____(t)____);
}
```

3. 什么是多态性？在 C++中如何实现多态性？

4. 编写一个时间类，实现时间的加、减、读和输出。

5. （1）在 C++中能否声明虚构造函数？为什么？（2）在 C++中能否声明虚析构函数？有何用途？

6. 编写一个计数器 Count 类，对其重载前缀++和后缀++。

7. 定义一个基类 Base，从它派生出新的类 Derived，在基类 Base 中声明虚析构函数，在主函数中将一个动态分配的 Derived 对象地址赋给一个 Base 的指针，然后通过指针释放空间，观察程序运行过程。

第7章 模板

逻辑功能相同而类型不同的函数，可以通过重载实现统一方式（相同接口），不同实现（不同功能）的调用。重载提高了编程的灵活性，但有时重载的两个函数逻辑功能基本一样，只是参数类型不同，几乎相同的代码要重复编写，十分烦琐。此时可以利用模板来减少重复编码工作。模板是实现代码复用的一种工具，是参数多态的一种体现，是提高软件开发效率的一个重要手段。本章将介绍模板的概念、函数模板、类模板以及标准模板库 STL。

7.1 模板的概念

函数和类本身是一种抽象，可以解决一类问题，模板是在抽象的基础上再抽象，它可以实现类型参数化，把类型定义为参数，实现代码的复用。从而使得抽象后的函数或类可以处理多种数据类型，这种能处理多种数据类型的函数和类就是函数模板和类模板。经过再次抽象后，程序的通用性。程序员能够通过模板快速建立具有类型安全的类库集合和函数集合，更加快捷、方便、高效地进行大规模的软件开发。

例如，编写三个函数分别求三个整形、三个字符型、三个浮点型数的最大值。

```
int Max(int a, int b, int c)
{
    int  max =a>b?(a>c?a:c):(b>c?b:c);
    return  max;
}
char Max(char a, char b, char c)
{
    char  max =a>b?(a>c?a:c):(b>c?b:c);
    return  max;
}
float Max(float a, float b, float c)
{
    float  max =a>b?(a>c?a:c):(b>c?b:c);
    return  max;
}
```

利用重载，我们写出了三个同名且函数体类似的函数。这些函数执行的功能都是相同的，只是输入参数的类型和返回的类型不同。能否把这些函数统一成一种形式，即将很多类似函数抽象为统一的形式？解决方法就是运用模板。模板，相当于函数的模具，利用模板就可以套印出许多功能相同，而参数类型和返回值类型不同的函数，最终根据需要得到相应的数据。这样就实现了代码可重用性。

C++的模板有两种不同的形式：函数模板和类模板。

7.2 函数模板

7.2.1 函数模板的声明和使用

将很多个处理不同数据类型、相同逻辑功能的函数抽象成一个统一的函数，称为函数模板。**函数模板实际上是建立一个通用函数，其函数类型和形参类型不具体指定，用一个虚拟的类型来表示。这个通用函数就是函数模板。**

函数模板的一般定义格式如下：

```
template <class T>或<typename T>
返回类型函数名(参数表)
{
    函数体
}
```

（1）template是定义函数模板的关键字，总是放在模板定义和声明的最前面。

（2）<class T>或<typenameT>必须用尖括号“<>”括起来，其中，T为类型参数，T实际上是一个虚拟的类型名，可以用来指定函数模板本身的参数类型、返回值类型，以及局部变量，但是此时并未指定。当使用函数模板时，T就会被替换为某种实际的数据类型（例如，int、char、float等）。T还可以被符合规范的标识符替换。

（3）后面函数的定义方式与之前提到的普通函数的定义方式类似。

下面通过具体的例子说明函数模板的定义和使用方法。

例 7-1 编写一个函数模板，求三个数中的最大值。

```
//Example 7-1
#include <iostream>
using namespace std;
template<class T>
T  Max(T a,  T b,  T c)
{
    T max =a>b?(a>c?a:c):(b>c?b:c);
    return  max;
}
int main()
{
    int    i1=11, i2=39, i3=0, i;
    float    f1=13.34, f2=89.67, f3=32.9, f;
    char    c1='A', c2='m', c3='e', c;
    i=Max(i1,i2,i3);
    f=Max(f1,f2,f3);
```

```
    c=Max(c1,c2,c3);
    cout<<"三个整数最大值为"<<i<<endl;
    cout<<"三个浮点数最大值为"<<f<<endl;
    cout<<"三个字符最大值为"<<c<<endl;
    return 0;
}
```

程序运行输出结果：

```
三个整数最大值为 39
三个浮点数最大值为 89.67
三个字符最大值为 m
```

该程序定义了一个函数模板 T Max(T a, T b, T c)，模板参数类型是 T，在使用函数模板时，T 被替换为某种实际的数据类型。在调用 Max(i1,i2,i3)时，T 代表 int 类型；在调用 Max(f1,f2,f3)时，T 代表 float 类型；在调用 Max(c1,c2,c3)时，T 代表 char 类型。这样，函数模板 T Max(T a, T b, T c)通过简单的代码就可以实现不同数据类型的大小比较，提高了代码的复用性，对于其他数据类型，如 double、long 等类型同样适用。

例 7-2 编写一个函数模板，对一维数组进行排序。

```
//Example 7-2
#include <iostream>
#include <string.h>
using namespace std;
template<class T>
void sort(T *a,  int n)
{
  int    i,j;
  T    temp;
  for (j=0;j<n-1;j++)
  for (i=0;i<n-1-j;i++)
  if (a[i]>a[i+1])
       {    temp=a[i];a[i]=a[i+1];a[i+1]=temp;        }
}
int main()
{
  int    i;
  int    x[10]={3,9,4,0,43,8,1,23,32,45};
  float    y[6]={2.43, -3.314, 9.31, 0, 34.2, 8.32};
  char    z[ ]={"international"};
  sort(x, 10);
  sort(y, 6);
  sort(z, strlen(z));
  cout<<"10 个整数排序:";
  for(i=0;i<10;i++)
       cout<<x[i]<<" ";
  cout<<endl;
  cout<<"6 个小数排序:";
  for(i=0;i<6;i++)
       cout<<y[i]<<" ";
```

```
    cout<<endl;
    cout<<"一串字符排序:"<<z<<endl;
  return 0;
}
```

程序运行输出结果：

```
10个整数排序:0 1 3 4 8 9 23 32 43 45
6个小数排序:-3.314 0 2.43 8.32 9.31 34.2
一串字符排序:aaeiilnnnortt
```

说明　该程序中定义了一个函数模板 void sort(T *a, int n)，模板类型参数是 T，当需要对整数或浮点数或字符型数组进行排序时，T 就被替换为相应的 int、float、char 类型。

7.2.2 函数模板与模板函数

1. 函数模板与模板函数的区别

函数模板是对一组函数的抽象描述，它不是一个实实在在的函数，函数模板不会编译成任何目标代码。函数模板必须先实例化成模板函数，这些函数在程序运行时会进行编译和连接，然后产生相应的目标代码。例如，例 7-1 中的 Max(i1,i2,i3)、Max(f1,f2,f3)和 Max(c1,c2,c3)都是模板函数，它们是重载的。函数模板实例化后会变成多个模板函数。

函数模板和模板函数的区别如下：

（1）函数模板不是一个函数，而是将一组函数抽象出来的模板，在定义中使用了参数化类型；

（2）模板函数是一种实实在在的函数，可以进行编译和连接，生成目标代码。

2. 函数模板的异常处理

函数模板中的模板形参可实例化为各种类型，但当实例化模板形参的各模板实参之间不完全一致时，就可能发生错误，如：

```
template<typename T>
void min(T &x, T &y)
{  return (x<y)?x:y;  }
void func(int i, char j)
{
    min(i, i);
    min(j, j);
    min(i, j);
    min(j, i);
}
```

上段代码中，前两个模板函数 min(i, i) 和 min(j, j)的调用是正确的，而后两个 min(i, j)和 min(j, i)调用是错误的，原因是：在函数模板中声明了 min 的两个参数必须是同一种类型，在调用时，编译器会对所有模板函数进行一致性检查。

例如，对语句 min(i, j)进行检查时，先遇到的实参 i 是整型的，编译器就将模板形参 T 解释为整型，此后出现的模板实参 j 却为字符型而产生错误，此时没有隐含的类型转换功能。

解决此种异常的方法有两种：

（1）采用强制类型转换，如将语句 min(i, j);改写为 min(i,int(j));

（2）用非模板函数重载函数模板。方法有两种：

方法一：借用函数模板的函数体。

此时只声明非模板函数的原型，它的函数体借用函数模板的函数体。如改写上面的例子如下：

```
template<typename T>
void min(T &x, T &y)
{  return (x<y)?x:y;  }
int min(int, int);
void func(int i, char j)
{
   min(i, i);
   min(j, j);
   min(i, j);
   min(j, i);
}
```

该程序在执行时就不会出错了，因为重载函数支持数据间的隐式类型转换。

方法二：重新定义函数体。

与一般的重载函数相同，重新定义一个完整的非模板函数，它所带的参数可以是任意的类型。在 C++中，函数模板与同名的非模板函数重载时，应遵循以下调用原则：

- 寻找一个参数完全匹配的函数，若参数完全匹配的函数多于一个，则这个调用是一个错误的调用；
- 寻找一个函数模板，若找到就将其实例化生成一个匹配的模板函数并调用它；
- 若上面两条都失败，则使用函数重载的方法，通过类型转换产生参数匹配，若找到就调用它；
- 若上面三条都失败，则这个调用是一个错误的调用。

7.3　类　模　板

7.3.1　类模板的定义和使用

上一节介绍了函数模板，建立了一个通用函数，将很多个处理不同数据类型、相同逻辑功能的函数抽象成一个统一的函数，用来简化程序设计。对于类的声明，也存在同样的问题。如几个类的逻辑功能相同，但数据类型不同，却要重复性的写很多代码。

例如，声明两个类，分别用来比较整数和浮点数的大小。

```
class Compare_int
{
private:
    int  x,y;
public:
    Compare_int(int  a,int b)          //构造函数
       {    x=a; y=b;    }
    int max()
       {    return (x>y)?x:y;    }
    int min()
```

```
        {    return (x<y)?x:y;    }
};
class       Compare_float
{
private:
    float        x,y;
public:
    Compare_float(float a,float b)     //构造函数
        {    x=a;y=b;    }
    float max()
        {    return (x>y)?x:y;    }
    float min()
        {    return (x<y)?x:y;    }
};
```

这两个类的声明的类型不同，但逻辑功能非常相似，有很强的重复性。我们可以运用函数模板的思路，为类也声明一个通用的类模板，使得实例化类中的某些数据成员、某些成员函数的参数或者返回值，能取任意的数据类型。

类模板的一般定义格式如下：

```
template  <class T>
class 类名
{

};
```

说明如下。

（1）template 是定义类模板的关键字，总是放在模板定义和声明的最前面。

（2）<class T>必须用尖括号“<>”括起来，其中，T 为类型参数，它实际上是一个虚拟的类型名，当使用类模板时，T 被替换为某种实际的数据类型（例如，int、char、float 等）从而实现一类多用。T 也可以用其他合法的标识符替换。

（3）类的定义方式与之前讲到的类的定义类似。

（4）类模板是对一组类的抽象，某一个类是对类模板的实例化。

在声明了一个类模板后，如何使用它，如何使它变成一个实际的类，又如何生成一个具体的对象？

一般形式为：

```
类模板名<实际类型名>            对象名（参数表）；
```

下面通过具体的例子说明类模板的定义和使用方法。

例 7-3 编写一个类模板，比较两个整数、浮点数和字符数据的大小。

```
//Example 7-3
#include<iostream>
using namespace std;
template <class T>                    //声明类模板，虚拟类型名为 T
class Compare                         //类模板名为 Compare
{
private:
```

```
    T x,y;                              //数据类型暂定为 T
public:
    Compare(T a,T b)                    //构造函数
        {     x=a;y=b;     }
    T max()                             //函数返回类型暂定为 T
        {     return (x>y)?x:y;     }
    T min()                             //函数返回类型暂定为 T
        {     return (x<y)?x:y;     }
};
int main()
{
    Compare<int>        cmpi(4,9);  //定义对象 cmpi，比较整数
    cout<<"两个整数的最大值："<<cmpi.max()<<endl;
    cout<<"两个整数的最小值："<<cmpi.min()<<endl;
    Compare<float>    cmpf(3.93,7.78);      //定义对象 cmpf，比较浮点数
    cout<<"两个浮点数的最大值："<<cmpf.max()<<endl;
    cout<<"两个浮点数的最小值："<<cmpf.min()<<endl;
    Compare<char>cmpc('k','p');             //定义对象 cmpc，比较字符
    cout<<"两个字符的最大值："<<cmpc.max()<<endl;
    cout<<"两个字符的最小值："<<cmpc.min()<<endl;
}
```

程序运行输出结果：

```
两个整数的最大值：9
两个整数的最小值：4
两个浮点数的最大值：7.78
两个浮点数的最小值：3.93
两个字符的最大值：p
两个字符的最小值：k
```

说明

该程序定义了一个类模板 Compare<T>，其模板类型参数为 T。在该类模板中，构造函数的两个形参 a、b，两个私有的数据成员 x、y，以及两个成员函数 max()和 min()的返回类型，都是用模版类型参数 T 声明的变量。

该程序的主函数中生成了三个模板类，并生成了三个对象，其语句分别为：

Compare<int> cmpi(4,9);（此时 T 被指定的类型为 int，类对象名为 cmpi。）

Compare<float> cmpf(3.93,7.78);（此时 T 被指定的类型为 float，类对象名为 cmpf。）

Compare<char> cmpc('k','p');（此时 T 被指定的类型为 char，类对象名为 cmpc。）

总结定义类模板时应注意以下几点：

（1）声明类模板时，要在类的前面加一行语句：

```
template<class 虚拟类型参数>
```

例如：

```
template  <class T>
classCompare
{……};
```

（2）用类模板定义对象时用以下形式：

```
类模板名<实际类型名>        对象名;
类模板名<实际类型名>        对象名（参数表）;
```

例如：

```
Compare<int> cmpi;
Compare<int> cmpi(4,9);
```

（3）如果在类模板外定义成员函数，应写成类模板形式：

```
template<class 虚拟类型参数>
函数类型类模板名<虚拟类型参数>：：成员函数名（函数形参表）
{……}
```

7.3.2 类模板举例

下面通过例 7-4 进一步讲解类模板的运用。

例 7-4 定义和使用类模板。

```
//Example 7-4
#include<iostream>
using namespace std;
template <class T>
class Vector
{
    T* data;
    int size;
public:
    Vector(int);
    ~Vector(){  delete []data;  }
    T& operator[](int i)    {  return data[i];  }
};
template <class T>
Vector<T>::Vector(int n)
{
    data = new T[n];
    size = n;
}
int main()
{
    Vector<int>  x(5);
    for(int i=0;i<5;i++)
        x[i]=i;
    for(int j=0;j<5;j++)
        cout<<x[j]<<' ';
    cout<<endl;
    return 0;
}
```

程序运行输出结果：

```
0 1 2 3 4
```

该程序定义了一个类模板 Vector<T>，它有一个类型参数 T，该类模板有 3 个公有成员函数：

（1）构造函数，能够创建一个一维数组；构造函数在类体外定义，在函数模板名前加上 Vector<T>::来限定；

（2）析构函数，释放空间；

（3）运算符重载函数 operator[]()，重载运算符[]。

程序的主函数中生成了一个模板类 Vector<int>，并使用该模板类定义了 int 型数组 x，程序对数组进行赋值和输出。

例 7-5 在例 7-4 的基础上做了改进。

例 7-5　定义和使用类模板。

```
//Example 7-5
#include<iostream>
#include<stdlib.h>
#include<iomanip>
using namespace std;
template<class T>
class Vector
{
    T *elems;
    int size;
public:
    Vector (int s);
    ~ Vector ();
    T SUM();
    T &operator[](int);
    void operator=(T);
};
template<class T>
Vector <T>:: Vector (int s)
{
    size=s;
    elems=new T[size];
    if(!elems)
    {
        cout<<"不能创建这个数组! \n";
        exit(1);
    }
    for(int i=0;i<size;i++)
        elems[i]=0;
}
template<class T>
Vector <T>::~ Vector ()
{
    delete elems;
}
template<class T>
T Vector <T>::SUM()
{
```

```
    T temp=0;
    for(int m=0;m<size;m++)
        temp=temp+elems[m];
    return temp;
}
template<class T>
T & Vector <T>::operator[](int subscript)
{
    if(subscript<0||subscript>size-1)
    {
        cout<<"指定的下标"<<subscript<<"越界\n";
        exit(1);
    }
    return elems[subscript];
}
template<class T>
void Vector <T>::operator=(T temp)
{
    for(int i=0;i<size;i++)
        elems[i]=temp;
}

int main()
{
    int i, n=8;
    Vector <int>arr1(n);
    Vector <char>arr2(n);
    for(i=0;i<n;i++)
    {
        arr1[i]='a'+i;
        arr2[i]='a'+i;
    }
    cout<<setw(8)<<"ASCII码"<<setw(8)<<"字符"<<endl;
    for(i=0;i<n;i++)
        cout<<setw(6)<<arr1[i]<<setw(8)<<arr2[i]<<endl;
    cout<<"arr1的数据元素之和是"<<arr1.SUM()<<endl;
    cout<<"arr1[11]的值是"<<arr1[11]<<endl;
    return 0;
}
```

程序运行输出结果：

```
ASCII码     字符
    97       a
    98       b
    99       c
   100       d
   101       e
   102       f
   103       g
   104       h
arr1的数据元素之和是804
```

指定的下标“11”越界

该程序定义了一个数组的类模板 Vector <T>。该类模板有 5 个公有成员函数：

（1）构造函数，能够创建一个一维数组；

（2）析构函数，释放空间；

（3）SUM()函数，对数组元素求和；

（4）运算符重载函数 operator=()，重载赋值运算符“=”；

（5）运算符重载函数 operator[]()，重载运算符“[]”，判断数组是否越界，当发生越界时产生错误信息并中断程序的执行。

由于这五个函数都是函数模板且在类体外定义，因此，在函数模板名前都加上 Vector <T>:: 来限定。

思考

利用该程序中的类模板，求数组中的最大值和最小值。

7.4 C++泛型编程与标准模板库简介

标准模板库（Standard Template Library，STL）是一个高效、实用的 C++程序库。它被容纳于 C++标准程序库中，是 ANSI/ISO C++标准中最新的，也是极具革命性的一部分。该库包含了诸多计算机科学领域里常用的基本数据结构和基本算法，为广大 C++程序员们提供了一个可扩展的应用框架，高度体现了软件的可复用性。

7.4.1 STL 概述

STL 在 C++程序设计中的作用是提供一个可供函数调用的组件和函数库，当需要时通过接口来调用，STL 的目的是标准化组件，用户不用重新开发它们，就可以使用这些现成的组件。STL 现在是 C++的一部分，被内建在编译器之内。

虽然 STL 是一个模板库，但其中也包含了许多部分。一般来说，STL 由如下六个部分组成。

（1）容器（Containers）：用于管理数据集合，包括各种数据结构，比如，vector、list、deque、set、map 用来存放数据。

从实现的角度来看，STL 容器是一种类模板。

（2）算法（Algorithms）：定义了计算过程，其包括各种算法，比如，sort、search、copy、erase 等。

从实现的角度来看，STL 算法是一种函数模板。

（3）迭代器（Iterators）：提供了遍历容器的方法，它扮演了容器与算法之间的胶合剂，即“泛型指针”。共有 5 种类型及其他衍生变化。

从实现角度来讲，STL 迭代器是一种将 operator*、operator->、operator++、operator--等指针相关操作予以重载的类模板。所有的 STL 容器都附有自己专属的迭代器。

（4）仿函数（Functors）：将函数封装在对象中，供其他组件使用。行为类似函数，可作为算法的某种策略。

从实现角度来看，它是一种重载了 operator()的类或者类模板，一般的函数指针可被视为狭义的仿函数。

（5）配接器（Adapters）：一种用来修饰容器、仿函数或迭代器的接口，如 STL 提供的 queue 和 stack，虽然看似容器，其实只能算一种容器配接器，因为它们底部完全借助 deque，所有操作都有底层的 deque 供应。改变 functor 接口的被称为 function adapter，改变 container 接口的被称为 container adapter。

（6）配置器（Allocators）：负责空间配置与管理。

从实现角度来看，配置器是一个实现了动态空间配置、空间管理、空间释放的类模板。

STL 的代码从广义上来讲可分为三类：容器（Containers）、算法（Algorithms）、迭代器（Iterators）。几乎所有的代码都采用了模板类和模板函数的方式，这相比于传统的由函数和类组成的库来说提供了更好的代码重用机会。简单来说，它们之间的关系如图 7-1 所示。

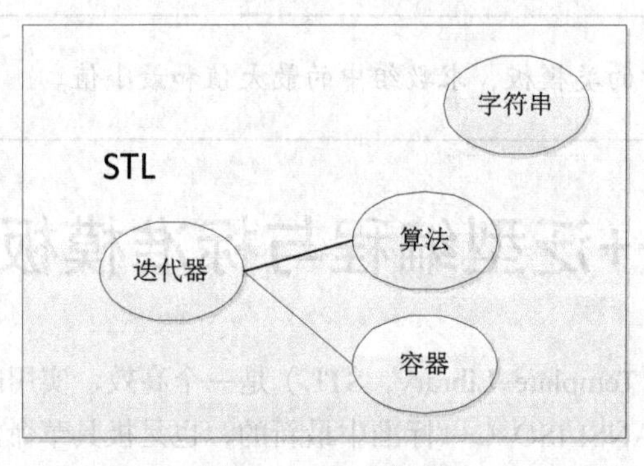

图 7-1 STL 的组成

在 C++标准中，STL 被组织为下面的 13 个头文件：<algorithms>、<deque>、<functional>、<iterator>、<vector>、<list>、<map>、<memory>、<numeric>、<queue>、<set>、<stack>和<utility>。

7.4.2 容器

STL 容器允许重复利用已有的实现构造自己特定类型下的数据结构，通过设置一些模板类，这些模板的参数允许用户指定容器中元素的数据类型，从而可以提高编程效率。

容器部分主要由头文件<deque>、<vector>、<list>、<map>、<queue>、<set>、<stack>组成。表 7-1 所示为常用的容器和容器适配器与头文件的对应关系。

表 7-1 容器与头文件对应关系

数据结构	描述	实现头文件
向量（vector）	连续存储的元素	<vector>
列表（list）	由节点组成的双向链表，每个节点包含一个元素	<list>
双队列（deque）	连续存储的指向不同元素的指针所组成的数组	<deque>
集合（set）	由节点组成的红黑树，每个节点都包含着一个元素，节点之间以某种作用于元素对的谓词排列，没有两个不同的元素能够拥有相同的次序	<set>
栈（stack）	后进先出的值的排列	<stack>
队列（queue）	先进先出的值的排列	<queue>
映射（map）	由｛键，值｝对组成的集合，以某种作用于键对上的谓词排列	<map>

1. 向量

需在头文件加入：#include<vector>。

向量是一种 vector 容器类，向量就像是盛放变长数组的容器，大约所有 STL 容器中有一般是基于向量的。vector 是一种动态数组，是基本数组的类模板。其内部定义了很多基本操作。vector 类中定义了四种构造函数。

（1）默认构造函数：其构造了一个初始长度为 0 的向量，其调用方式如下：

```
vector<int>      v1;
```

（2）带有单个整型参数的构造函数：此参数描述了向量的初始大小，该构造函数还有一个可选的参数，这是一个类型为 T 的实例，描述了各个向量中各成员的初始值，其调用方式如下：

```
vector<int>    v2(init_size, 0);    //如果预先定义了 init_size 其成员值都初始化为 0
```

（3）复制构造函数：构造一个新的向量，作为已存在的向量的完全复制，其调用方式如下：

```
vector<int>      v3(v2);
```

（4）含有两个常量参数的构造函数：产生初始值为一个区间的向量。区间由一个半开区间[first, last]来指定，其调用方式如下：

```
vector<int>      v4(first, last);
```

此外，在实际程序中使用较多的还是向量类的成员函数，其常用的成员函数包括：

begin()、end()、push_back()、insert()、assign()、front()、back()、erase()、empty()、at()、size()。

2. 列表

需在头文件加入：#include<list>。

列表也是容器类的一种，其控制的长度为 N 的序列是以一个有着 N 个节点的双向链表来存储的，支持双向迭代器。使用列表的有时是可以在链表中插入和删除的元素或者子链表，只需改变前后指针就可实现。

列表类的定义如下：

```
typedef list<T, allocator<T>> mycont;       //使用默认模板参数，可以省略第二个参数
```

例如，下列语句定义了两个 list 容器：

```
class TMyClass;
typedef list<TMyClass> TMyClassList;           //用于存放对象的 list 容器
typedef list<TMyClass*> TMyClassPtrList;      //用于存放对象指针的 list 容器
```

其成员函数及作用如下所示。

resize：被控序列的长度改为只容纳 n 个元素，超出元素被删除。

clear：删除所有元素。

front，back：存取被控序列的第一个元素；存取被控序列的最后一个元素。

push_back：向对象末端插入值为 x 的元素。push_front 为对象开始处插入元素；pop_back 为删除最后一个元素；pop_front 为删除第一个元素。

assign：为了将被控序列替换成由（first, last）所指定的序列。

insert：为了在迭代器 it 指定的元素前插入一个元素。

erase：删除 it 所指定的元素。

splice：将一系列的列表节点接入到一个列表中。

remove：删除所有值等于 v 的元素。

sort：将序列排序。

merge：将两个有序排序序列合并。

reverse：翻转整个序列。

3. 集合

需在头文件加入：#include<set>。

集合也是容器的一种，它的特点是集合中的元素值是唯一的。在集合中，所有的成员都是排列好的。如果先后往一个集合插入：23、12、0、42、123，则输出该集合时为：0、12、23、42、123。

4. 双端队列

需在头文件加入：#include<deque>。

双端队列是一个 queue 容器类（队列容器），与 vector 类似，支持随机访问和快速插入删除，它在容器中某一位置上的操作所花费的线性时间。与 vector 不同的是，deque 还支持从开始端插入数据，因为其包含在开始端插入数据的函数 push_front()。

5. 栈

需在头文件加入：#include<stack>。

容器栈是一种特殊的容器，其特征是后进先出，即先进来的元素放在栈底，最后才能取出。栈容器支持的操作有如下五种。

empty：如果栈为空，返回 true；否则返回 false。

size：返回栈中元素的个数。

pop：删除，但不返回栈顶元素。

top：返回，但不删除栈顶元素。

push：放入新的栈顶元素。

6. 映射

需在头文件加入：#include<map>。

映射用于对数据进行快速和高效的检索。

例 7-6 使用向量，将字符串传送到字符向量中并显示。

```
//Example 7-6
#include<vector>                          //STL 向量的头文件
#include<iostream>
using namespace std;
char* s="Hello world";                    //定义字符数组
void main()
{
    vector<char> vec;                     //声明一个字符向量 vector
    vector<char> :: iterator vi;          //为字符数组定义一个游标 iterators
    char *p=s;                            //定义指针指向字符串
    while(*p!='\0')                       //初始化字符向量，把数据填充到字符向量中
    {
        vec.push_back(*p);                //push_back 函数将数据放在向量的尾部
        p++;
    }
    for(vi=vec.begin();vi!=vec.end();vi++)
```

```
    //begin 返回向量起始元素的游标，end 返回向量末尾元素的游标
    {
        cout<<*vi;                              //将向量中的字符一个个的显示出来
    }
    cout<<endl;
}
```

程序运行输出结果：

```
————————————
Hello world
————————————
```

7.4.3　算法

算法是 STL 的重要组成部分。STL 提供了大约 100 个实现算法的模板函数，用户可以通过调用算法模板完成所需的功能，这样大大地提高了用户使用 C++进行程序设计的效率。

一般来说，STL 中的算法部分主要由头文件<algorithms>、<numeric>、<functional>组成。其中，头文件<algorithms>由模板函数组成，常见的函数涉及比较、交换、查找、排序等。例 7-7 中就用到该头文件中的算法。

例 7-7　使用 STL 中的排序算法实现排序。

```
//Example 7-7
#include<iostream>
#include<algorithm>                                         //该头文件含有算法相关函数
#include<functional>
#include<vector>                                            //该头文件含有向量相关函数
using namespace std;
class myclass
{
public:
    myclass(int a,int b):first(a),second(b){}  //构造函数
    int first;
    int second;
    bool operator<(const myclass &m)const       //重载运算符<
    {
        return first<m.first;
    }
};
bool less_second(const myclass &m1, const myclass &m2)         //根据第二个元素返回
{
    return m1.second<m2.second;
}
int main()
{
    vector<myclass> vect;                           //创建对象
    for(int i=0;i<10;i++)
    {
        myclass my(10-i,i*3);                       //创建对象并初始化
        vect.push_back(my);                         //写入向量
    }
    for(int i=0;i<vect.size();i++)
```

```
        cout<<"("<<vect[i].first<<","<<vect[i].second<<")\n"; //输出未排序的向量
    sort(vect.begin(),vect.end());
    cout<<"after sorted by first:"<<endl;                       //调用排序算法
    for(int i=0;i<vect.size();i++)
        cout<<"("<<vect[i].first<<","<<vect[i].second<<")\n";  //输出按第一个值排序的结果
    cout<<"after sorted by second:"<<endl;
    sort(vect.begin(),vect.end(),less_second);                 //调用排序算法
    for(int i=0;i<vect.size();i++)
        cout<<"("<<vect[i].first<<","<<vect[i].second<<")\n";  //输出按第二个值排序的结果
    return 0;
}
```

程序运行输出结果：

```
(10,0)
(9,3)
(8,6)
(7,9)
(6,12)
(5,15)
(4,18)
(3,21)
(2,24)
(1,27)
after sorted by first:
(1,27)
(2,24)
(3,21)
(4,18)
(5,15)
(6,12)
(7,9)
(8,6)
(9,3)
(10,0)
after sorted by second:
(10,0)
(9,3)
(8,6)
(7,9)
(6,12)
(5,15)
(4,18)
(3,21)
(2,24)
(1,27)
```

该程序创建了十组数，分别为(10,0)，(9,3)，(8,6)，(7,9)，(6,12)，(5,15)，(4,18)，(3,21)，(2,24)，(1,27)。程序包含了头文件<algorithm>和<functional>，调用了 STL 中的 sort 算法函数进行排序。第一次排序按照第一个元素值升序排列，第二次排序按照第二个元素值升序排列。

7.4.4　迭代器

迭代器实际上是一种泛化指针，如果一个迭代器指向了容器中的某一成员，那么迭代器将可以通过自增和自减来遍历容器中的所有成员。迭代器是联系容器和算法的媒介，是算法操作容器的接口，如图 7-2 所示。

图 7-2　迭代器的作用

简单来说，STL 提供的所有算法几乎都是通过迭代器存取元素序列进行工作的，每一个容器都定义了它本身所专有的迭代器，用以存取容器中的元素。在前面运用算法操作容器时，就在不知不觉中使用了迭代器。

STL 中的迭代器主要由头文件<utility>、<iterator>、<memory>组成。其中，<utility>包括了贯穿使用在 STL 中的几个模板的声明，<iterator>头文件中提供了迭代器使用的许多方法。<memory>头文件中的主要部分是模板类 allocator，它负责产生所有容器中的默认分配器。

7.5　二级考点解析

7.5.1　考点说明

本章二级考点主要包括：了解函数模板的定义和使用方式，简单了解类模板的定义和使用方式。

7.5.2　例题分析

1. 在下列关于模板形参描述中，错误的是（　　）。

   A. 模板形参表必须在关键字 template 之后

   B. 模板形参表必须用括号（ ）括起来

   C. 可以用 class 修饰模板形参

   D. 可以用 typename 修饰模板形参

解析：函数模板的一般定义格式如下：

```
template <class T>或<typenameT>
返回类型函数名(参数表)
{函数体}
```

答案：B

2. 有如下模板声明：

```
template<typename T1, typename T2>class A;
```

在下列声明中，与上述声明不等价的是（　　）。

   A. template<class T1, class T2>class A;

   B. template<class T1, typename T2>class A;

   C. template<typename T1, class T2>class A;

D. template<typename T1, T2>class A;

解析：函数模板的一般定义格式 template <class T>或<typename T>，class 和 typename 通用。

答案：D

3. 有如下函数模板定义：

```
template<typename T1, typename T2>
T1 FUN(T2 n){return n*5.0;}
```

若要求以 int 型数据 9 作为函数实参调用该模板，并返回一个 double 型数据，则该调用应表示为（　　）。

A. FUN(9)　　B. FUN<9>

C. FUN<double>(9)　　D. FUN<9>(double)

解析：函数返回类型是 double，则 T1 为 double 型，T2 为 int 型。

答案：C

4. 程序改错题。

使用 VC++6.0 打开考生文件夹下的源程序文件 1.cpp，该程序运行时有错误，请改正错误，使程序通过运行，程序输出结果为：

```
5
a
1
```

注意：不要改动 main 函数，不能增加或删除行，也不能更改程序的结构，错误的语句在//******error******的下面。

试题程序：

```
#include<iostream>
template<class T>
//******error******
t min(t x, t y)                    //(1)
{
    return (x>y)?y:x;
}
int main()
{
    int n=5;
    //******error******
    char c="a";                    //(2)
    int d=1;
    //******error******
    cout<<min(n,n)<<endl;          //(3)
    cout<<min(c,c)<<endl;
    cout<<min(d,d)<<endl;
    return 0;
}
```

解析：

由于 C++是区分大小写的，template<class T>中定义的虚拟类型参数为 T，所以（1）处改为 T min(T x, T y)。（2）处定义了一个字符型变量 c，为字符赋值应该用‘’，双引号""是表示字符串的，因此（2）处改为 char c='a'；在程序中用到 C++标准库时，要使用 std 标准命名空间进行限定。程序中用到了 cout，所以（3）处要添加 using namespace std;

答案：

（1）处改为 T min(T x, T y);

（2）处改为 char c='a';

（3）处改为 using namespace std。

5. 程序改错题。

使用 VC++6.0 打开考生文件夹下的源程序文件 1.cpp，该程序运行时有错误，请改正错误，使程序通过运行，程序输出结果为：

```
Hello
test
```

注意：不要改动 main 函数，不能增加或删除行，也不能更改程序的结构，错误的语句在//******error******的下面。

试题程序：

```
#include<iostream>
//******error******
template<T>                         //(1)
void fun(T t)
{
    std::cout<<"test"<<std::endl;
}
//******error******
template<bool>                      //(2)
void fun(bool t)
{
    std::cout<<(t?"Hello":"Hi")<<std::endl;
}
int main()
{
    //******error******
    bool flag=TRUE;                 //(3)
    fun(flag);
    fun((int)flag);
    return 0;
}
```

解析：

函数模板的一般定义格式 template <class T>或<typename T>，所以（1）处改为 template<class T>。（2）处的 void fun(bool t)函数中 t 变量是普通的布尔型变量，不是模板变量，没有使用到模板，所以（2）处删除 template<bool>。由于 C++是区分大小写的，（3）处的布尔型变量 flag 要赋值为逻辑真，应为 true，（3）处改为 bool flag=true;

答案：

（1）处改为 template<class T>;

（2）处删除 template<bool>;

（3）处改为 bool flag=true。

7.6 本 章 小 结

本章重点介绍了模板的基本概念、函数模板和类模板，以及C++泛型编程与标准模板库。

模板是实现代码复用的一种工具，是参数多态的一种体现。C++的模板有两种不同的形式：函数模板和类模板。函数模板实际上是建立一个通用函数，其函数类型和形参类型不具体指定，用一个虚拟的类型来代表；类也声明一个通用的类模板，使得实例化类中的某些数据成员、某些成员函数的参数或者返回值，能取任意数据类型。

STL提供了一个可供函数调用的组件和函数库，是一个模板库。STL的代码从广义上来讲可分为三类，分别是容器（Containers）、算法（Algorithms）和迭代器（Iterators）。容器用于管理数据集合，其包括各种数据结构，如vector、list、deque、set、map等，STL容器是一种class template；算法定义了计算过程，STL包括各种算法，如sort、search、copy、erase等，STL算法是一种函数模板。迭代器提供了遍历容器的方法，它是容器与算法之间的“胶合剂”——“泛型指针”，STL迭代器是一种将operator*、operator->、operator++、operator--等指针相关操作予以重载的类模板。

7.7 习　　题

1. 什么是模板?
2. 函数模板如何定义?函数模板与模板函数之间有什么关系?
3. 类模板如何定义?类模板与模板类之间有什么关系?
4. 类模板可以作为基类定义派生类模板吗?
5. 分析下列程序的输出结果。

```
#include<iostream>
using namespace std;
template <class T>
T max(T a,T b)
{
    return (a>b ? a:b);
}
int main()
{
    cout<<max(8,10)<<","<<max(5.8,6.9)<<endl;
return 0;
}
```

6. 分析下列程序的输出结果。

```
    #include <iostream>
#include <string.h>
using namespace std;
    template <class T>
```

```
    T Max(T x,T y)
{
    return x>y? x:y;
}
char  *Max( char *x,char *y)
{
    if(strcmp(x,y)>=0)
        return x;
    else
        return y;
 }
int main()
{
    Int    a(20),b(9);
    cout<<Max(a,b) <<endl;
    double    m=11.2,n=9.5;
    cout<<Max(m,n) <<endl;
    char x='G',y='L';
    cout<<Max(x,y) <<endl;
    char *s1="cdkl",*s2="cdmn";
    cout<<Max(s1,s2)<<endl;
    return 0;
}
```

7. 分析下列程序的输出结果。

```
#include<iostream>
using namespace std;
template <class T>
class Sample
{
    T n;
    public:
        Sample(T i){n=i;}
        void operator++();
        void disp(){cout<<"n="<<n<<endl;}
};
template <class T>
void Sample<T>::operator++()
{     n+=1;
}
int main()
{
        Sample<char> s('a');
        s++;
        s.disp();
        return 0;
}
```

8. 分析下列程序的输出结果。

```
#include<iostream>
using namespace std;
class Base_A
```

```
{
public:
    Base_A(){cout<<"创建 Base_A"<<endl;}
};
    class Base_B
{
public:
       Base_B(){ cout<<"创建 Base_B"<<endl;}
};
template<typename T>
class Derived:public T
{
public:
       Derived():T(){ cout<<"创建 Derived"<<endl;}
};
void main()
{
    Derived<Base_A> a;
    Derived<Base_B> b;
}
```

9. 用函数模板实现对一维数组的排序功能，并用 int 型、double 型对其进行验证。

10. 设计一个数组类模板，完成对数组元素的查找功能，并用 int 型、double 型对其进行验证。

第8章 I/O流

数据从键盘流入内存，或者从内存流出到显示器都离不开输入/输出操作。C++语言中没有输入输出语句，这样做的目的是为了最大限度地保证语言与平台的无关性，保证输入/输出的操作不被限制在某一个操作系统上。为此，C++内嵌了一个的输入/输出工具包，支持对文件以及一些I/O设备的读写操作，这个工具包就是I/O流标准库，通过这个标准库，用户不仅可以直接针对系统已有的数据类型进行输入/输出操作，还可以通过重载运算符对用户自己定义的数据类型对象进行I/O操作。本章将介绍：C++输入/输出流的基本概念、输入/输出中的基本格式控制以及文件的I/O操作。

8.1 I/O流的概念

C语言中的输入/输出都是由库函数（如scanf和printf）来实现的。往往不能保证数据输入/输出的可靠性。例如，printf("%d", "hello")；其中，格式控制%d错误，但是编译系统并不会报错，而是输出字符串的起始地址；又例如：int a; scanf("%d", a)；语句中漏写了"&"，但程序编译时同样不会检查出错误，而把a的值作为地址，将输入的数据存放到该地址所代表的内存中，引起运行出错。C++利用I/O流（如cin和cout）进行简单的输入/输出，编译系统对数据类型进行严格的检查，凡是类型不正确的数据都不能通过编译。因此C++的I/O操作可以保证类型安全。

另外，C++的类机制使得它能建立一套可扩展的I/O系统，通过修改和扩充，能用于用户自己声明的类型的对象的输入/输出。例如，对运算符“<<”和“>>”的重载就是扩展的例子。可扩展性提高了软件的重用性，提高了软件开发的效率。

由此，我们可以看到C++在输入/输出方面相比C语言的优势所在。接下来，将详细的介绍C++输入/输出流。

数据输入和输出的过程就像流水一样，从一处流向另一处，在C++中称为流（Stream），在数据流中流动的是若干字节序列。通常把数据从输入设备（如键盘和磁盘）流入到程序（内存）的过程称为输入流，而当数据从程序（内存）流出到输出设备（如：屏幕、打印机、磁盘等）的过程称为输出流。输入流和输出流中的内容可以包括ASCII码、二进制数据、图像视频音频等各种格式的信息。

输入流和输出流都带有内存缓冲区，用来存放流中的数据。当用cout和插入运算符“<<”向显示器输出数据时，先把数据插入到输出流（cout流），送到程序的输出缓冲区保存，指导缓冲区满了或者遇到endl，就将缓冲区中的全部数据送到显示器显示。在输入时，从键盘输入的数据

先放到键盘的缓冲区中。当按回车键时，键盘缓冲区中的数据输入到程序中的输入缓冲区，形成 cin 流，然后用提取运算符“>>”从输入缓冲区中提取数据送给程序的有关变量。

在 C++中，将输入流和输出流都分别定义为类，这些类放在 C++语言的 I/O 流类库中，cin 和 cout 都是 iostream 类的流对象。

C++包含一系列流类库，这些流类库是用继承方式建立起来的用于输入/输出的类库。这些类有两个基类：ios 类和 streambuf 类，其他流类都是从这两个基类派生出来的。通过 C++流类库，可以实现丰富的 I/O 功能，如图 8-1 所示。

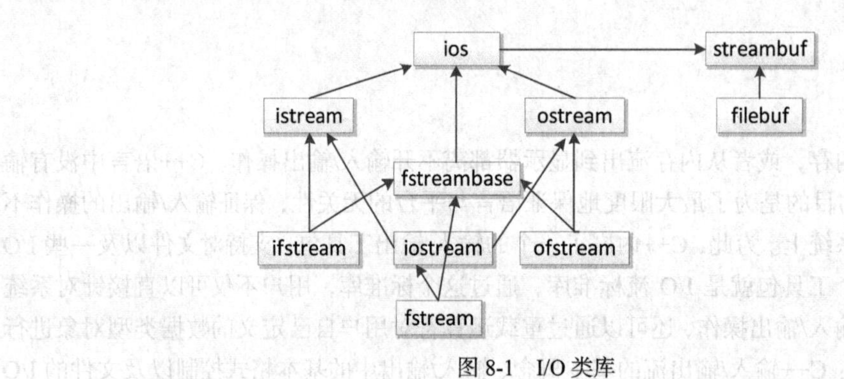

图 8-1　I/O 类库

ios 类是输入/输出操作在用户端的接口，提供输入/输出服务。streambuf 是处理流缓冲区的类，是数据在缓冲区中的管理和数据输入/输出缓冲区的实现。也就是说，ios 负责上层操作，而 streambuf 负责底层操作，为 ios 提供物理级支持。

流类库中包含许多输入输出的类，常见的流类如表 8-1 所示。

表 8-1　I/O 类库中的常见流类

类　名	作　用	声明的头文件
ios	抽象基类	iostream
istream	通用输入流和其他输入流的基类	
ostream	通用输出流和其他输出流的基类	
iostream	通用输入/输出流和其他输入/输出流的基类	
ifstream	输入文件流类	fstream
ofstream	输出文件流类	
fstream	输入输出文件流类	
istrsteam	输入字符串流类	strstream
ostrstream	输出字符串流类	
strstream	输入/输出字符串流类	

流类库的定义包含在如下几个头文件中。

<iostream>：包括 istream、ostream、iostream 以及 cin、cout、ceer 和 clog 对象的定义，同时也提供了非格式化和格式化的 I/O 服务。若要进行针对标准设备的 I/O 操作，则必须包含此文件。

<strstream>：包含 istrstream、ostrstream、strstream 的定义，若要使用字符串流象进行针对内存字符串空间的 I/O 操作，则必须包含此文件。

<fstream>：包含 ifstream、ofstream、fstream 定义，若要使用文件流对象进行针对磁盘文件的

I/O 操作，则必须包含此文件。

<iomanip>：在使用格式化 I/O 时应包含此头文件。包括 sets、fixed 等操作符的定义，包含此文件后才能利用操作符函数进行格式化 I/O 操作。

8.2 预定义格式的输入/输出

预定义格式的输入/输出是指按照系统预定义的格式进行的输入/输出操作。每个 C++程序都能使用标准 I/O 流，如标准输入、标准输出。cin 用来处理标准输入，即键盘输入；cout 用来处理标准输出，即屏幕输出。它们定义在头文件 iostream 中，使用 cin、cout 之前需要包含此文件，格式如下：

```
#include <iostream>
```

iostream 头文件包含了对输入输出流进行操作所需的基本信息，因此大多数 C++程序都包括 iostream。在 iostream 头文件中不仅定义了有关的类，还定义了四种流对象，如表 8-2 所示。

表 8-2 iostream 头文件中定义的四种流对象

对　象	含　义	对 应 设 备	对 应 的 类
cin	标准输入流	键盘	istream_withassign
cout	标准输出流	屏幕	ostream_withassign
cerr	标准错误流	屏幕	ostream_withassign
clog	标准错误流	屏幕	ostream_withassign

8.2.1 预定义格式输出

预定义的插入运算符“<<”，作用在流类对象 cout 上，实现默认格式的屏幕输出。

使用 cout 输出表达式值到屏幕上的格式如下：

```
cout<<E1<<E2<<…<<Em;
```

其中“<<”是预定义的重载运算符，cout 是标准输出设备的流对象名，E1、E2、…、Em 均为表达式，功能是计算各表达式的值，并将结果输出到屏幕当前光标处。

使用插入符必须包含< iostream >文件，在 ostream 类有定义了一组对“<<”重载的函数，用它能输出各种基本类型的数据。例如：

```
ostream& operator<<(int);          //向输入流插入 int 型数据
ostream& operator<<(float);        //向输入流插入 float 型数据
ostream& operator<<(double);       //向输入流插入 double 数据
ostream& operator<<(char*);        //向输入流插入字符串数据
```

例如：

```
cout<<"Welcome to c++! ";
```

实际上调用了如下函数：

```
cout.operator<<("Welcome to c++! ");
```

选择参数为 char*的重载运算符函数，将字符串插入到 cout 流对象中，该函数返回值是 ostream

类的对象引用，因此，可以连续使用插入符输出多个表达式的值。

例 8-1 解一元二次方程 $ax^2+bx+c=0$，其一般解为 $x_{1,2}=\frac{-b\pm\sqrt{b^2-4ac}}{2a}$，如果 $a=0$ 或 $b^2-4ac<0$ 时，用此公式出错，用 cerr 流输出有关信息。

```
//Example 8-1
#include <iostream>
#include <cmath>
using namespace std;
int main()
{
    float a,b,c,disc;
     cout<<"please input a,b,c:";
     cin>>a>>b>>c;
     if (a==0)
        cerr<<"a is equal to zero,error!"<<endl;
     else if ((disc=b*b-4*a*c)<0)
        cerr<<"disc=b*b-4*a*c<0"<<endl;
     else
       {
        cout<<"x1="<<(-b+sqrt(disc))/(2*a)<<endl;
        cout<<"x2="<<(-b-sqrt(disc))/(2*a)<<endl;
       }
     return 0;
}
```

程序运行输出结果：

```
please input a,b,c:0 4 2↙
a is equal to zero,error!
please input a,b,c:7 2 4↙
disc=b*b-4*a*c<0
please input a,b,c:2 6 1↙
x1=-0.177124
x2=-2.82288
```

cerr（console error）流对象是标准错误流，用于向标准错误输出设备输出有关出错信息。其用法与 cout 类似，但有一点不同：cout 流可以传送到显示器，也可以输出到磁盘文件，而 cerr 流只能显示器输出。clog（console log）流对象也是标准错误流，作用与 cerr 相同，但有一个区别：cerr 不经过缓冲区直接输出到显示器；而 clog 流先存放在缓冲区，缓冲区满或遇到 endl 后再输出到显示器。

8.2.2 预定义格式输入

“>>”是预定义的提取运算符，作用在流类对象 cin 上，用于实现默认格式的键盘输入。使用 cin 将数据输入到变量的格式如下：

```
cin>>V1>>V2>>…>>Vn;
```

其中，V1、V2、…、Vn 都是变量，cin 是 istream 类的派生类的对象，它从标准输入设备（键盘）获取数据，程序中的变量通过提取符“>>”从流中提取数据。用户输入数据时，各数据间用空格、Tab 键或者换行符分隔。输入的数据类型要与接收变量的类型一致，输入完后按【Enter】键结束。

只有在键盘输入完数据并按【Enter】键后，该行数据才被发送到缓冲区，形成输入流，提取运算符“>>”才能从中提取数据。在遇到无效字符或者文件结束符时，输入流 cin 就处于出错状态，即无法正常提取数据，此时对 cin 流的所有提取操作将被终止。当输入流 cin 处于出错状态时，cin 的值为 false（0）。当输入流处于正常状态时，cin 的值为 true（非零值）。可以通过测试 cin 的值，来判断流对象是否处于正常状态和提取操作是否成功。

例 8-2　输入不同的数据，测试输入流 cin 的值并分析结果。

```
//Example 8-2
#include <iostream>
using namespace std;
int main( )
{
    int i,j;
    cout<<"Enter i j: ";
    cin>>i>>j;
    cout<<"cin:"<<cin<<endl;
    if(!cin)
        cout<<"error"<<endl;
    cout<<i<<','<<j<<endl;
    return 0;
}
```

程序运行输出结果：

```
(1)Enter i j: 1 2↙
cin:0x0042BA14
1,2
(2)Enter i j: 1 x↙
cin:0x00000000
error
1,0
(3)Enter i j: 2x 3y↙
cin:0x00000000
error
2,0
(4)Enter i j: 3 4y↙
cin:0x0042BA14
3,4
```

（1）从键盘输入两个整数 1 和 2，变量 i 和 j 分别提取的值为 1 和 2，cin 为非零值，表示正常状态。

（2）从键盘输入 1 和 x，变量 i 获取整数 2，变量 j 提取 x 操作失败。cin 处于错误状态，值为 0，并结束输入操作。

（3）从键盘输入 2x 和 3y，变量 i 和 j 都提取操作失败，cin 处于错误状态，值为 0，并结束输入操作。

（4）从键盘输入 3 和 4y，变量 i 获取整数 3，变量 j 截取整数 4，cin 为非零值，表示正常状态。

8.2.3 使用成员函数输出

（1）使用 put()输出一个字符

ostream 类中提供了输出一个字符的成员函数 put()。

一般格式如下：

```
ostream &<流对象名>.put (char c);
```

例如：

```
cout.put('A');                    //将字符'A'输出到显示屏上
```

put()函数的参数可以是字符变量、字符常量或 ASCII 码值。

思考

```
int a=97, b=98;
cout.put('Z'). put('E'). put('R'). put('O') .put('\n');
cout.put(char(a)). put(char(b))<<endl;
```

输出的结果是什么？并在程序里验证。

（2）使用 write()输出字符串

I/O 流类库中提供了字符串输出的函数 write()。

一般格式如下：

```
cout.write(const char *str, int n);
```

其中，参数 str 用于存放字符串的字符指针名或字符数组名，n 用于指定输出字符串中字符个数的 int 型数。该函数的功能是将存放字符数组中的字符串输出指定的字符个数到某个输出流类对象 cout 中。

例如：

```
char *s="program";
cout.write(s,strlen(s))<<endl;          //输出 program
```

8.2.4 使用成员函数输入

（1）使用 get()获取一个字符

成员函数 get()可以从输入流中提取一个字符（包括空白字符），函数的返回值就是读入的字符。其调用形式为：

```
cin.get();
```

例 8-3 用 get 函数读入字符。

```
//Example 8-3
#include <iostream>
using namespace std;
int main()
{
char c;
    cout<<"enter a sentence:"<<endl;
    while((c=cin.get())!=EOF)
        cout.put(c);
```

```
    return 0;
}
```

程序运行输出结果：

```
enter a sentence:
This is a new start. ↙
This is a new start.
```

说明

从键盘输入一行字符，用 cin.get()逐个读入字符，将读入字符赋给变量 c。函数如果遇到输入流中的文件结束符，则函数返回值为 EOF（EOF 是 iostream 头文件中定义的符号常量，代表-1）。若 c 的值不等于 EOF，则表示已成功读入一个有效字符，然后可通过 put()函数输出。

事实上，根据 get 函数的具体应用范围的不同，成员函数 get()的用法可以通过函数重载去实现不同的功能，如表 8-3 所示。

表 8-3 get()函数的用法

形　式	说　明
int get()	从流中抽取单个字符并返回
istream& get(char*, int, char)	从流中抽取字符直到终止符('\0')或者抽取字符达到第二个参数给定的数量或者已到文件末尾，将其存储在第一个参数指定的字符数组里
istream& get(char &)	从流中抽取单个字符并存入引用变量中
istream& get(streambuf &, char)	从流中取得字符存入 streambuf 对象，直到终止符或文件尾

（2）使用 getline()读取一行字符串

getline()函数的作用是从输入流中读取一行字符（包括空格符），其格式如下：

```
cin.getline(char *buf, int n, char deline='\n');
```

该函数含有三个参数，buf 是用来存放字符串的字符数组或字符指针，n 用来设置字符个数上限，最后一个参数用来给出输入一行字符的终止符，默认值为'\n'，可以通过此参数改变行终止符。

例如：

```
char s1[30], s2[40];
cin.getline(s1, 30);        //读取一行字符遇'\n'结束（不超过 30 个）
cin.getline(s2, 40, '/');   //读取一行字符遇'/'结束（不超过 40 个）
```

（3）使用 read()读取若干字符

istream 类中还含有一个成员函数 read()，该函数能从输入流中读取指定数目的字符，并存放到指定的地方，其格式如下：

```
cin.read(char *buf,  int n);
```

该函数是从键盘上读取 n 个字符，存放在字符指针 buf 中。

例如：

```
char s1[30]="";
cin.read(s1, 30);
cout<<s1<<endl;
```

8.3 格式化输入/输出

以上介绍的都是按照系统默认的格式进行输入/输出，即无格式输入/输出，主要针对简单的程序和数据，为了方便采取了默认的格式。然而，有时程序需要按照特定的格式进行输入/输出，例如，要求用十六进制输出整数，或者对输出的小数只保留三位小数等，这种按指定的格式输出，被称为格式化输入输出。C++提供了两种方法可以进行输入/输出格式化的操作：一种是用IOS类成员函数控制格式，另一种是利用特定的操作符函数实现格式控制。

8.3.1 用ios类成员函数实现格式化输入/输出

该方法要使用ios类中定义的用来控制格式的标志位和用来设置格式的成员函数。

1. 控制输入/输出的标志位

在流类库根类ios_base中，有一个作为数据成员的格式控制变量，用来记录格式标志；通过设置标志，可以控制格式化输入/输出效果。各种格式标志被定义为枚举类型中的一组符号常量。该枚举的定义如下：

```
enum
{
    skipws          =0x0001
    left            =0x0002
    right           =0x0004
    internal        =0x0008
    dec             =0x0010
    oct             =0x0020
    hex             =0x0040
    showbase        =0x0080
    showpoint       =0x0100
    uppercase       =0x0200
    showpos         =0x0400
    scientific      =0x0800
    fixed           =0x1000
    unitbuf         =0x2000
    stdio           =0x4000
};
```

此枚举类型的每个成员分别定义标志位的一个位。其每个位表示不同的含义，如表8-4所示。引用这些格式标志时要在前面加上类名ios和域运算符“::”。

表8-4 控制输入/输出的标志位

格式标志	值	含 义	输入/输出
iso::skipws	0x0001	跳过输入中的空白符	I
iso::left	0x0002	输出数据按输出域左对齐	O
iso::right	0x0004	输出数据按输出域右对齐	O
iso::internal	0x0008	数据的符号左对齐，数据本身右对齐，符号和数据之间为填充符	O
iso::dec	0x0010	转换基数为十进制形式	I/O

续表

格式标志	值	含　义	输入/输出
iso::oct	0x0020	转换基数为八进制形式	I/O
iso::hex	0x0040	转换基数为十六进制形式	I/O
iso::showbase	0x0080	输出的数值数据前面带有基数符号（0 或 0x）	O
iso::showpoint	0x0100	浮点数输出带有小数点	O
iso::uppercase	0x0200	用大写字母输出十六进制数值	O
iso::showpos	0x0400	正数前面带有符号“+”	O
iso::scientific	0x0800	浮点数输出待用科学表示法	O
iso::fixed	0x1000	使用定点数（小数）形式表示浮点数	O
iso::unitbuf	0x2000	完成输入操作后立即刷新流的缓冲区	O
iso::stdio	0x4000	完成输入操作后刷新系统的 stdout.stderr	O

2. 控制输出格式的成员函数

IOS 类提供了几个用于控制输入/输出格式的成员函数，主要成员函数的使用方法如表 8-5 所示：

表 8-5　控制输出格式的成员函数

设置标志字的成员函数	
long flags()	该函数返回当前标志字
long flags(long)	该函数使用参数更新标志字，并返回更新前的标志字
long setf(long setbits, long field)	该函数用来将 field 参数所指定的标志位清零，将 setbits 参数的标志位置 1，并返回设置前的标志字
long setf (long)	该函数用来设置参数的指定的标志位，并返回更新前的标志字
long unsetf (long)	该函数用来清除参数的指定的标志位，并返回更新前的标志字
设置输出数据所占宽度的成员函数	
int width()	该函数用来返回当前输入的数据宽度
int width(int)	该函数用其参数设置当前输出的数据宽度，并返回更新前的宽度值
设置填充符的成员函数	
char fill()	该函数用来返回当前所用的填充符
char fill(char)	该函数用来设置当前的填充符为参数给定的字符，并返回更新前的填充符
设置浮点数输出精度的成员函数	
int precision()	该函数用来返回当前浮点数的有效数字的个数。浮点数的精度是用有效数字个数来表示的，个数越大，表示精度越高
int precision(int)	该函数用来设置当前浮点数输出时有效数字个数为该函数所制定的参数值，并返回更新前的值

例 8-4　用流对象的成员函数控制输出数据格式。

```
//Example 8-4
#include <iostream>
using namespace std;
int main()
{
```

```
int a=34;
    cout.setf(ios::showbase);
    cout<<"dec:"<<a<<endl;
    cout.unsetf(ios::dec);
    cout.setf(ios::hex);
    cout<<"hex:"<<a<<endl;
    cout.unsetf(ios::hex);
    cout.setf(ios::oct);
    cout<<"oct:"<<a<<endl;
    char *pt="program";
    cout.width(10);
    cout<<pt<<endl;
    cout.width(10);
    cout.fill('*');
    cout<<pt<<endl;
    double p=25.2/6.31;
    cout.setf(ios::scientific);
    cout<<"p=";
    cout.width(15);
    cout<<p<<endl;
    cout.unsetf(ios::scientific);
    cout.setf(ios::fixed);
    cout.width(13);
    cout.setf(ios::showpos);
    cout.setf(ios::internal);
    cout.precision(8);
    cout<<p<<endl;
    return 0;
}
```

程序运行输出结果：

```
dec:34                    （十进制形式）
hex:0x22                  （十六进制形式，0x 开头）
oct:042                   （八进制形式，0 开头）
   program                （域宽为 10）
***program                （域宽为 10，空白处以*填充）
p=**3.993661e+000         （以指数形式输出，域宽 15，默认 6 位小数，空白处以"*"填充）
+**3.99366086             （以小数形式输出，精度为 6，最左侧输出正数符号"+"）
```

说明

（1）成员函数 width 只对其后的第一个输出项有效。如果要求在输出数据时要将多个数据都指定域宽，不能只调用一次 width，而必须在输出每一项前都调用一次 width。

（2）在用成员函数 setf 设置输出格式状态后，如果要改设置为同组的另一状态，应当调用成员函数 unsetf，先终止原来的设置状态，然后再设置其他状态。例如，程序的第 7 行和第 10 行，以及倒数第 6 行。

（3）用 setf 函数设置格式状态时，可以包含两个或多个格式标志，由于这些格式标志在 ios 类中被定义为枚举值，每一个格式标志以一个二进制代表，因此，可以用位或运算符“|”组合多个格式标志。例如，倒数第 5、6 行可以用下面一行代替：

```
cout.setf(ios::internal | ios::showpos);
```

8.3.2　用操作控制符实现格式化输出

格式化输出还可以使用控制符，这些控制符可以直接插入输出流中，使用控制符时在程序开头除需添加 iostream 头文件外，还需要包含 iomanip 头文件。标准输入/输出流的控制符如表 8-6 所示。

表 8-6　　标准输入/输出流的控制符

控　制　符	作　用
dec	设置数值为十进制
hex	设置数值为十六进制
oct	设置数值为八进制
setfill(c)	设置填充字符 c，可以是字符常量或字符变量
setprecision(n)	设置浮点数的精度为 n 位，在以一般十进制小数输出时，n 代表有效数字。在以 fixed 形式或 scientific 形式输出时，n 为小数位数
setw(n)	设置字段宽度为 n 位
setiosflags(ios::fixed)	设置浮点数以固定的小数位数显示
setiosflags(ios::scientific)	设置浮点数以指数形式显示
setiosflags(ios::left)	输出数据左对齐
setiosflags(ios::right)	输出数据右对齐
setiosflags(ios::skipws)	忽略前导的空格
setiosflags(ios::uppercase)	数据以十六进制形式输出时字母为大写
setiosflags(ios::lowercase)	数据以十六进制形式输出时字母为小写
setiosflags(ios::showpos)	输出正数时给出符号“+”

例 8-5　用格式操作符控制输出数据格式。

```
//Example 8-5
#include<iostream>
#include<iomanip>
using namespace std;
int main()
{
    cout<<setw(10)<<987<<654<<endl;
    cout<<987<<setiosflags(ios::scientific)<<setw(15)<<987.654321<<endl;
    cout<<987<<setw(10)<<hex<<987<<endl;
    cout<<987<<setw(10)<<oct<<987<<endl;
    cout<<987<<setw(10)<<dec<<987<<endl;
    cout<<resetiosflags(ios::scientific)<<setprecision(3)<<987.654321<<endl;
    cout<<setiosflags(ios::left)<<setfill('&')<<setw(7)<<987<<endl;
    cout<<setiosflags(ios::right)<<setfill('#')<<setw(7)<<987<<endl;
    return 0;
}
```

程序运行输出结果：

```
       987654
987   9.876543e+002
```

```
987        3db
3db      1733
1733        987
988
987&&&&
####987
```

说明　该程序中使用了 setw 操作符设置域宽，使用 setiosflags 操作符设置标志位等，分别输出了十进制、十六进制和八进制；此外，还对一些输出使用 setfill 操作符进行了字符填充。

格式操作符 setw 只对最靠近它的输出起作用，格式操作符 dec、oct、hex 的作用则一致保持到重新设置为止，格式操作符 setprecision 在输出时做四舍五入处理。

8.4 文件输入/输出

文件是存储在外部介质（如磁盘、光盘、U 盘）上的数据的集合。操作系统是以文件为单位对数据进行管理的。对于用户来说，常用的文件主要有两大类：一类是程序文件，另一类是数据文件。在程序运行时，常常需要将一些数据输出到磁盘上存放，在以后需要时再从磁盘中输入到计算机内存，这种磁盘文件就是数据文件。程序中的输入和输出的对象就是数据文件。根据文件中数据的组织形式，可以将其分为 ASCII 文件和二进制文件。ASCII 文件又称为文本文件或者字符文件，按字节存放 ASCII 码；二进制文件又称为内部格式文件，是把内存中的数据按在内存中的存储形式原样输出到磁盘。

前面介绍的 C++的流对象 cin 和 cout 只能处理 C++中以标准设备为对象的输入/输出，而不能处理以磁盘文件为对象的输入/输出。要处理以磁盘文件为对象的输入/输出，必须另外定义以磁盘文件为对象的输入/输出流对象。在 C++的 I/O 类库中定义了几种文件类，专门用于对磁盘文件的输入/输出操作。例如，以下三个为可用于文件操作的文件类：

（1）ifstream 类，它是从 istream 类派生的，用来支持从磁盘文件的输入；

（2）ofstream 类，它是从 ostream 类派生的，用来支持向磁盘文件的输出；

（3）fstream 类，它是从 iostream 类派生的，用来支持对磁盘文件的输入/输出。

8.4.1 打开文件与关闭文件

1. 打开磁盘文件

打开文件是指在文件读写之前做好准备工作，包括：为文件流对象和指定的磁盘文件建立关联，以便使文件流流向指定的磁盘文件；指定文件的工作方式，如该文件是作为输入还是输出，是 ASCII 文件还是二进制文件等。

以上工作可以通过两种方法实现：

（1）通过创建 fstream 类对象打开文件

格式如下：

```
fstream <对象名>;
<对象名>.open("<文件名>", <访问方式>);
```

以上两行可以省略函数 open，合并写成：

```
fstream <对象名>("<文件名>", <访问方式>);
```

其中，<文件名>是被打开文件的全名；<访问方式>包括读、写、又读又写、二进制方式等。例如：

```
fstream outfile;                           //定义 fstream 类对象 outfile
outfile.open("f1.dat", ios::out);          //使文件流与 f1.dat 文件建立关联
```

或者

```
fstream outfile ("f1.dat", ios::out);
```

调用文件流的成员函数 open 打开磁盘文件 f1.dat，并指定它作为输出文件。文件流对象 outfile 将向磁盘文件 f1.dat 输出数据。ios::out 是 I/O 模式的一种，表示以输出方式打开一个文件。此时，f1.dat 是一个输出文件，接收从内存输出的数据。磁盘文件名可以包括路径，如“d:\f1.dat”，如果缺省路径，则默认为当前目录下的文件。

访问方式是在 ios 类中定义的，它们是枚举常量，有多种选择，如表 8-7 所示。

表 8-7　　文件访问方式设置值

方　　式	作　　用
ios::in	以输入方式（读）打开文件
ios::out	以输出方式（写）打开文件，如果已有此名字的文件，则将原有内容清除
ios::app	以输出方式打开文件，写入的数据添加在文件末尾
ios::ate	打开一个已有的文件，文件指针指向文件末尾
ios::trunc	打开一个文件，如果文件已存在则删除全部数据，如文件不存在则建立新文件
ios::binary	以二进制方式打开文件，如不指定此方式则默认为 ASCII 方式
ios::nocreate	打开已有的文件，如不存在，则打开失败
ios::noreplace	如果文件不存在则建立新文件，如文件存在则操作失败
ios::in | ios::out	以输入和输出方式打开文件，文件可读可写
ios::out | ios::binary	以二进制方式打开输出文件
ios::in | ios::binary	以二进制方式打开输入文件

说明

新版本的 I/O 类库中不提供 ios::nocreate 和 ios::noreplace。

如果打开操作失败，open 函数的返回值为 0，可以根据返回值测试打开是否成功。如

```
if(outfile.open("f1.dat", ios::out)==0)
    cout<<"open error";
```

（2）通过创建 istream 或 ostream 类对象打开文件

格式如下：

```
ofstream <对象名>;
<对象名>.open("<文件名>");
```

或者

```
ifstream <对象名>;
<对象名>.open("<文件名>");
```

以上两行可以省略函数 open，合并写成：

```
ofstream <对象名>("<文件名>");
或者
ifstream <对象名>("<文件名>");
```

用 ofstream 类定义文件流对象，只能向它写入数据，不能从中读取数据，因此，参数 ios::out 可以省略；同理，用 ifstream 类定义文件流对象时，参数 ios::in 可以省略。

2. 关闭磁盘文件

在对已打开的磁盘文件的读写操作完成后，应关闭文件。关闭文件用成员函数 close。其格式如下：

```
<对象名>.close();
```

例如：

```
outfile.close();
```

关闭，实际上就是解除该磁盘文件与文件流的关联，使得原来设置的工作方式失效，不能再通过文件流对该文件进行输入/输出。

8.4.2 文件的输入/输出操作

1. ASCII 文件的读写操作

ASCII 文件中的每一个字节均以 ASCII 码形式存放数据，即一个字节存放一个字符。可以用以下两种方法对 ASCII 文件进行读写操作：

（1）用流插入运算符“<<”和流提取运算符“>>”；

（2）用 put、get、getline 等成员函数进行字符输入/输出。

下面通过几个例子说明其应用。

例 8-6 从键盘输入 10 个整数到数组，将数组送入磁盘文件存放。

```
//Example 8-6
#include<iostream>
#include <fstream>
using namespace std;
int main()
{
    int a[10];
    ofstream outfile("f1.dat");        //打开磁盘文件
    if(!outfile)                       //如果打开失败，返回 0
    {
        cerr<<"open error!"<<endl;
        exit(1);
    }
    cout<<"enter 10 integer numbers:"<<endl;
    for(int i=0;i<10;i++)
    {
        cin>>a[i];
        outfile<<a[i]<<" ";            //向磁盘文件输出数据
    }
    outfile.close();                   //关闭磁盘文件
    return 0;
}
```

程序运行输出结果：

```
enter 10 integer numbers:
1 3 4 2 3 1 4 6 4 6↙
```

说明

如果打开成功，则文件流对象outfile的返回值为非0值，如果打开失败，则返回值为0，此时要进行错误处理，向显示器输出错误信息“open error”，然后调用系统函数exit，结束运行。在程序中用提取运算符“>>”从键盘上逐个读入10个整数，每读入一个整数就将该数输出到磁盘文件，用法和显示器输出是相似的，只需把标准输出流对象cout换成文件输出流对象outfile即可。

例8-7 从键盘读入一行字符，把其中的字母字符依次存放在磁盘文件f2.dat中。再把它从磁盘文件读入程序，将其中的小写字母改为大写字母后，再将其存入磁盘文件f3.dat。

```
//Example 8-7
#include<iostream>
#include <fstream>
using namespace std;
void save_to_file()                  //用该函数读入一行字符并将字母存入文件
{
    ofstream outfile("f2.dat");      //打开文件 f2.dat
     if(!outfile)
      {
           cerr<<"open f2.dat error!"<<endl;
           exit(1);
      }
     char c[80];
     cin.getline(c,80);                             //读入一行字符
     for(int i=0;c[i];i++)
      if(c[i]>=65 && c[i]<=90||c[i]>=97 && c[i]<=122)     //判断字母
      {        outfile.put(c[i]);                   //将字母存入文件
               cout<<c[i];
      }
     cout<<endl;
     outfile.close();                //关闭文件
}

void get_from_file()                 //该函数从 f2 中读入字母，小写改大写，再存入 f3
{
    char ch;
    ifstream infile("f2.dat",ios::in);              //打开文件 f2
    if(!infile)
    {
        cerr<<"open f2.dat error!"<<endl;
        exit(1);
    }
    ofstream outfile("f3.dat");                     //打开文件 f3
    if(!outfile)
    {
        cerr<<"open f3.dat error!"<<endl;
```

```
            exit(1);
        }
        while(infile.get(ch))
        {
            if(ch>=97 && ch<=122)                           //判断小写字母
              ch=ch-32;                                     //小写转大写
            outfile.put(ch);                                //大写字母存入文件 f3
            cout<<ch;
        }
        cout<<endl;
        infile.close();                                     //关闭文件 f2
        outfile.close();                                    //关闭文件 f3
}
int main()
{
        save_to_file();
        get_from_file();
        return 0;
}
```

程序运行输出结果：

```
Great minds have purpose, others have wishes.↙
Greatmindshavepurposeothershavewishes
GREATMINDSHAVEPURPOSEOTHERSHAVEWISHES
```

该程序调用 save_to_file()函数，从键盘读入一行字符并将其中的字母存入磁盘文件 f2；调用 get_from_file()函数，从 f2 文件读入字母字符，并将其改为大写字母，再存入 f3 文件。程序中用到了 put、get、getline 等成员函数，从磁盘文件读一个字符用 infile.get(ch)。

2. 二进制文件的读写操作

对二进制文件的操作也需要先打开文件，用完后关闭文件，在打开时要用 ios::binary 指定为以二进制形式传送和存储。二进制文件除了可以作为输入文件或输出文件，还可以是既输入又输出的文件，这是与 ASCII 文件的不同之处。

对二进制文件的读写主要用 istream 类的成员函数 read 和 write 来实现。其格式如下：

```
istream& read(char *buffer, int len);
ostream& write(const char * buffer, int len);
```

其中，指针 buffer 指向内存中一段存储空间。len 是读写的字节数目。

例如：

```
a.write(p1, 40);
```

其中，a 是输出文件流对象，write 函数将字符指针 p1 指向的单元开始的 40 个字节内容不加转换地写到与 a 关联的磁盘文件中。

```
b.read(p2, 30);
```

其中，b 是输入文件流对象，read 函数从 b 所关联的磁盘文件中，读入 30 个字节（或遇到 EOF 结束），存放在指针 p2 所指向的一段内存中。

例 8-8 将一批数据以二进制形式存入磁盘文件，再把数据从该文件中读入内存并显示。

```
//Example 8-8
#include <iostream>
#include <fstream>
using namespace std;
struct student
{
    char name[20];
    int num;
    int age;
    char sex;
};
void save()
{
    student stud[3]={"Zhang",1001,20,'f',"Liu",1002,19,'m',"Wang",1003,17,'f'};
    ofstream outfile("stud.dat",ios::binary);
    if(!outfile)
    {
        cerr<<"open error!"<<endl;
        abort();                                              //退出程序
    }
    for(int i=0;i<3;i++)
        outfile.write((char *)&stud[i],sizeof(stud[i]));    //数据写入文件
    outfile.close();
}
void show()
{
    student stud1[3];
    int i;
    ifstream infile("stud.dat",ios::binary);
    if(!infile)
    {
        cerr<<"open error!"<<endl;
        abort();
    }
    for(i=0;i<3;i++)
        infile.read((char*)&stud1[i],sizeof(stud1[i]));     //从文件读出数据
    infile.close();
    for(i=0;i<3;i++)
    {
        cout<<"NO."<<i+1<<'\t';
        cout<<"name:"<<stud1[i].name<<'\t';
        cout<<"num:"<<stud1[i].num<<'\t';
        cout<<"age:"<<stud1[i].age<<'\t';
        cout<<"sex:"<<stud1[i].sex<<'\t'<<endl;
    }
}
int main()
{
    save();
    show();
```

```
    return 0;
}
```

程序运行输出结果：

```
———————————————————————————————————————————————————
NO.1    name:Zhang      num:1001        age:20   sex:f
NO.2    name:Liu        num:1002        age:19   sex:m
NO.3    name:Wang       num:1003        age:17   sex:f
———————————————————————————————————————————————————
```

说明

该程序定义了结构体类型，在调用 save 函数时，建立输出文件流对象 outfile，以二进制方式打开文件 stud.dat。用成员函数 write 向该文件输出数据，从 write 函数的原型可以看出，第一个形参是指向 char 型常变量的指针，因此，用(char*)&stud[i]把结构体数组的第 i 个元素的首地址强制转换为字符指针。第二个形参为输出字节的数目，用 sizeof(stud[i])来求字节数。每次调用 write 函数，就将结构体数组的一个元素输出到磁盘文件中。abort 函数的作用与 exit 类似，用来退出程序。

程序中：

```
for(int i=0;i<3;i++)
    outfile.write((char *)&stud[i],sizeof(stud[i]));
```

可以一次性输出结构体的全部数据，改为：

```
outfile.write((char *)&stud[0],sizeof(stud));
```

同理，调用 show 函数时，程序中：

```
for(i=0;i<3;i++)
    infile.read((char*)&stud1[i],sizeof(stud1[i]));
```

可以一次性读入结构体的全部数据，改为：

```
infile. read ((char *)&stud1[0],sizeof(stud1));
```

3. 随机文件操作

C++语言的文件读写一般是顺序进行的，即逐个字节进行读写。但有时也可以采用随机读取方式，在随机读取方式中，除了要打开、关闭文件和读写数据之外，还要使用读、写指针，随机访问文件中的任意位置上的数据，还需要修改文件中的内容。

在磁盘文件中有一个文件读写位置标记来指明当前应进行读写的位置。在对文件进行读操作时，每从文件中读入一个字节到内存，该文件读写位置就向后移动一个字节。在对文件进行写操作时，每向文件输出一个字节，位置标记也向后移动一个字节。对二进制文件，允许对位置标记进行控制。文件流提供了一些有关文件位置标记的成员函数，如表 8-8 所示。

表 8-8　与文件指针有关的流成员函数

成员函数	作　用
gcount()	得到最后一次输入所读入的字节数
tellg()	得到输入文件位置标记的当前位置
tellp()	得到输出文件位置标记的当前位置
seekg(<文件中的位置>)	将输入文件位置标记移到指定的位置
seekg(<位移量>，<参照位置>)	以参照位置为基础移动若干字节

续表

成员函数	作　用
seekp(<文件中的位置>)	将输出文件位置标记移到指定的位置
seekp(<位移量>，<参照位置>)	以参照位置为基础移动若干字节

在这些函数中以g结尾的，表示get，即作为输入的标识；以p结尾的，表示put，即作为输出的标识。如果是既可输入又可输出的文件，则说明该文件可以被任意使用。

在函数参数中，<文件中的位置>是相对于文件头的流中位置，为long型字节数，<位移量>也是long型字节数。<参照位置>为枚举常量，具有下述含义：

```
ios::beg            //=0，文件头的位置，具有 begin 之意
ios::cur            //=1，当前标记的位置，具有 current 之意
ios::end            //=2，文件尾的位置。
```

例如：假定input为类istream的流对象

```
input.seekg(200);                 //位置标记向前移动 200 字节
input.seekg(100, ios::beg);       //位置标记移到文件头后 100 字节处
input.seekg(50, ios::cur);        //位置标记移动到当前位置后 50 字节处
input.seekg(-20, ios::end);       //位置标记移动到文件尾前 20 字节处
```

例 8-9 将五个学生数据存入磁盘文件中，将第1、3、5个学生的数据读入并显示；将第3个学生的数据进行修改后存入文件原来位置；从文件读入所有学生的数据并显示。

```
//Example 8-9
#include<iostream>
#include <fstream>
using namespace std;
struct student
{
    int num;
    char name[20];
    int age ;
};
int main()
{
    int i;
    student stud[5]={1001,"Lily",17,1002,"Sunny",18,1003,"Bob",17,
                     1004,"Lan",19,1005,"Robert",20};

//定义输入/输出二进制方式，若文件已存在删除已有内容，若文件不存在则建立该文件
    fstream iofile("stud.dat",ios::in|ios::out|ios::binary|ios:: trunc);
    if(!iofile)
    {
        cerr<<"open error!"<<endl;
        abort();
    }
    for(i=0;i<5;i++)                          //向文件输出 5 个学生的数据
        iofile.write((char *)&stud[i],sizeof(stud[i]));
    student stud1[5];                         //用来存放文件中读入的数据
    for(i=0;i<5;i=i+2)
    {
```

```
        iofile.seekg(i*sizeof(stud[i]),ios::beg);      //定位于1、3、5个学生数据
        iofile.read((char *)&stud1[i/2],sizeof(stud1[i]));
        cout<<stud1[i/2].num<<" "<<stud1[i/2].name<<" "<<stud1[i/2].age<<endl;
    }
    cout<<endl;
    stud[2].num=1012;                                   //修改第3个学生的数据
    strcpy(stud[2].name,"Wu");
    stud[2].age=22;
    iofile.seekp(2*sizeof(stud[0]),ios::beg);           //定位于第3个学生数据的开头
    iofile.write((char *)&stud[2],sizeof(stud[2]));     //更新第3个学生的数据
    iofile.seekg(0,ios::beg);                           //移动到文件开头
    for(i=0;i<5;i++)
    {
        iofile.read((char *)&stud[i],sizeof(stud[i]));//读入5个学生数据
        cout<<stud[i].num<<" "<<stud[i].name<<" "<<stud[i].age<<endl;
    }
    iofile.close();
    return 0;
}
```

程序运行输出结果：

```
1001 Lily 17            （第1个学生）
1003 Bob 17             （第3个学生）
1005 Robert 20          （第5个学生）

1001 Lily 17
1002 Sunny 18
1012 Wu 22              （更新第3个学生的数据）
1004 Lan 19
1005 Robert 20
```

说明

该程序需要在同一磁盘文件中进行输入和输出，则用 fstream 定义既输入又输出的二进制文件流对象，而不能用 ifstream 或 ofstream。将文件的工作方式指定为输入/输出的二进制文件，即 ios::in|ios::out|ios::binary。使用 seekg 或 seekp 函数计算每次访问时指针的位置。由于是以二进制方式打开文件，因此需要加入 ios::trunc 或 ios::app，才能保证程序的正常运行。

8.5 二级考点解析

8.5.1 考点说明

本章二级考点主要包括：掌握 C++流的概念、能够使用格式控制数据的输入/输出、掌握文件的 I/ O 操作。

8.5.2 例题分析

1. 在 C++中，cin 是一个（　　）。

A. 类　　B. 对象　　C. 模板　　D. 函数

解析：C++提供了一套输入输出流类的对象，它们是 cin、cout、cerr，对应 C 语言中的三个文件指针 stdin、stdout、stderr，分别指向终端输入、终端输出和标准出错输出。

答案：B

2. 在下列控制格式输入输出的操作符中，能够设置浮点数精度的是（　　）。

A. setprecision　　B. setw　　C. setfill　　D. showpoint

解析：setprecision(int)是设置浮点数的精度，setw(int n)是设置输入输出宽度，setfill(char c)是设置填充字符，showpoint 即使小数部分为 0，也输出其后的无效数据 0。

答案：A

3. 打开文件时可单独或组合使用下列文件打开模式：

① ios_base::app

② ios_base::binary

③ ios_base::

④ ios_base::out

若要以二进制读方式打开一个文件，则需使用的文件打开模式为（　　）。

A. ①③　　B. ①④　　C. ②③　　D. ②④

解析：ios_base::binary 是作为二进制文件打开，ios_base::out 是作为输出方式打开。

答案：D

4. C++系统预定义了用于标准数据流的对象，下列选项中不属于此类对象的是（　　）。

A. cout　　B. cin　　C. cerr　　D. cset

解析：C++提供了一套标准数据流对象，它们是 cin 标准输入流、cout 标准输出流、cerr 标准错误流和 clog 标准错误流。

答案：D

5. 下列关于文件流的描述中，正确的是（　　）。

A. 文件流只能完成针对磁盘文件的输入/输出

B. 建立一个文件流对象时，必须同时打开一个文件

C. 若输入流要打开的文件不存在，将建立一个新文件

D. 若输出流要打开的文件不存在，将建立一个新文件

解析：输出流要打开的文件不存在，则会自动建立该文件，而输入流要打开的文件不存在，则会报错，而不会建立新文件。

答案：D

6. 程序改错题。

使用 VC++6.0 打开考生文件夹下的源程序文件 1.cpp，该程序运行时有错误，请改正错误，本程序要求实现的功能为从键盘输入一个字符串，并将结果保存在文件 1.txt 中。

注意：不要改动 main 函数，不能增加或删除行，也不能更改程序的结构，错误的语句在//******error******的下面。

试题程序：

```
#include<iostream>
#include <fstream>
```

```
//*********error**********
using std;
void WriteFile(char *s)                          (1)
{
    ofstream out1;
    //*********error**********
    out1.open("1.txt",binary|app);
    for(int i=0;s[i]!=0;i++)                     (2)
    {
        //*********error*********
        out1.puts(s[i]);
    }
    out1.close();
}                                                (3)
void ClearFile()
{
    ofstream out1;
    out1.open("1.txt");
    out1.close();
}
int main()
{
    char s[1024];
    ClearFile();
    cout<<"please input a string:"<<endl;
    cin.getline(s,1024);
    WriteFile(s);
    return 0;
}
```

解析：

（1）处是在程序中引入标准命名空间，using namespace std;

（2）处调用成员函数 open 中，输入/输出方式是在 ios 类中定义的，所以不能缺少类 ios;

（3）处应该用流成员函数 put 输出字符，而不是 puts。

答案：

（1）处改为 using namespace std;

（2）处改为 out1.open("1.txt",ios::binary| ios::app);

（3）处改为 out1.put(s[i]);

7. 简单应用题

使用 VC++6.0 打开考生文件夹下的源程序 2.cpp。请完成函数 fun(char *s)，使其具有以下功能。

（1）把 s 中的大写字母转换成小写字母，把其中的小写字母转换成大写字母，并且在函数中调用写函数 WriteFile()将结果输出到 2.txt 文件中。

例如：s="helloWORLD"，则结果为 s="HELLOworld"。

（2）完成函数 WriteFile(char *s)，把字符串输入文件中。

提示：打开文件使用的第二参数为 ios::binary|ios::app。

注意：不要改动 main 函数，不能增加或删除行，也不能更改程序的结构。

试题程序：

```
#include<iostream>
#include <fstream>
#include <cmath>
using namespace std;
void WriteFile(char *s)
{

}
void fun(char *s)
{

}
void ClearFile()
{
    ofstream out1;
    out1.open("2.txt");
    out1.close();
}
int main()
{
    ClearFile();
    char s[1024];
    cout<<"please input a string:"<<endl;
    cin.getline(s,1024);
    fun(s);
    return 0;
}
```

解析：在 void WriteFile(char *s)函数中，利用标准流 ofstream 将字符串写入文件 2.txt。在 fun 函数中，利用 for 循环逐个判断字符是大写还是小写，并进行转换。最后调用前面实现的 WriteFile 函数，将字符串写入文件。

答案：

```
void WriteFile(char *s)
{
    ofstream out1;
    out1.open("2.txt", ios::binary|ios::app);
    out1<<s;
    out1.close();
}
void fun(char *s)
{
    for(int i=0;s[i]!=0;i++)
    {
        if(s[i]>='A'&&s[i]<='Z')
            s[i]=s[i]-'A'+'a';
        else if(s[i]>='a'&&s[i]<='z')
            s[i]=s[i]-'a'+'A';
    }
```

```
        WriteFile(s);
    }
```

8. 综合应用题

使用 VC++6.0 打开考生文件夹下的源程序 3.cpp。其中类 TC 用于把文件输出到屏幕，然后进行文件的分割。分割的方法如下：第一个文件的大小是文件的前一半，另一个文件的大小是剩余部分。此程序将 in.txt 文件中的内容输出到屏幕，并且将文件按照以上方式分割，并存放于文件 out1.txt 和 out2.txt 中。

其中定义的类并不完整，按要求完成下列操作，将类的定义补充完整。

（1）从输入文件中获得一个字符，并判断是否到文件结尾，如果到文件结尾，则退出循环。请在注释 1 后添加适当的语句。

（2）把获得的输入文件的内容存储到 buf 中，并且用 len 记录下文件的长度。请在注释 2 后添加适当的语句。

（3）将输入文件的后半部分内容存储在第二个文件中，请在注释 3 后添加适当的语句。

（4）使用文件流对象打开输入文件 in.txt，请在注释 4 后添加适当的语句。

注意：增加代码，或者修改代码的位置已经用符号表示出来，请不要修改其他的程序代码。

试题程序：

```
#include<iostream.h>
#include <fstream.h>
#include <stdlib.h>
class TC
{
public:
    TC(char *fileName)
    {
        len=0;
        fstream infile;
        infile.open(fileName, ios::in);
        char ch;
        //********** 1 ***********
        while()
        {
            cout<<ch;
            //********** 2 ***********
        }
        infile.close();
    }
    void split()
    {
        fstream outfile1;
        fstream outfile2;
        outfile1.open("out1.txt", ios::out);
        outfile2.open("out2.txt", ios::out);
        int i=0;
        for(i=0;i<len/2;i++)
        {
            outfile1<<buf[i];
```

```
        }
        do
        {
            //********** 3 ***********
        }
        while(i!=len);
        outfile1.close();
        outfile2.close();
    }
private:
    int len;
    char buf[1024];
};
void main()
{
    //********** 4 ***********
    TC obj();
    obj.split();
    return;
}
```

解析：

（1）处要获得一个字符，并判断是否到文件末尾，使用 get 函数。

（2）处将 ch 字符存入 buf 数组，并将长度 len 自增。

（3）处将 buf 中的字节输出给 outfile2，同时让 i 自增。

（4）处 TC 的构造函数需要参数，参数应该为文件名。

答案：

（1）处 while() 改为 while(infile.get(ch))

（2）处添加 buf[len++]=ch;

（3）处添加 outfile2<<buf[i++];

（4）处 TC obj(); 改为 TC obj("in.txt");

8.6 本章小结

本章主要介绍了流的概念，数据格式化输入输出，文件的 I/O 操作。

C++语言中没有输入/输出语句，所有的输入/输出都是通过流来实现的。流是一种抽象，它负责在数据的生产者和数据的消费者之间建立联系，并管理数据的流动。在 C++中，将输入流和输出流都分别定义为类，这些类放在 C++语言的 I/O 流类库中。

cin 和 cout 都是 iostream 类的流对象。预定义的插入运算符“<<”，作用在流类对象 cout 上，实现默认格式的屏幕输出；预定义的提取运算符“>>”，作用在流类对象 cin 上，实现默认格式的键盘输入。

如果需要用特定的格式输入/输出数据，可以用 ios 类成员函数实现格式化输入/输出，还可以使用控制符，这些控制符可以直接插入到输出流中，使用控制符时在程序开头出了要加 iostream 头文件之外，还需要包含 iomanip 头文件。

C++中用于对磁盘文件的输出输入操作是通过文件类来实现的，主要包括：ifstream、ofstream、fstream。

最重要的三个输入流类是 istream，ifstream 和 istringstream；最重要的三个输出流类是 ostream，ofstream 和 ostringstream。

8.7 习 题

1. 使用 C++语句实现下列各项要求。

（1）设置标志使得十六进制数中字母以大写格式输出。

（2）按右对齐方式，域为 5 位，输出常整型数 123，并使用'#'填充空位。

（3）按域宽为 i，精度为 j（i 和 j 为 int 型数），输出显示浮点数 d。

（4）使用前导 0 的格式显示输出域宽为 10 的浮点数 1.2345。

2. 分析下列程序的输出结果。

```
#include <iostream.h>
#include <iomanip>
void main()
{
    int a=234;
    cout<<oct<<a<<endl;
    cout<<hex<<a<<endl;
    cout<<dec<<a<<endl;
    cout<<setfill('*')<<setw(8)<<a<<"ok"<<endl;
    double b=1.234567;
    cout<<b<<endl;
    cout<<setw(8)<<setprecision(4)<<b<<endl;
}
```

3. 分析下列程序的输出结果。

```
#include <iostream.h>
#include <iomanip>
ostream &out1(ostream &outs)
{
  outs.setf(ios::left);
  outs<<setw(8)<<oct<<setfill('#');
  return outs;
}
void main()
{
    int a=123;
    cout<<a<<endl;
    cout<<out1<<a<<endl;
}
```

4. 分析下列程序的输出结果。

```
#include <iostream.h>
#include <iomanip>
```

```
void main()
{
    for(int i=1;i<6;i++)
       cout<<setfill(' ')<<setw(i)<<' '<<setfill('W')
          <<setw(11-2*i)<<'W'<<endl;
}
```

5. 分析下列程序的输出结果。

```
#include <iostream.h>
#include <fstream.h>
#include <stdlib.h>
void main()
{
    fstream inf,outf;
    outf.open("my.dat",ios::out);
    if(!outf)
    {
       cout<<"Can't open file!\n";
       abort();
    }
    outf<<"abcdef"<<endl;
    outf<<"123456"<<endl;
    outf<<"ijklmn"<<endl;
    outf.close();
    inf.open("my.dat",ios::in);
    if(!inf)
    {
      cout<<"Can't open file!\n";
      abort();
    }
    char ch[80];
    int a(1);
    while(inf.getline(ch,sizeof(ch)))
        cout<<a++<<':'<<ch<<endl;
    inf.close();
}
```

6. 分析下列程序的输出结果。

```
#include <iostream.h>
#include <fstream.h>
#include <stdlib.h>
void main()
{
    fstream f;
    f.open("my1.dat",ios::out|ios::in);
    if(!f)
    {
       cout<<"Can't open file!\n";
       abort();
    }
    char ch[]="abcdefg1234567.\n";
```

```
    for(int i=0;i<sizeof(ch);i++)
       f.put(ch[i]);
    f.seekg(0);
    char c;
    while(f.get(c))
        cout<<c;
    f.close();
}
```

7. 分析下列程序的输出结果。

```
#include <iostream.h>
#include <fstream.h>
#include <stdlib.h>
struct student
{
    char name[20];
    long int number;
    int totalscore;
}stu[5]={"Li",502001,287,"Gao",502004,290,"Yan",5002011,278,"Lu",502014,285, "Hu",502023,279};
void main()
{
    student s1;
    fstream file("my3.dat",ios::out|ios::in|ios::binary);
    if(!file)
    {
       cout<<"Can't open file!\n";
       abort();
    }
    for(int i=0;i<5;i++)
       file.write((char *)&stu[i],sizeof(student));
    file.seekp(sizeof(student)*2);
    file.read((char *)&s1,sizeof(stu[i]));
    cout<<s1.name<<'\t'<<s1.number<<'\t'<<s1.totalscore<<endl;
    file.close();
}
```

8. 编程计算从键盘输入的字符串中子串"xy"出现的次数。
9. 编程统计一个文本文件中字符的个数。
10. 编程给一个文件的所有行上加行号，并存到另一个文件中。

第 9 章 异常处理

软件运行时，用户的误操作或者环境条件发生变化时可能会使软件在运行过程中出现异常情况，如果用户未对异常情况进行处理，则可能会导致软件运行的非正常终止，给用户带来糟糕的应用体验。虽然我们可以添加代码对软件运行过程中的每一步进行判断，防止非正常的情况出现，但这会使得程序设计变得十分复杂。异常处理功能提供了处理软件运行时出现的意外或异常情况的方法。

9.1 异常处理基本思想

在程序运行时，可能会遇到各种异常问题。例如，计算两数之商时除数为零，数组越界，内存空间不够，无法打开输入文件而不能读取数据，输入数据的类型有错等。如果程序没有对这些问题进行防范，导致程序出错，系统就只能终止程序的运行，甚至会出现死机等现象，影响用户的正常使用。因此，在设计程序时，应当分析程序运行时可能出现的各种意外情况，并分别指定相应的处理方法，增强系统的容错能力，这就是程序异常处理的作用。

在小型程序中，异常处理方法比较简单，通过判别并显示出错信息就能解决。而在大型软件中，函数之间的耦合度非常低，函数之间的互相调用以及异常处理会让程序变得非常复杂和庞大。因此，C++中采取的办法是逐级传送：函数可能会发现自己无法处理的错误，这时它可以抛出一个异常，希望调用者可以直接或间接处理这个错误。如果调用者也不能直接处理这个错误，可以继续传给上一级的调用者。相对于传统错误处理技术，异常处理把错误和处理分开，简化程序错误处理代码，为程序健壮性提供一个标准监测机制。程序员在编写程序时首先假设不会产生任何异常，将全部代码编写完成后，再利用 C++异常处理机制，添加用于处理异常情况的语句。

简单地说，异常处理的基本思想是：让一个函数在发现了自己无法处理的错误时抛出一个异常，然后让它的（直接或间接）调用者能够处理这个问题。C++异常处理机制的本质是将错误检测代码和错误处理代码分离。

例 9-1 不使用异常处理来处理错误的示例。

输入三角形的三边长 a、b、c，求三角形的面积。

```
//Example 9-1
#include <iostream>
#include <cmath>
using namespace std;
int main()
```

```
{
    double triangle(double,double,double);
    double a,b,c;
    cin>>a>>b>>c;
    while(a>0 && b>0 && c>0)
    {
        cout<<"area = " <<triangle(a,b,c)<<endl;
        cin>>a>>b>>c;
    }
    return 0;
}
double triangle(double a,double b,double c)
{
    double area;
    double s=(a+b+c)/2;
    area=sqrt(s*(s-a)*(s-b)*(s-c));
    return area;
}
```

程序运行输出结果：

```
3 4 5↙
area = 6
1 2 5↙
area = -1.#IND
2 0 -1↙
```

在三种情况中，第一次为正常的三边长输入，可得到正确的结果；第二次输入的三边长，不满足构成三角形的基本条件：任意两边只和大于第三边，但程序没有对三角形的构成条件进行检查，结果显示错误；第三次输入的三边长，不满足均大于0的条件，因此程序结束。

例 9-2 使用异常处理来处理错误的示例。

输入三角形的三边长 a、b、c，求三角形的面积。设置异常处理，对不符合构成三角形条件的输出警告信息。

```
//Example 9-2
#include <iostream>
#include <cmath>
using namespace std;
int main()
{
    double triangle(double,double,double);
    double a,b,c;
    cin>>a>>b>>c;
    try
    {
        while(a>0 && b>0 && c>0)
        {
            cout <<"area = "<<triangle(a,b,c)<<endl;
            cin>>a>>b>>c;}
```

```
        }
    catch(double)
    {
        cout<<"a="<<a<<",b="<<b<<",c="<<c<<",that is not a traingle!"<<endl;
    }
    cout<<"end"<<endl;
    return 0;
}

double triangle(double a,double b,double c)
{
    double s=(a+b+c)/2;
    if (a+b<=c||b+c<=a||c+a<=b)
        throw a;
    return sqrt(s*(s-a)*(s-b)*(s-c));
}
```

程序运行输出结果：

```
3 4 5↙
area = 6
1 2 5↙
a=1,b=2,c=5,that is not a traingle!
end
```

程序首先把可能出现异常的、需要检查的语句放在 try 后面，程序开始运行后，按正常的顺序执行到 try 块，如果在执行 try 块内的语句过程中没有出现异常，则 try-catch 结构中的 catch 子句不起作用，流程会直接转到 catch 子句后面的语句继续执行。如果执行 try 块内的语句过程中发生异常，则 throw 语句抛出一个异常信息。执行了 throw 语句后，流程立即离开本函数，转到上一级的 main 函数，因此不会执行 triangle 函数中的 if 语句之后的 return 语句。在进行异常处理后，程序并不会自动终止，而是会继续执行 catch 子句后面的语句，程序输出 end。

9.2 异常处理的实现

C++语言中针对异常处理提供了三个关键字，分别是 try（检查）、throw（抛出）和 catch（捕捉）。C++应用程序通过这三个关键字实现机制组合来实现对异常的处理。

9.2.1 异常处理基本语法定义

try-catch 语句的一般格式如下：

```
try
{
  ......      //可能出错产生异常的代码
  throw 表达式;
}
```

```
catch(type1)
{
    ……//对应类型的异常处理代码
}
catch(type2)
{
    ……//对应类型的异常处理代码
}
……        //更多类型的异常处理代码
```

在 C++应用程序中，try 关键字后的代码块中通常放入可能出现异常的代码。随后的 catch 块则可以是一个或者多个，catch 块主要用于异常对应类型的处理。try 块中代码出现异常可能会对应多种异常处理情况，catch 关键字后的圆括号中则包含着对应类型的参数。try 块中代码体作为应用程序的执行遵循正常流程。一旦该代码体中出现异常操作，程序便会根据操作判断抛出对应的异常类型。随后逐步地遍历 catch 代码块，此步骤与 switch 控制结构相似。当遍历到对应类型 catch 块时，代码会跳转到对应的异常处理中执行。如果 try 块中代码没有抛出异常，则程序继续执行下去。try 体中可以直接抛出异常，或者在 try 体中调用的函数间接地抛出异常。

说明：

（1）一个函数可以只有一个 try 语句块，而无 catch 语句块，即在此函数中只检查并不处理，把 catch 语句块放在其他函数中。

（2）只能有一个 try 语句块，却可以有多个 catch 语句块，以便与不同的异常匹配。catch 只检查捕捉到的异常类型，并不检查它们的值。

例如：

```
try
{     }
catch(int)
{     }
catch(double)
{     }
catch(char)
{     }
```

（3）如果 catch 中没有指定异常信息的类型，而用删节号“…”，则表示可以捕捉任何类型的异常信息。

例如：

```
catch(…)
{     }
```

这种语句块必须放在 try-catch 结构的最后，相当于“其他”。如果作为第一个 catch 语句块，则后面的 catch 块都不起作用。

（4）如果 throw 抛出的异常信息找不到与之匹配的 catch 块，那么系统就会调用 terminate 系统函数，让程序终止运行。

例 9-3 多种异常类型的处理示例。

输入一个学生的考试总分及科目数，计算并输出该生的平均分。程序能同时捕获除数为 0 和输入为负数的异常。

```
//Example 9-3
#include <iostream>
using namespace std;
float Div(float score, int n)
{
    if(n==0)      //除数为 0 时抛出异常
        throw n;
    if(n<0 || score<0)       //总分或者科目数为负数时抛出异常
        throw score;
    return score/n;
}
void main()
{
    float score, ave;
    int n;
    while(1)
    {
        cout<<"输入总分和科目数: ";
        cin>>score>>n;
        try
        {
            ave=Div(score,n);
            cout<<"average = "<<ave<<endl;
        }
        catch (int)
        {
            //捕获 int 型异常
            cout<< "error: 科目数为 0 "<<endl;
        }
        catch (float)
        {
            //捕获 float 型异常
            cout<< "error: 总分或科目数为负数"<<endl;
        }
    }
}
```

程序运行输出结果：

```
输入总分和科目数：599 5↙
average = 119.8
输入总分和科目数：599 0↙
error：科目数为 0
输入总分和科目数：599 -5↙
error：总分或科目数为负数
输入总分和科目数：610 5↙
average = 122
```

当除数为 0 时，throw n;语句抛出的异常值 n 为整型，所以应通过 catch(int)来捕获该异常；当输入为负数时，throw score;语句抛出的异常值 score 为浮点型，所以应通过 catch (float)来捕获该异常。异常处理完成之后的语句仍将继续执行，因此程序可以一直循环执行下去。

9.2.2 定义异常类处理异常

在以上例子中，抛出的异常是 int 型或者 float 型的数据，catch 语句捕获时根据 throw 抛出数据的类型来区分不同的异常。如果抛出的异常种类很多，int 或 float 这些基本数据类型就远远不能满足要求了。这就需要程序员自定义各种异常类型，然后根据不同情况抛出这些自定义异常类型的对象。C++为异常处理提供了友好的支持，用户可以自定义异常类型，异常类型并不受到限制，可以是内建数据类型如 int、double 等，也可以是自定义的类，甚至可以从 C++某个异常类继承下来。

例 9-4 输入一个学生的考试总分及科目数，计算并输出该生的平均分。通过定义异常类的方式来处理除数为 0 和输入为负的异常。

```
//Example 9-4
#include <iostream>
using namespace std;
//定义除数为 0 异常类 ZeroException
class ZeroException
{
public:
    ZeroException(char *str)
    {msg=str;}
    char * show()
    {return msg;}
private:
    char *msg;
};
//定义总分或科目数为负数异常类 NegativeException
class NegativeException
{
public:
    NegativeException(char *str)
    {msg=str;}
    char * show()
    {return msg;}
private:
    char *msg;
};
//定义除法函数 division，除数为 0 或者输入为负数都将抛出异常
float division(float score, int n)
{
    if(n==0)                //除数为 0 时抛出异常
        throw ZeroException("error: 科目数为 0 ");
    if(n<0 || score<0)      //总分或者科目数为负数时抛出异常
        throw NegativeException("error: 总分或科目数为负数");
    return score/n;
```

```
}
//定义主函数测试异常类
int main()
{
    float score,result;
    int n;
    cout<<"输入总分和科目数：";
    while(cin>>score>>n)
    {
        try
        {
            result=division(score,n);
            cout<<"average = "<<result<<endl;
        }
        catch (ZeroException)
        {
            //捕获 int 型异常
            cout<< "error：科目数为 0 "<<endl;
        }
        catch (NegativeException)
        {
            //捕获 float 型异常
            cout<< "error：总分或科目数为负数"<<endl;
        }
        cout<<"输入总分和科目数：";
    }
    return 0;
}
```

程序运行输出结果：

```
输入总分和科目数：599 5↙
average = 119.8
输入总分和科目数：599 0↙
error：科目数为 0
输入总分和科目数：599 -5↙
error：总分或科目数为负数
输入总分和科目数：610 5↙
average = 122
```

当除数为 0 时，throw ZeroException("error：科目数为 0 ")语句抛出异常，所以应通过 catch (ZeroException)来捕获该异常。当输入为负数时，throw NegativeException("error：总分或科目数为负数")语句抛出异常，所以应通过 catch (NegativeException)来捕获该异常。

从例 9-4 可以看出，如果异常类型是类，可以根据需要自行定义异常类，也可以使用 C++标准库中的异常类。不管是哪种形式，一个异常基类可以派生出各种异常类。如果一个 catch 语句能够捕获基类的异常，那么它也可以捕获其派生类的异常。如果捕获基类异常的 catch 语句在前，则捕获其派生类异常的 catch 语句就会失效，因此，应该注意正确安排 catch 语句的顺序。在一般情况下，将处理基类异常的 catch 语句放在处理其派生类异常的 catch 语句之后。

下面通过两个例子对比来说明捕获派生类异常的方法。

例 9-5a 异常类的派生示例（catch 基类在前，catch 派生类在后）。

```
//Example 9-5a
#include <iostream>
using namespace std;
//定义基类
class base
{
public:
    void show()
    {
        cout<<"Base object"<<endl;
    }
};
//定义派生类
class derived:public base
{
public:
    void show()
    {
        cout<<"Derived object"<<endl;
    }
};
//对抛出基类或派生类异常进行测试
int main()
{
    int no;
    cout<<"输入一个整数：";
    while(cin>>no)
    {
        try
        {
            if(no%2==0)
                throw base();       //抛出基类对象
            else
                throw derived();   //抛出派生类对象
        }
        catch (base b)
        {
            cout<< "Exception: ";
            b.show();
        }
        catch (derived d)
        {
            cout<< "Exception: ";
            d.show();
        }
        cout<<"输入一个整数：";
    }
    return 0;
}
```

程序运行输出结果：

```
输入一个整数：1↙
Exception: Base object
输入一个整数：2↙
Exception: Base object
```

该程序中的 catch (base b)位于 catch (derived d)之前，由于派生类被认为是与基类同类型的，所以 catch (base b)捕获了所有基类和派生类的异常，相当于令 catch (derived d)语句失效。

请将例 9-5a 和例 9-5b 的程序以及结果进行对比。

例 9-5b　异常类的派生示例（catch 派生类在前，catch 基类在后）。

```
//Example 9-5b
#include <iostream>
using namespace std;
//定义基类
class base
{
public:
    void show()
    {
        cout<<"Base object"<<endl;
    }
};
//定义派生类
class derived:public base
{
public:
    void show()
    {
        cout<<"Derived object"<<endl;
    }
};
//抛出基类或派生类异常进行测试
int main()
{
    int no;
    cout<<"输入一个整数：";
    while(cin>>no)
    {
        try
        {
            if(no%2==0)
                throw base();               //抛出基类对象
            else
                throw derived();            //抛出派生类对象
        }
        catch (derived d)
        {
            cout<< "Exception: ";
```

```
            d.show();
        }
        catch (base b)
        {
            cout<< "Exception: ";
            b.show();
        }
        cout<<"输入一个整数：";
    }
    return 0;
}
```

程序运行输出结果：

```
输入一个整数：1↙
Exception: Derived object
输入一个整数：2↙
Exception: Base object
```

说明

如果交换基类的异常处理和派生类的异常处理的顺序，那么程序在调用 throw derived()时，会先捕获派生类异常 catch (derived d)，后捕获基类异常 catch (base b)。

9.2.3 异常处理中的构造与析构

C++异常处理的真正能力不仅在于它能处理各种不同类型的异常，还在于它具有在异常处理前为构造的所有局部对象自动调用析构函数的能力。

如果 try 块（或 try 块中调用的函数）中定义了类对象，在建立该对象时要调用构造函数。如果在执行 try 块（或 try 块中调用其他函数）的过程中发生了异常，此时流程立即离开 try 块。流程就有可能离开该对象的作用域而转到其他函数，因此，应当做好结束对象前的清理工作。C++的异常处理机制会在 throw 抛出异常信息被 catch 捕获时，对有关的局部对象进行析构（调用相应类对象的析构函数），析构对象的顺序与构造的顺序相反，然后执行与异常信息匹配的 catch 块中的语句。下面通过例 9-6 进行说明。

例 9-6 异常处理中析构函数的调用示例。

```
//Example 9-6
#include <iostream>
#include <string>
using namespace std;
class Student
{
public:
    Student(int n, string nam)
    {
        cout<<"Constructor is called:"<<n<<endl;
        num=n;
        name=nam;
    }
    ~ Student()
```

```
    {
        cout<<"Destructor is called:"<<num<<endl;
    }
    void get_data();
private:
    int num;
    string name;
};
void Student::get_data()
{
    if(num==0)
        throw num;
    else
        cout<<"num="<<num<<" name="<<name<<endl;
    cout<<"end of get_data!"<<endl;
}
void fun()
{
    Student s1(1003,"Jerry");
    s1.get_data();
    Student s2(0,"Mary");
    s2.get_data();
}
int main()
{
    try
    {
        fun();
    }
    catch(int n)
    {
        cout<<"num="<<n<<" error!"<<endl;
    }
    return 0;
}
```

程序运行输出结果：

```
Constructor is called:1003
num=1003 name=Jerry
end of get_data!
Constructor is called:0
Destructor is called:0
Destructor is called:1003
num=0 error!
```

输出结果的第 1 行表示成功建立了 Student 类对象 s1；
输出结果的第 2 行表示正常输出了 s1 对象；
输出结果的第 3 行表示第一次成功调用 get_data()成员函数；

输出结果第 4 行表示成功建立了 Student 类对象 s2；

输出结果第 5 行和第 6 行表示输出 s2 对象时发生了异常，系统随之建立了 s2 和 s1 对象的析构函数，并进行了自动调用；

输出结果第 7 行表示对 s2 和 s1 析构之后对异常进行处理。

如果在初始化类对象时构造函数发生了异常，则该类对象可能只是部分被构造：有些成员被初始化，有些成员还没有初始化。如果系统没有完整地创建一个类对象，则系统不会调用析构函数来释放它，就使得构造函数发生异常前的成员有时不会被释放。构造函数的异常处理方式是：在构造函数发生异常时，需要保证已创建的类对象成员能够被释放，然后才抛出异常。

例 9-7 了解构造函数中的异常处理示例。

```
//Example 9-7
#include <iostream>
#include <math.h>
using namespace std;
class Tri
{
public:
    Tri(int x, int y, int z)
    {
        cout<<"Constructor is called."<<endl;
        if((x+y)<z||(x+z)<y||(y+z)<x)
            throw x;
        a=x;
        b=y;
        c=z;
    }
    ~ Tri()
    {
        cout<<"Destructor is called."<<endl;
    }
    double area(int a, int b, int c)
    {
        double m=(a+b+c)/2;
        double s=sqrt(m*(m-a)*(m-b)*(m-c));
        return s;
    }
    void display()
    {
        cout<<"a ="<< a <<", b="<< b<<", c="<<c<<": area="<<area(a,b,c)<<endl;
    }
private:
    int a, b, c;
};
int main()
{
    try
    {
        Tri S1(1,2,5);
        S1.display();
    }
```

```
    catch(int)
    {
        cout<<"These sides can not constructor a triange!\n";
    }
    return 0;
}
```

程序运行输出结果：

```
Constructor is called.
These sides can not constructor a triange!
```

思考

如果把主函数中的 Tri S1(1,2,5)改为 Tri S1(3,4,5)，输出结果是什么？

9.3 综 合 实 例

例 9-8　exceptions 综合实例。

```
//Example 9-8
/******************************************************************
name: exceptions.cpp
function: 学习 C++ Premier 的笔记之异常处理
discribe: 抛出自定义异常类对象、抛出内置类型对象（如 int）。虽然 C++支持异常处理，
但在 C++程序中还是尽量使用其他的错误处理技术
***************************************************************/
#include <iostream>
#include <string>
using namespace std;
#define TYPE_CLASS 0                    //抛出自定义类类型对象的异常
#define TYPE_INT 1                      //抛出整型的异常
#define TYPE_ENUM 2                     //抛出枚举的异常
#define TYPE_FLOAT 3                    //抛出 float 的异常
#define TYPE_DOUBLE 4                   //抛出 double 的异常
typedef int TYPE;                       //异常的类型
enum Week{Monday,Tuesday,Wednesday,Thursday,Friday,Saturday,Sunday};
class MyException                       //自定义的异常类
{
public :
    MyException(string msg){err_msg = msg;}
    void ShowErrorMsg(){cerr<<err_msg<<endl;}
    ~MyException(){}
private:
    string err_msg;
};
//抛出异常的函数
//其中 throw (MyException,int,Week)被称为异常规范，它告诉了编译器，该函数不会抛出其他类型的异常
//异常规范可以不写，系统默认为可以抛出任何类型的异常
```

```
//如果一个异常没有被捕获，则会被系统调用 terminate 处理
//如果一个异常类型，没有被写入异常规范，则使用 catch 无法捕获。但它会被系统调用 terminate 捕获
void KindsOfException(TYPE type) throw (MyException,int,Week,float,double)
{
    switch(type)
    {
        case TYPE_CLASS:
            throw MyException("Exception! Type of Class"); //类
            break;
        case TYPE_INT:
            throw 2011;                                    //整型
            break;
        case TYPE_ENUM:
            throw Monday;                                  //枚举
            break;
        case TYPE_FLOAT:
            throw 1.23f; //float
            break;
        case TYPE_DOUBLE:
            throw 1.23; //double
            break;
        default:
            break;
    }
}
int main()
{
    int type;
    for(int i=0;i<5;i++)
    {
    cout<<"Input the type(0,1,2,3,4): ";
    cin>>type;
    try
    {
        KindsOfException(type);
    }
    catch(MyException e)
    {
    //如果使用了 throw 异常规范，但是没将 MyException 写入 throw 列表，
    就不能捕获到 MyException 异常，该异常会被 terminate 处理
    e.ShowErrorMsg();
    }
    catch (float f)
    {
        cerr<<"float"<<f<<endl;
    }
    catch (double d)
    {
        cerr<<"double"<<d<<endl;
    }
    catch(int i)
    {
```

```
        cerr<<"Exception! Type of Int -->"<<i<<endl;
    }
    catch(Week week)
    {
        cerr<<"Exception! Type of Enum -->"<<week<<endl;
    }
    //可以有更多的 catch 语句
    }
    return 0;
}
```

程序运行输出结果：

```
Input the type(0,1,2,3,4): 0↙
Exception! Type of Class
Input the type(0,1,2,3,4): 1↙
Exception! Type of Int -->2011
Input the type(0,1,2,3,4): 2↙
Exception! Type of Enum -->0
Input the type(0,1,2,3,4): 3↙
float1.23
Input the type(0,1,2,3,4): 4↙
double1.23
```

9.4　二级考点解析

9.4.1　考点说明

掌握异常处理的实现方法。

9.4.2　例题分析

程序改错题。

使用 VC++6.0 打开考生文件夹下的源程序文件 1.cpp，该程序有错误不能正常运用，请改正错误，使程序正常运行，并且要求最后一个 catch 必须抛出执行的任何异常。

程序异常，输出信息为

```
error
0
ERROR
```

注意：不要改动 main 函数，不能增加或删除行，也不能更改程序的结构，错误的语句在//******error******的下面。

试题程序：

```
#include <iostream.h>
int main()
```

```
{
    try
    {
        throw("error");
    }
    //********** error **************
    catch(char s)
    {
        cout<<s<<endl;                          (1)
    }
    try
    {
        throw((int)0);
    }
    //********** error **************
    catch()
    {
        cout<<i<<endl;
    }                                           (2)
    try
    {
        throw(0);
        throw("error");
    }
    //********** error **************
    catch()
    {
        cout<<"ERROR"<<endl;                    (3)
    }
    return 0;
}
```

解析：

（1）处：try 异常抛出语句为 throw("error");其中的类型为字符串，应改为 catch(char *s)。

（2）处：try 异常抛出语句为 throw((int)0);其中的类型为 int，应改为 catch(int i)。

（3）处：要求最后一个 catch 必须抛出执行的任何异常，可以用删节号表示捕获任何类型的异常，改为 catch(…)。

答案：

（1）处改为 catch(char *s);

（2）处改为 catch(int i);

（3）处改为 catch(…)。

9.5 本章小结

本章主要介绍了异常处理的基本思想和异常处理的实现方法。异常处理的基本思想是：让一个函数在发现了自己无法处理的错误时抛出一个异常，然后让它的（直接或间接）调用者能够处理这个问题。C++异常处理机制的本质是将错误检测代码和错误处理代码分离。

异常处理的任务是：对所能预料到的运行错误进行处理，从而使得程序在出错后可以继续运行。try、throw、catch 是 C++中用于实现异常处理的机制。

可以事先进行异常接口声明——在函数的声明中列出这个函数可能抛出的所有异常类型，让用户能够知道哪些函数会抛出哪些异常。

9.6　习　　题

1. 什么是异常处理?
2. C++中的异常处理机制是如何实现的?
3. 当在 try 语句块中抛出异常后，程序最后是否回到 try 语句块中继续执行后面的语句?
4. 异常类存在继承关系吗?
5. 读程序、写出下列程序运行结果。

（1）下列程序的运行结果是________。

```
#include<iostream>
using namespace std;
int Div(int x, int y)
{
    if (y==0)  throw  y;
    else  return   x/y;
}
void main( )
{
    try
    {
        cout<<"9/6="<<Div(9,6)<<endl;
        cout<<"19/0="<<Div(19,0)<<endl;
        cout<<"6/3="<<Div(6,3)<<endl;
    }
    catch(int)
    {
        cout<<"除数为 0"<<endl;
    }
}
```

（2）下列程序的运行结果是________。

```
#include<iostream>
using namespace std;
void Test(int m)
{
    try
    {
        if (m) throw m;
        else throw "Value is zero!";
    }
    catch(int i)
    {
        cout <<"Caught int: "<<i<<endl;
```

```
    }
    catch(char *a)
    {
        cout <<"Caught a string: "<<a<<endl;
    }
}
void main()
{
    Test(800);
    Test(-9);
    Test(0);
}
```

（3）下列程序的运行结果是________。

```
#include<iostream>
using namespace std;
class A
{
    public:
    ~A( )
    {    cout<<"A"<<" ";    }
};
char fun()
{
    A a;
    throw('B');
    return '0';
}
void main()
{
    try
    {
        cout<<fun()<<" ";
    }
    catch(char b)
    {
        cout<<b<<" ";
    }
    cout<<endl;
}
```

（4）下列程序的运行结果是________。

```
#include <iostream >
using namespace std;
int A[]={18, 83, 2, 45, 78, 5, 45, 34, 22, 6, 12};
int l=sizeof(A)/sizeof(A[0]);
int fun( int m)
{
if(m>=l)
        throw m;
        return A[m];
    }
```

```
void main()
{
    int i, t=0;
    for( i=0;i<=1;i++)
    {
     try{
            t=t+fun(i);
        }
        catch(int){
            cout<< "数组下标越界！ "<<endl;
        }
     }
     cout<<"t="<<t<<endl;
}
```

6. 编写一个程序，定义一个异常类 excep_A，其成员函数 Report()显示异常的类型。定义一个函数 fun()抛出异常，在主函数 try 语句块中调用 fun()，在 catch 语句块中捕获异常，观察程序执行流程。

附录A ASCII表

十六进制	十进制	字符	十六进制	十进制	字符	十六进制	十进制	字符	十六进制	十进制	字符
0	0	nul	23	35	#	46	70	F	69	105	i
1	1	soh	24	36	$	47	71	G	6a	106	j
2	2	stx	25	37	%	48	72	H	6b	107	k
3	3	etx	26	38	&	49	73	I	6c	108	l
4	4	eot	27	39	`	4a	74	J	6d	109	m
5	5	enq	28	40	(	4b	75	K	6e	110	n
6	6	ack	29	41	)	4c	76	L	6f	111	o
7	7	bel	2a	42	*	4d	77	M	70	112	p
8	8	bs	2b	43	+	4e	78	N	71	113	q
9	9	ht	2c	44	,	4f	79	O	72	114	r
0a	10	nl	2d	45	-	50	80	P	73	115	s
0b	11	vt	2e	46	.	51	81	Q	74	116	t
0c	12	ff	2f	47	/	52	82	R	75	117	u
0d	13	er	30	48	0	53	83	S	76	118	v
0e	14	so	31	49	1	54	84	T	77	119	w
0f	15	si	32	50	2	55	85	U	78	120	x
10	16	dle	33	51	3	56	86	V	79	121	y
11	17	dc1	34	52	4	57	87	W	7a	122	z
12	18	dc2	35	53	5	58	88	X	7b	123	{
13	19	dc3	36	54	6	59	89	Y	7c	124	|
14	20	dc4	37	55	7	5a	90	Z	7d	125	}
15	21	nak	38	56	8	5b	91	[	7e	126	~
16	22	syn	39	57	9	5c	92	\	7f	127	del
17	23	etb	3a	58	:	5d	93	]			
18	24	can	3b	59	;	5e	94	^			
19	25	em	3c	60	<	5f	95	_			
1a	26	sub	3d	61	=	60	96	'			
1b	27	esc	3e	62	>	61	97	a			
1c	28	fs	3f	63	?	62	98	b			
1d	29	gs	40	64	@	63	99	c			
1e	30	re	41	65	A	64	100	d			
1f	31	us	42	66	B	65	101	e			
20	32	sp	43	67	C	66	102	f			
21	33	!	44	68	D	67	103	g			
22	34	"	45	69	E	68	104	h			

附录B C++标准库

C++标准库的内容分为 10 类，分别是：C1.语言支持；C2.输入/输出；C3.诊断；C4.一般工具；C5.字符串；C6.容器；C7.迭代器支持；C8.算法；C9.数值操作；C10.本地化。

C++标准库的所有头文件都没有扩展名，C++标准库以<cname>形式的标准头文件提供。在<cname>形式标准的头文件中，与宏相关的名称在全局作用域中定义，其他名称在 std 命名空间中声明。

在 C++中还可以使用 name.h 形式的标准 C 库头文件名。在这 10 类头文件中，<cstdlib>头文件分别在 C5/C8/C9 中出现了。

附表 B-1　　　　C1. 标准库中与语言支持功能相关的头文件（11 个）

头文件	描　　述
<cstddef>	定义宏 NULL 和 offsetof，以及其他标准类型 size_t 和 ptrdiff_t。与对应的标准 C 头文件的区别在于，NULL 是 C++空指针常量的补充定义，宏 offsetof 接受结构或者联合类型参数，只要他们没有成员指针类型的非静态成员即可
<limits>	提供与基本数据类型相关的定义，例如，对于每个数值数据类型，它定义了可以表示出来的最大值和最小值以及二进制数字的位数
<climits>	提供与基本整数数据类型相关的 C 样式定义，这些信息的 C++样式定义在<limits>中
<cfloat>	提供与基本浮点型数据类型相关的 C 样式定义，这些信息的 C++样式定义在<limits>中
<cstdlib>	提供支持程序启动和终止的宏和函数。这个头文件还声明了许多其他杂项函数，例如，搜索和排序函数，从字符串转换为数值等函数。它与对应的标准 C 头文件 stdlib.h 不同，定义了 abort(void)。abort()函数还有额外的功能，它不为静态或自动对象调用析构函数，也不调用传给 atexit()函数的函数；它还定义了 exit()函数的额外功能，可以释放静态对象，以注册的逆序调用用 atexit()注册的函数。清除并关闭所有打开的 C 流，把控制权返回给主机环境
<new>	支持动态内存分配
<typeinfo>	支持变量在运行期间的类型标识
<exception>	支持异常处理，这是处理程序中可能发生错误的一种方式
<cstdarg>	支持接受数量可变的参数的函数。即在调用函数时，可以给函数传送数量不等的数据项。它定义了宏 va_arg、va_end、va_start 以及 va_list 类型
<csetjmp>	为 C 样式的非本地跳跃提供函数，这些函数在 C++中不常用
<csignal>	为中断处理提供 C 样式支持

附表 B-2　　C2. 支持流输入/输出的头文件（11 个）

头文件	描　述
<iostream>	支持标准流 cin、cout、cerr 和 clog 的输入和输出，它还支持多字节字符标准流 wcin、wcout、wcerr 和 wclog
<iomanip>	提供操纵程序，允许改变流的状态，从而改变输出的格式
<ios>	定义 iostream 的基类
<istream>	为管理输出流缓存区的输入定义模板类
<ostream>	为管理输出流缓存区的输出定义模板类
<sstream>	支持字符串的流输入/输出
<fstream>	支持文件的流输入/输出
<iosfwd>	为输入/输出对象提供向前的声明
<streambuf>	支持流输入/输出的缓存
<cstdio>	为标准流提供 C 样式的输入/输出
<cwchar>	支持多字节字符的 C 样式输/输出

附表 B-3　　C3. 与诊断功能相关的头文件（3 个）

头文件	描　述
<stdexcept>	定义标准异常，异常是处理错误的方式
<cassert>	定义断言宏，用于检查运行期间的情形
<cerrno>	支持 C 样式的错误信息

附表 B-4　　C4. 定义工具函数的头文件（4 个）

头文件	描　述
<utility>	定义重载的关系运算符，简化关系运算符的写入，它还定义了 pair 类型。该类型是一种模板类型，可以存储一对值。这些功能可在库的其他部分使用
<functional>	定义了许多函数对象类型和支持函数对象的功能，函数对象是支持 operator()函数调用运算符的任意对象
<memory>	为容器、管理内存的函数和 auto_ptr 模板类定义标准内存分配器
<ctime>	支持系统时钟函数

附表 B-5　　C5. 支持字符串处理的头文件（6 个）

头文件	描　述
<string>	为字符串类型提供支持和定义，包括单字节字符串（由 char 组成）的 string 和多字节字符串（由 wchar_t 组成）
<cctype>	单字节字符类别
<cwctype>	多字节字符类别
<cstring>	为处理非空字节序列和内存块提供函数，这不同于对应的标准 C 库头文件，几个 C 样式字符串的一般 C 库函数被返回值为 const 和非 const 的函数对替代了
<cwchar>	为处理、执行 I/O 和转换多字节字符序列提供函数，它不同于对应的标准 C 库头文件，几个多字节 C 样式字符串操作的一般 C 库函数被返回值为 const 和非 const 的函数对替代了
<cstdlib>	为将单字节字符串转换为数值、多字节字符和多字节字符串之间的转换提供函数

附表 B-6　　C6. 定义容器类的模板的头文件（8 个）

头文件	描　　述
<vector>	定义 vector 序列模板，它是一个大小可以重新设置的数组类型，比普通数组更安全、更灵活
<list>	定义 list 序列模板，它是一个序列的链表，常常在任意位置插入和删除元素
<deque>	定义 deque 序列模板，支持在开始和结尾时的高效插入和删除操作
<queue>	为队列（先进先出）数据结构定义序列适配器 queue 和 priority_queue
<stack>	为堆栈（后进先出）数据结构定义序列适配器 stack
<map>	map 是一个关联容器类型，允许根据键值是唯一的，且按照升序存储。multimap 类似于 map，但键不是唯一的
<set>	set 是一个关联容器类型，用于以升序方式存储唯一值。multiset 类似于 set，但是值不是唯一的。
<bitset>	为固定长度的位序列定义 bitset 模板，它可以被视为固定长度的紧凑型 bool 数组

附表 B-7　　C7. 支持迭代器的头文件（1 个）

头文件	描　　述
<iterator>	为迭代器提供定义和支持

附表 B-8　　C8. 有关算法的头文件（3 个）

头文件	描　　述
<algorithm>	提供一组基于算法的函数，包括置换、排序、合并和搜索
<cstdlib>	声明 C 标准库函数 bsearch()和 qsort()，进行搜索和排序
<ciso646>	允许在代码中使用 and 代替&&

附表 B-9　　C9. 有关数值操作的头文件（5 个）

头文件	描　　述
<complex>	支持复杂数值的定义和操作
<valarray>	支持数值矢量的操作
<numeric>	在数值序列上定义一组一般数学操作，如 accumulate 和 inner_product
<cmath>	这是 C 数学库，其中还附加了重载函数，以支持 C++约定
<cstdlib>	提供的函数可以提取整数的绝对值，对整数进行取余数操作

附表 B-10　　C10. 有关本地化的头文件（2 个）

头文件	描　　述
<locale>	提供的本地化包括字符类别、排序序列以及货币和日期表示
<clocale>	对本地化提供 C 样式支持

附录C C++常用库函数

附表 C-1　　常用数学函数（头文件为 #include <math> 或者 #include <math.h>）

函数原型	功能	返回值
int abs(int x)	求整数 x 的绝对值	绝对值
double acos(double x)	计算 arcos(x)的值	计算结果
double asin(double x)	计算 arsin(x)的值	计算结果
double atan(double x)	计算 arctan(x)的值	计算结果
double cos(double x)	计算 cos(x)的值	计算结果
double cosh(double x)	计算 x 的双曲余弦 cosh(x)的值	计算结果
double exp(double x)	求的值	计算结果
double fabs(double x)	求实数 x 的绝对值	绝对值
double fmod(double x)	求 x/y 的余数	余数的双精度数
long labs(long x)	求长整型数的绝对值	绝对值
double log(double x)	计算 ln(x)的值	计算结果
double log10(double x)	计算 lg(x)的值	计算结果
double modf(double x, double *y)	取 x 的整数部分送到 y 所指向的单元格中	x 的小数部分
double pow(double x, double y)	求 x 的 y 次幂	计算结果
double sin(double x)	计算 sin(x)的值	计算结果
double sqrt(double x)	求 x 的平方根	计算结果
double tan(double x)	计算 tan(x)的值	计算结果
fcvt	将浮点型数转化为字符串	

附表 C-2　　常用字符串处理函数（头文件为 #include <string> 或者 #include <string.h>）

函数原型	功能	返回值
void *memcpy(void *p1, const void *p2 size_t n)	存储器拷贝，将 p2 所指向的共 n 个字节复制到 p1 所指向的存储区中	目的存储区的起始地址（实现任意数据类型之间的复制）
void *memset(void *p int v, size_t n)	将 v 的值作为 p 所指向的区域的值，n 是 p 所指向区域的大小	该区域的起始地址
char *strcpy(char *p1, const char *p2)	将 p2 所指向的字符串复制到 p1 所指向的存储区中	目的存储区的起始地址

续表

函数原型	功能	返回值
char *strcat(char *p1, const char *p2)	将 p2 所指向的字符串连接到 p1 所指向的字符串后面	目的存储区的起始地址
int strcmp(const char *p1, const char *p2)	比较 p1、p2 所指向的两个字符串的大小	若两个字符串相同，返回 0；若 p1 所指向的字符串小于 p2 所指的字符串，返回负值；否则，返回正值
int strlen(const char *p)	求 p 所指向的字符串的长度	字符串所包含的字符个数（不包括字符串结束标志'\n'）
char *strncpy(char *p1, const char *p2, size_t n)	将 p2 所指向的字符串（至多 n 个字符）复制到 p1 所指向的存储区中	目的存储区的起始地址（与 strcpy()类似）
char *strncat(char *p1, const char *p2, size_t n)	将 p2 所指向的字符串（至多 n 个字符）连接到 p1 所指向的字符串的后面	目的存储区的起始地址（与 strcpy()类似）
char *strncmp(const char *p1, const char *p2, size_t n)	比较 p1、p2 所指向的两个字符串的大小，至多比较 n 个字符	若两个字符串相同，返回 0；若 p1 所指向的字符串小于 p2 所指的字符串，返回负值；否则，返回正值（与 strcpy()类似）
char *strstr(const char *p1, const char *p2)	判断 p2 所指向的字符串是否为 p1 所指向的字符串的子串	若是子串，返回开始位置的地址；否则返回 0

附表 C-3 其他常用函数（头文件为#include <stdlib> 或者 #include <stdlib.h>）

函数原型	功能	返回值
void abort(void)	终止程序执行	
void exit(int)	终止程序执行	
double atof(const char *s)	将 s 所指向的字符串转换成实数	实数值
int atoi(const char *s)	将 s 所指向的字符串转换成整数	整数值
long atol(const char *s)	将 s 所指的字符串转换成长整数	长整数值
int rand(void)	产生一个随机整数	随机整数
void srand(unsigned int)	初始化随机数产生器	
int system(const char *s)	将 s 所指向的字符串作为一个可执行文件，并执行	
max(a, b)	求两个数中的较大数	大数
min(a,b)	求两个数中的较小数	小数

附表 C-4 实现键盘和文件输入/输出的成员函数（头文件为#include <iostream> 或者 #include <iostream.h>）

函数原型	功能	返回值
cin >> v	输入值送给变量	
cout << exp	输出表达式 exp 的值	
istream & istream::get(char &c)	输入字符到变量 c	
istream & istream::get(char *, int , char = '\n')	输入一行字符串	
istream & istream::getline(char *, int , char = '\n')	输入一行字符串	
void ifstream::open(const char*,int=**ios**::in, int = filebuf::openprot)	打开输入文件	

续表

函数原型	功　能	返回值
void ofstream::open(const char*,int=ios::out, int = filebuf::openprot)	打开输出文件	
void fsream::open(const char*,int , int = filebuf::openprot)	打开输入/输出文件	
ifstream::ifstream(const char*,int = ios::in, int = filebuf::openprot)	构造函数打开输入文件	
ofstream::ofstream(const char*,int=ios::out, int = filebuf::openprot)	构造函数打开输出函数	
fstream::fstream(const char*, int, int = filebuf::openprot)	构造函数打开输入/输出文件	
void istream::close()	关闭输入文件	
void ofsream::close()	关闭输出文件	
void fsream::close()	关闭输入/输出文件	
istream & istream::read(char*, int)	从文件中读取数据	
ostream & istream::write(const char*,int)	将数据写入文件中	
int ios::eof()	判断是否到达打开文件的尾部	1 为到达；2 为没有
istream & istream::seekg(streampos)	移动输入文件的指针	
istream & istream::seekg(streamoff,ios::seek_dir)	移动输入文件的指针	
streampos istream::tellg()	取输入文件的指针	
ostream & ostream::seekp(streampos)	移动输出文件的指针	
ostream & ostream::seekp(streamoff,ios::seek_dir)	移动输出文件的指针	
streampos ostream::tellp()	取输出文件的指针	

附录D STL 算法

STL 算法大致可分为以下四类：

（1）非可变序列算法：指不直接修改所操作的容器内容的算法；

（2）可变序列算法：指可以修改所操作的容器内容的算法；

（3）排序算法：包括对序列进行排序和合并的算法、搜索算法以及有序序列上的集合操作。

（4）数值算法：对容器内容进行数值计算。

附表 D-1　　查找算法（13 个）：判断容器中是否包含某个值

adjacent_find	在 iterator 对标识元素范围内，查找一对相邻重复元素，找到则返回指向这对元素的第一个元素的 ForwardIterator；否则返回 last。重载版本使用输入的二元操作符代替相等的判断
binary_search	在有序序列中查找 value，找到返回 true。重载版本使用指定的比较函数对象或函数指针来判断是否相等
count	利用等于操作符，把标志范围内的元素与输入值比较，返回相等元素个数
count_if	利用输入的操作符，对标志范围内的元素进行操作，返回结果为 true 的个数
equal_range	功能类似于 equal，返回一对 iterator，第一个表示 lower_bound，第二个表示 upper_bound
find	利用底层元素的等于操作符，对指定范围内的元素与输入值进行比较。当进行匹配时，结束搜索，返回该元素的一个 InputIterator
find_end	在指定范围内查找“由输入的另外一对 iterator 标志的第二个序列”的最后一次出现。找到则返回最后一对的第一个 ForwardIterator；否则返回输入的“另外一对”的第一个 ForwardIterator。重载版本使用用户输入的操作符代替等于操作
find_first_of	在指定范围内查找“由输入的另外一对 iterator 标志的第二个序列”中任意一个元素的第一次出现。重载版本中使用了用户自定义操作符
find_if	使用输入的函数代替等于操作符执行 find
lower_bound	返回一个 ForwardIterator，指向在有序序列范围内的可以插入指定值而不破坏容器顺序的第一个位置。重载函数使用自定义比较操作。
upper_bound	返回一个 ForwardIterator，指向在有序序列范围内插入 value 而不破坏容器顺序的最后一个位置，该位置标记一个大于 value 的值。重载函数使用自定义比较操作
search	给出两个范围，返回一个 ForwardIterator，查找成功则指向第一个范围内第一次出现子序列(第二个范围)的位置，查找失败则指向 last1。重载版本使用自定义的比较操作
search_n	在指定范围内查找 val 出现 n 次的子序列重载版本使用自定义的比较操作

附表 D-2　　排序和通用算法（14 个）：提供元素排序策略

inplace_merge	合并两个有序序列，结果序列覆盖两端范围。重载版本使用输入操作进行排序
merge	合并两个有序序列，并将它们存放到另一个序列中。重载版本使用自定义的比较
nth_element	将范围内的序列重新排序，使所有小于第 n 个元素的元素都排列在它前面，而大于它的都排列在它后面。重载版本使用自定义的比较操作
partial_sort	对序列做部分排序，被排序元素个数正好可以被放到范围内。重载版本使用自定义的比较操作
partial_sort_copy	与 partial_sort 类似，不过将经过排序的序列复制到另一个容器
partition	对指定范围内元素重新排序，使用输入函数，把结果为 true 的元素放在结果为 false 的元素之前
random_shuffle	对指定范围内的元素随机调整次序。重载版本输入一个随机数产生操作
reverse	将指定范围内元素进行反序排序
reverse_copy	与 reverse 类似，不过它是将结果写入另一个容器
rotate	将指定范围内元素移到容器末尾，由 middle 指向的元素成为容器第一个元素
rotate_copy	与 rotate 类似，不过它是将结果写入另一个容器
sort	以升序方式重新排列指定范围内的元素。重载版本使用自定义的比较操作
stable_sort	与 sort 类似，但保留了相等元素之间的顺序关系
stable_partition	与 partition 类似，但不保证保留容器中的相对顺序

附表 D-3　　删除和替换算法（15 个）

copy	复制序列
copy_backward	与 copy 相同，但元素是以相反顺序被复制
iter_swap	交换两个 ForwardIterator 的值
remove	删除指定范围内所有等于指定元素的元素。注意，该函数不是真正删除函数。内置函数不适合使用 remove 和 remove_if 函数
remove_copy	将所有不匹配元素复制到一个指定容器，返回 OutputIterator 指向被复制的末元素的下一个位置
remove_if	删除指定范围内输入操作结果为 true 的所有元素
remove_copy_if	将所有不匹配元素复制到一个指定容器
replace	将指定范围内所有等于 vold 的元素都用 vnew 代替
replace_copy	与 replace 类似，不过将结果写入另一个容器
replace_if	将指定范围内所有操作结果为 true 的元素用新值代替
replace_copy_if	与 replace_if 类似，但它是将结果写入另一个容器
swap	交换存储在两个对象中的值
swap_range	将指定范围内的元素与另一个序列元素值进行交换
unique	清除序列中重复元素，和 remove 类似，它也不能真正删除元素。重载版本使用自定义比较操作
unique_copy	与 unique 类似，但它是把结果输出到另一个容器

附表 D-4　排列组合算法（2 个）：提供计算给定集合按一定顺序的所有可能排列组合

next_permutation	取出当前范围内的排列，并重新排序为下一个排列。重载版本使用自定义的比较操作
prev_permutation	取出指定范围内的序列并将它重新排序为上一个序列如果不存在上一个序列则返回 false。重载版本使用自定义的比较操作

附表 D-5　算术算法（4 个）

accumulate	iterator 对标识的序列段元素之和，加到一个由 val 指定的初始值上。重载版本不再做加法，而是传进来的二元操作符被应用到元素上
partial_sum	创建一个新序列，其中每个元素值代表指定范围内该位置前所有元素之和。重载版本使用自定义操作代替加法
inner_product	对两个序列做内积（对应元素相乘，再求和）并将内积加到一个输入的初始值上。重载版本使用用户定义的操作
adjacent_difference	创建一个新序列，新序列中每个新值代表当前元素与上一个元素的差。重载版本用指定二元操作计算相邻元素的差

附表 D-6　生成和异变算法(6 个)

fill	将输入值赋给标志范围内的所有元素
fill_n	将输入值赋给 first ~ first+n 范围内的所有元素
for_each	用指定函数依次对指定范围内的所有元素进行迭代访问，返回所指定的函数类型。该函数不得修改序列中的元素
generate	连续调用输入的函数来填充指定的范围
generate_n	与 generate 函数类似，填充从指定 iterator 开始的 n 个元素
transform	将输入的操作作用于指定范围内的每个元素，并产生一个新的序列。重载版本将操作作用在一对元素上，另外一个元素则来自输入的另外一个序列。最后将结果输出到指定容器

附表 D-7　关系算法（8 个）

equal	如果两个序列在标志范围内元素都相等，返回 true。重载版本使用输入的操作符代替默认的等于操作符
includes	判断第一个指定范围内的所有元素是否都被第二个范围包含，使用底层元素的操作符“<”，成功返回 true。重载版本使用用户输入的函数
lexicographical_compare	比较两个序列。重载版本使用自定义比较操作
max	返回两个元素中较大一个。重载版本使用自定义比较操作
max_element	返回一个 ForwardIterator，指出序列中最大的元素。重载版本使用自定义比较操作
min	返回两个元素中较小一个。重载版本使用自定义比较操作
min_element	返回一个 ForwardIterator，指出序列中最小的元素。重载版本使用自定义比较操作
mismatch	并行比较两个序列，指出第一个不匹配的位置，返回一对 iterator，标志第一个不匹配元素位置；如果都匹配，则返回每个容器的 last 重载版本使用自定义的比较操作

附表 D-8　　集合算法（4 个）

set_union	构造一个有序序列，包含两个序列中所有的不重复元素。重载版本使用自定义的比较操作
set_intersection	构造一个有序序列，其中元素在两个序列中都存在。重载版本使用自定义的比较操作
set_difference	构造一个有序序列，该序列仅保留第一个序列中存在的而第二个中不存在的元素。重载版本使用自定义的比较操作
set_symmetric_difference	构造一个有序序列，该序列取两个序列的对称差集（并集-交集）

附表 D-9　　堆算法（4 个）

make_heap	把指定范围内的元素生成一个堆。重载版本使用自定义比较操作
pop_heap	并不真正把最大元素从堆中弹出，而是重新排序堆。它把 first 和 last−1 交换，然后重新生成一个堆。可使用容器的 back 来访问被"弹出"的元素或者使用 pop_back 进行真正的删除。重载版本使用自定义的比较操作
push_heap	假设 first～last−1 是一个有效堆，要被加入到堆的元素存放在位置 last−1，重新生成堆。在指向该函数前，必须先把元素插入容器后。重载版本使用指定的比较操作
sort_heap	对指定范围内的序列重新排序，它假设该序列是个有序堆。重载版本使用自定义的比较操作

习题参考答案

第 1 章　面向对象程序设计概念

1. 选择题

(1)	(2)	(3)	(4)	(5)	(6)	(7)	(8)
D	B	C	D	C	A	B	B

2. 填空题

(1)	链接	(3)	超集
(2)	类	(4)	继承性

第 2 章　C++语言基础

1. 分析下面程序运行的结果。

```
#include <iostream>
using namespace std;
int main()
{
    int a,b,c;
    a=10;
    b=3;
    c=a*b;
    cout<<"a*b=";
    cout<<c;
    cout<<endl;
    return 0;
}
```

结果：

```
a*b=30
```

2. 分析下面程序运行的结果。请先阅读程序，并写出程序运行后应输出的结果，然后上机运行程序，验证自己分析的结果是否正确。

```
#include <iostream>
using namespace std;
int main()
{
    int a,b,c;
    int fun(int x,int y,int z);
    cin>>a>>b>>c;
    c=fun(a,b,c);
    cout<<c<<endl;
    return 0;
}
int fun(int x,int y,int z)
{
    int k;
    if (x<y) k=x;
        else k=y;
    if (z<k) k=z;
    return(k);
}
```

结果：

```
5 0 9↙
0
```

3. 输入以下程序，编译并运行，分析运行结果

```
#include <iostream>
using namespace std;
int main()
{   void sort(int x,int y,int z);
    int x,y,z;
    cin>>x>>y>>z;
    sort(x,y,z);
    return 0;
}
void sort(int x, int y, int z)
{
    int temp;
    if (x>y) {temp=x;x=y;y=temp;}
    if (z<x)  cout<<z<<' '<<x<<' '<<y<<endl;
    else if (z<y) cout<<x<<' '<<z<<' '<<y<<endl;
    else cout<<x<<' '<<y<<' '<<z<<endl;
}
```

结果：

```
4 1 2↙
1 2 4
```

4. 一个数如果恰好等于它的因子之和，这个数就称为“完数”。例如，6 的因子为 1、2、3，而 6=1+2+3，因此 6 是“完数”。编程找出 1000 之内的所有完数并打印其因子。

方法一：

```
#include <iostream>
using namespace std;
int main()
  {int k[11];
   int i,a,n,s;
   for (a=2;a<=1000;a++)
   {n=0;
    s=a;
    for (i=1;i<a;i++)
     if ((a%i)==0)
       {n++;
        s=s-i;
        k[n]=i;             // 将找到的因子赋给 k[1] ~ k[10]
       }
   if (s==0)
    {cout<<a<<" is a 完数"<<endl;
     cout<<"its factors are:";
     for (i=1;i<n;i++)
       cout<<k[i]<<" ";
     cout<<k[n]<<endl;
     }
   }
   return 0;
}
```

方法二：

```
#include <iostream>
using namespace std;
 int main()
  {int m,s,i;
   for (m=2;m<1000;m++)
    {s=0;
     for (i=1;i<m;i++)
       if ((m%i)==0) s=s+i;
     if(s==m)
      {cout<<m<<" is a完数"<<endl;
       cout<<"its factors are:";
       for (i=1;i<m;i++)
        if (m%i==0)  cout<<i<<" ";
       cout<<endl;
      }
    }
   return 0;
 }
```

5. 对三个变量按由小到大顺序排序，要求使用变量的引用。

```
#include <iostream>
using namespace std;
int main()
{void swap(int *,int *);
 int i=3,j=5;
 swap(&i,&j);
 cout<<i<<" "<<j<<endl;
 return 0;
}

void swap(int *p1,int *p2)
{int temp;
 temp=*p1;
 *p1=*p2;
 *p2=temp;
}
```

6. 输入一个字符串，把其中的字符按逆序输出。例如：输入FRIDAY，输出YADIRF。

（1）用字符数组方法。

（2）用string方法。

```
#include <iostream>
using namespace std;
int main()
{ const n=10;
  int i;
  char a[n],temp;
  cout<<"please input a string:";
  for(i=0;i<n;i++)
      cin>>a[i];
  for(i=0;i<n/2;i++)
```

```
  {temp=a[i];a[i]=a[n-i-1];a[n-i-1]=temp;}
  for(i=0;i<n;i++)
      cout<<a[i];
  cout<<endl;
  return 0;
}

#include <iostream>
#include <string>
using namespace std;
int main()
{ string a;
  int i,n;
  char temp;
  cout<<"please input a string:";
  cin>>a;
  n=a.size();
  for(i=0;i<n/2;i++)
  {temp=a[i];a[i]=a[n-i-1];a[n-i-1]=temp;}
  cout<<a<<endl;
  return 0;
}
```

7. 定义一个结构体变量（包括年、月、日），编写程序，要求输入年、月、日，程序能计算并输出该日在本年中是第几天。注意闰年问题。

方法一：

```
#include <iostream>
using namespace std;
struct
     {int year;
     int month;
     int day;
     }date;
 int main()
    {int i,days;
     int day_tab[13]={0,31,28,31,30,31,30,31,31,30,31,30,31};
     cout<<"input year,month,day:";
     cin>>date.year>>date.month>>date.day;
     days=0;
     for (i=1;i<date.month;i++)
       days+=day_tab[i];
     days+=date.day;
     if ((date.year%4==0 && date.year%100!=0 || date.year%400==0) && date.month>=3)
       days+=1;
     cout<<date.month<<"/"<<date.day<<" is the "<<days
       <<"th day in "<<date.year<<"."<<endl;
    return 0;
}
```

方法二：

```
#include <iostream>
using namespace std;
struct
   { int year;
     int month;
     int day;
   }date;
int main()
 {int days;
  cout<<"input year,month,day:";
  cin>>date.year>>date.month>>date.day;
  switch(date.month)
  { case 1: days=date.day;       break;
    case 2: days=date.day+31;    break;
    case 3: days=date.day+59;    break;
    case 4: days=date.day+90;    break;
    case 5: days=date.day+120;   break;
    case 6: days=date.day+151;   break;
    case 7: days=date.day+181;   break;
    case 8: days=date.day+212;   break;
    case 9: days=date.day+243;   break;
    case 10: days=date.day+273;  break;
    case 11: days=date.day+304;  break;
    case 12: days=date.day+334;  break;
  }
 if ((date.year %4== 0 && date.year % 100 != 0
      ||date.year % 400 == 0) && date.month >=3)
        days+=1;
 cout<<date.month<<"/"<<date.day<<" is the "<<days
     <<"th day in "<<date.year<<"."<<endl;
 return 0;
}
```

8. 一个班有四个学生，五门课。（1）求第一门课的平均分。（2）找出有两门以上课程不及格的学生，输出他们的学号和全部课程成绩和平均成绩（3）找出平均成绩在90分以上或全部课程成绩在85分以上的学生。分别编写三个函数实现以上要求。

```
#include <iostream>
using namespace std;
int main()
{void avsco(float *,float *);
 void avcour1(char (*)[10],float *);
 void fali2(char course[5][10],int num[],float *pscore,float aver[4]);
 void good(char course[5][10],int num[4],float *pscore,float aver[4]);
 int i,j,*pnum,num[4];
 float score[4][5],aver[4],*pscore,*paver;
 char course[5][10],(*pcourse)[10];
 cout<<"input course:"<<endl;
 pcourse=course;
 for (i=0;i<5;i++)
   cin>>course[i];
```

```
 cout<<"input NO. and scores:"<<endl;
 cout<<"NO.";
 for (i=0;i<5;i++)
   cout<<","<<course[i];
 cout<<endl;
 pscore=&score[0][0];
 pnum=&num[0];
 for (i=0;i<4;i++)
 {cin>>*(pnum+i);
  for (j=0;j<5;j++)
    cin>>*(pscore+5*i+j);
 }
 paver=&aver[0];
 cout<<endl<<endl;
 avsco(pscore,paver);                      // 求出每个学生的平均成绩
 avcour1(pcourse,pscore);                  // 求出第一门课程的平均成绩
 cout<<endl<<endl;
 fali2(pcourse,pnum,pscore,paver);         // 找出两门课不及格的学生
 cout<<endl<<endl;
 good(pcourse,pnum,pscore,paver);          // 找出成绩好的学生
 return 0;
}

void avsco(float *pscore,float *paver)    // 求每个学生的平均成绩的函数
 {int i,j;
  float sum,average;
  for (i=0;i<4;i++)
   {sum=0.0;
    for (j=0;j<5;j++)
      sum=sum+(*(pscore+5*i+j));          //累计每个学生的各科成绩
    average=sum/5;                        //计算平均成绩
    *(paver+i)=average;
   }
}

void avcour1(char (*pcourse)[10],float *pscore)        // 求第一门课程的平均成绩的函数
 {int i;
  float sum,average1;
  sum=0.0;
  for (i=0;i<4;i++)
    sum=sum+(*(pscore+5*i));                //累计每个学生的得分
  average1=sum/4;                           //计算平均成绩
  cout<<"course 1: "<<*pcourse<<",average score:"<<average1<<endl;
}

void fail2(char course[5][10],int num[],float *pscore,float aver[4])
          // 找两门以上课程不及格的学生的函数
 {int i,j,k,label;
  cout<<"   ==========Student who failed in two courses =======   "<<endl;
  cout<<"NO.   ";
  for (i=0;i<5;i++)
    cout<<course[i]<<"  ";
```

```
    cout<<"  average"<<endl;
    for (i=0;i<4;i++)
    {label=0;
     for (j=0;j<5;j++)
       if (*(pscore+5*i+j)<60.0) label++;
     if (label>=2)
      {cout<<num[i]<<"      ";
       for (k=0;k<5;k++)
         cout<<*(pscore+5*i+k)<<"       ";
       cout<<"    "<<aver[i]<<endl;
      }
    }
}

void good(char course[5][10],int num[4],float *pscore,float aver[4])
    // 找成绩优秀学生(全部课程成绩在 85 分以上或平均成绩在 90 分以上)的函数
 {int i,j,k,n;
  cout<<"    ======Students whose score is good======"<<endl;
  cout<<"NO.   ";
  for (i=0;i<5;i++)
    cout<<course[i]<<"  ";
  cout<<"  average"<<endl;
  for (i=0;i<4;i++)
   {n=0;
    for (j=0;j<5;j++)
      if (*(pscore+5*i+j)>85.0) n++;
    if ((n==5)||(aver[i]>=90))
     {cout<<num[i]<<"      ";
      for (k=0;k<5;k++)
        cout<<*(pscore+5*i+k)<<"       ";
      cout<<"    "<<aver[i]<<endl;
     }
 }
}
```

9. 编写程序，用同一个函数名对若干个数据进行从小到大排序，数据类型可以是整型、单精度型、双精度型，用重载函数实现。

```
#include<iostream>
using namespace std;
void PopSort(int array[],int n);
void PopSort(float array[],int n);
void PopSort(double array[],int n);
void main()
{   int i;
    int a[10]={3,0,4,2,90,89,-32,43,1,23};
    float b[10]={2.4,-2.23,0,-32.1,4.2,4.23,8.2,9.3,23,2.3};
    double c[10]={3.3,0.2,4.32,2.12,90.3,8.39,-3.22,43.1,1.3,23.4};
    PopSort(a,10);
    PopSort(b,10);
    PopSort(c,10);
    for(i=0;i<10;i++)
        cout<<a[i]<<' ';
```

```
    cout<<endl;
    for(i=0;i<10;i++)
        cout<<b[i]<<' ';
    cout<<endl;
    for(i=0;i<10;i++)
        cout<<c[i]<<' ';
    cout<<endl;
}
void PopSort(int array[],int n)
{
 int i,j;
 int temp=0;//中间变量
 for(i=0;i<n;i++)//for(i=1;i<n-1;i++)
 {
  for(j=0;j<n-i-1;j++)
  {
   if(array[j]>array[j+1])
   {
    //数据交换
    temp=array[j];
    array[j]=array[j+1];
    array[j+1]=temp;
   }
  }
 }
}
void PopSort(float array[],int n)
{
 int i,j;
 float temp=0;//中间变量
 for(i=0;i<n;i++)//for(i=1;i<n-1;i++)
 {
  for(j=0;j<n-i-1;j++)
  {
   if(array[j]>array[j+1])
   {
    //数据交换
    temp=array[j];
    array[j]=array[j+1];
    array[j+1]=temp;
   }
  }
 }
}
void PopSort(double array[],int n)
{
 int i,j;
 double temp=0;//中间变量
 for(i=0;i<n;i++)//for(i=1;i<n-1;i++)
 {
  for(j=0;j<n-i-1;j++)
  {
```

```
   if(array[j]>array[j+1])
   {
    //数据交换
    temp=array[j];
    array[j]=array[j+1];
    array[j+1]=temp;
   }
  }
 }
}
```

结果：

```
-32 0 1 2 3 4 23 43 89 90
-32.1 -2.23 0 2.3 2.4 4.2 4.23 8.2 9.3 23
-3.22 0.2 1.3 2.12 3.3 4.32 8.39 23.4 43.1 90.3
```

10. 求两个数或三个正整数中的最大数，用带有默认参数的函数实现。

```
#include <iostream>
using namespace std;
int main( )
{
    int max(int a,int b,int c=0);
    int a,b,c;
    cin >> a >> b >> c;
    cout << " max(a,b,c)= " << max(a,b,c) << endl;
    cout << " max(a,b)= " <<max(a,b) << endl;
    return 0;
}
int max(int a,int b,int c)
{
    if(b>a) a=b;
    if(c>a) a=c;
    return a;
}
```

结果：

```
3 9 21↙
max(a,b,c)= 21
max(a,b)= 9
```

第 3 章 类与对象

1. 选择题

(1)	(2)	(3)	(4)	(5)	(6)	(7)	(8)	(9)	(10)	(11)	(12)	(13)	(14)	(15)	(16)
A	B	B	A	C	C	B	D	D	C	B	C	D	D	D	D

2. 读程序并写出下列程序运行结果

(1)	3 6 4 3 10 20 c b T t t M	(3)	Construtor 5 5 Destructor 5
(2)	Default constructing with default value:0 Constructing with given value:20 Display a number:0 Display a number:20 Destructing Destructing	(4)	Constructor1 Constructor2 i=0 i=10 Destructor Destructor

3. 程序填空题

a	MyClass(const MyClass& p)	f	void init(int k, int t)
b	MyClass(const MyClass& p)	g	a.print()
c	p.X	h	a m(1)
d	Y= p.Y	i	a.show()
e	p = new int (*s.p)	j	this->data=data;

4. 定义一个矩形类，包含长和宽两个属性，并通过成员函数 getArea()计算矩形的面积。

```
#include <iostream>
using namespace std;
class Rectangle{
private:
    double  w, h;
public:
    Rectangle(int pw, int ph);
    double getArea();
};

Rectangle::Rectangle(int pw, int ph):w(pw), h(ph)
{                                                 }

double Rectangle::getArea()
{
    return w*h;
}

int main()
{
```

```
    Rectangle  r(4,5);
    cout<<"r的面积:"<<r.getArea()<<endl;
}
```

5. 定义一个 Circle 类，包含数据成员 radius（半径），通过成员函数 getArea()获取面积，成员函数 getcircumference()获取周长，在主函数中构造一个 Circle 对象进行测试。

```
#include <iostream>
using namespace std;
class Circle{
private:
    double  r;
public:
    Circle(int pr);
    double getArea();
    double getcircumference();
};

Circle::Circle(int pr):r(pr)
{                                       }

double Circle::getArea()
{
    return 3.1415926*r*r;
}

double Circle::getcircumference()
{
    return 3.1415926*2*r;
}

int main()
{
    Circle  r(4);
    cout<<"r的面积:"<<r.getArea()<<endl;
    cout<<"r的周长:"<<r.getcircumference()<<endl;
}
```

6. 利用习题 5 中已经写好的类，完成关于游泳场改造预算的问题求解。

一个圆形游泳场如图 3-5 所示，游泳场周围要建一圆形过道，并在其周围围上栅栏，栅栏造价为 100 元/m，过道造价为 80 元/m^2，游泳池的造价为 250 元/m^2。过道宽度为 3m，游泳场中间游泳池的半径大小是根据建筑规划时具体情况从键盘输入的数值。试编程计算整个游泳场的造价。

```
#include <iostream>
using namespace std;
const  float PI=3.1415926;
const  float FENCE_PRICE=100;
const  float ROAD_PRICE=80;
const  float POOL_PRICE=250;
class Circle{
private:
    double  r;
```

```
public:
    Circle(int pr);
    double getArea();
    double getcircumference();
};

Circle::Circle(int pr):r(pr)
{                   }

double Circle::getArea()
{
    return 3.1415926*r*r;
}

double Circle::getcircumference()
{
    return 3.1415926*2*r;
}

int main()
{
    float  radius;
    cout<<"Please input the radius of pool:";
    cin>>radius;
    Circle   pool(radius);
    Circle   poolRim(radius+3);

    cout<<"栅栏的造价为"<<poolRim.getcircumference()*FENCE_PRICE<<endl;
    cout<<"过道的造价为"<<(poolRim.getArea()-pool.getArea())*ROAD_PRICE<<endl;
    cout<<"泳池的造价为"<<pool.getArea()*POOL_PRICE<<endl;
}
```

7. this 指针是如何传递给类中函数的?

答：this 是通过函数参数的首参数来传递的。this 指针是在调用之前生成的，指向调用成员函数的对象。

第 4 章　共享与保护

1. 选择题

（1）	（2）	（3）	（4）	（5）	（6）	（7）	（8）	（9）	（10）	（11）	（12）
C	A	A	A	C	B	D	C	C	B	C	D

2. 填空题

(a)	static	(e)	主函数（main）	(i)	static int test::fun
(b)	函数头	(f)	类的一般	(j)	x=1, y= 10, r=1 x=2, y=10, r=2
(c)	函数体	(g)	int Sample::date=0;	(k)	x=1, y= 10, r=1 x=2, y=10, r=2
(d)	成员初始化列表	(h)	int test:: x=5		

3. 什么叫作作用域，有哪几种类型的作用域？

答：作用域是一个标识符在程序正文中有效的区域。C++中标识符的作用域有函数原型作用域、局部作用域（块作用域）、类作用域、命名空间作用域。

4. 在函数 f()中定义一个静态变量 n，f()中对 n 的值加 1，在主函数中，调用 f()10 次，显示 n 的值。

```
#include <iostream>
using namespace std;
int  f()
{
    static int n = 0;
    n++;
    return n;
}

int main()
{
    for(int i = 1;i<=10;i++)
        cout<<"第"<<i<<"次调用后 f 中静态变量的值 n 为: "<<f()<<endl;
}
```

5. 假设一个公司的正式员工实行终生编号制，第一个正式员工的工号为 1，第二个正式员工的工号为 2，依次类推。试编写程序设计员工类，其基本属性包括员工工号、姓名、年龄和职称等。工号按上述规则自动生成。请设计必要的成员函数，完成此类。

```
#include <iostream>
#include <string>
using namespace std;
class Employee
{
private:
    static  int count;
    int         ID;
    string    name;
```

```
    int         age;
    char    Level;    //H,M,L
public:
    Employee(string pName, int page, char pLevel);
    void display();
};

int Employee::count=0;
Employee::Employee(string pName, int page, char pLevel)
{
    count++;
    ID = count;
    name = pName;
    age = page;
    Level = pLevel;
}

void Employee::display()
{
    cout<<"工号: "<<ID<<"  姓名: "<<name<<"  年龄: "<<age<<"  级别: "<<Level<<endl;
}

int main()
{
    Employee  e1("Zhang", 20, 'L');
    Employee  e2("Li", 21, 'L');
    Employee  e3("Sun", 30, 'L');
    e1.display();
    e2.display();
    e3.display();
    return 0;
}
```

第5章　继承与派生

1. 选择题

（1）	（2）	（3）	（4）	（5）	（6）	（7）	（8）	（9）	（10）	（11）	（12）
D	C	A	C	D	A	D	C	D	A	D	D

2. 填空题

a	基类的构造函数	g	公有成员	m	A(aa),c(aa+1)
b	成员对象的构造函数	h	私有成员	n	Base::fun();
c	派生类本身的构造函数	i	保护成员	o	virtual public A
d	私有成员	j	B1B2D	p	virtual public A
e	公有成员	k	~C ~B ~A		
f	保护成员	l	2		

3. 如果派生类B已经重新定义了基类A的一个公有成员函数fn1()，没有重新定义基类的公有成员函数fn2()，那么，如何通过派生类B的对象调用基类的成员函数fn1()和fn2()?

答：调用方式如下示例代码所示：

```
B  b;
b.A::fn1();
b.fn2();
```

4. 定义一个基类Point，在Point的基础上派生出Rectagnle和Circle，二者都有getArea()函数计算面积。

```
#include <iostream>
using namespace std;
class Point
{
    int  x,y;
public:
    Point(int px, int py)
    {
        x=px, y = py;
    }
    double getArea()
    {
        return 0;
    }
};

class Rectangle:public Point
{
    double w,h;
public:
    Rectangle(int px, int py, int pw, int ph):Point(px, py)
    {
```

```
        w = pw, h = ph;
    }
    double getArea()
    {
        return w*h;
    }
};

class  circle:public Point
{
    double r;
public:
    circle(int px, int py, int pr):Point(px, py)
    {
        r = pr;
    }
    double getArea()
    {
        return 3.1415926*r*r;
    }
};

int main()
{
    Rectangle  rect(3,4, 12, 23);
    circle     r(3,4,12);
    cout<<rect.getArea()<<endl;
    cout<<r.getArea()<<endl;
}
```

5. 定义一个基类及其派生类，在构造函数和析构函数中输出提示信息，构造派生类对象，观察构造函数析构函数的执行情况。

6. 什么叫作虚基类，它有何作用？

答：当某类的部分或全部基类是从另一个共同基类派生而来时，在这些直接基类中从上一级共同基类继承来的成员就拥有相同的名称。在派生的对象中，这些同名数据成员在内存中同时拥有多个副本，同一个函数会有多个映射。可以将共同的基类设置为虚基类，这是从不同路径继承过来的同名数据成员在内存中就只有一个副本，同一个函数名也只有一个映射。

第6章 多 态 性

1. 选择题

(1)	(2)	(3)	(4)	(5)	(6)	(7)	(8)	(9)	(10)	(11)	(12)	(13)	(14)	(15)	(16)
C	B	D	A	D	C	B	B	B	C	D	C	C	C	D	C

2. 填空题

a	静态	h	1	o	2_120
b	编译	i	operator+=(x,y);	p	virtual
c	virtual	j	operator double();	q	Book(s1)
d	抽象	k	AB	r	int CalArea()
e	. ?: sizeof :: .*	l	1，2	s	Vector2D::
f	=	m	6+1i	t	x+a.x, y+a.y
g	->*	n	2 5		

3. 什么是多态性？在C++中如何实现多态性？

答：多态是指同样的消息被不同类型的对象接收时导致不同的行为。面向对象的多态性可以分为四类：重载多态，强制多态，包含多态和参数多态。从实现的角度多态划分为两类：编译时的多态和运行时的多态。

4. 编写一个时间类，实现时间的加、减、读和输出。

```
#include <iostream>
using namespace std;
class time
{
    int hour, minute, second;
public:
    time(int h, int m, int s);
    void print();
    time operator+(const time& t);
    time operator-(const time& t);
};

time::time(int h, int m, int s):hour(h), minute(m), second(s)
{           }

void time::print()
{
    cout<<hour<<"小时"<<minute<<"分"<<second<<"秒"<<endl;
}

time time::operator+(const time& t)
{
    int s=second+t.second;
    int m=s/60+minute+t.minute;
    int h=m/60+hour+t.hour;
```

```
    s = s%60;
    m = m%60;
    h = h%24;
    return time(h,m,s);
}

time time::operator-(const time& t)
{
    int s=hour*3600+minute*60+second-(t.hour*3600+t.minute*60+t.second);
    if(s>=0)
        return time(s/3600,s/60%60,s%60);
    else
    {
        return time(-s/3600,-s/60%60,-s%60);
    }
}

int main()
{
    time   t1(9,30,29);
    time   t2(8,32,43);
    time tadd = t1+t2;
    time tsub = t2-t1;
    tadd.print();
    tsub.print();
    return 0;
}
```

5. （1）在 C++中能否声明虚构造函数，为什么？（2）在 C++中能否声明虚析构函数？有何用途？

答：（1）在 C++中，不能声明虚构造函数。因为构造函数是在定义对象时被调用，完成对象初始化，此时对象还没有完全建立。虚函数作为运行时的动态性的基础，主要是针对对象的，而构造函数是在对象产生之前运行的。所以，将构造函数声明为虚函数是没有意义的。

（2）析构函数可以声明为虚函数。由于实施多态性时是通过将基类的指针指向派生类的对象来完成的，如果删除改指针，就会调用该指针指向的派生类的析构函数，而派生类的析构函数又自动调用基类的析构函数，这样整个派生类的对象才被完全释放。

6. 编写一个计数器 Count 类，对其重载前缀++和后缀++。

答：

```
#include <iostream>
using namespace std;

class Count{                        //Count 类定义
private:
    int num;
public:
    Count(int pnum=0):num(pnum)
    {

    }
```

```
    void print();
    Count operator++();              //前缀++运算符重载
    Count operator++(int);           //后缀++运算符重载
};

void Count::print()                  //输出
{
    cout<<"Count 值为:"<<num<<endl;
}

Count Count::operator++()            //前缀++，先返回++后的值
{
    num++;
    return *this;
}

Count Count::operator++(int)         //返回++前的值，本身值进行++操作
{
    Count old = *this;
    num++;
    return old;
}

int main()
{
    Count a(3),b,c;
    cout<<"a:"<<endl;
    a.print();
    b=a++;                           //a 的值赋给 b，a 再执行++操作
    cout<<"执行 b=a++后:"<<endl;
    cout<<"a:"<<endl;
    a.print();
    cout<<"b:"<<endl;
    b.print();
    c=++a;                           //a++后的值赋给 c
    cout<<"执行 c=++a 后:"<<endl;
    cout<<"a:"<<endl;
    a.print();
    cout<<"c:"<<endl;
    c.print();
    getchar();
    return 0;
}
```

7. 定义一个基类 Base，从它派生出新的类 Derived，在基类 Base 中声明虚析构函数，在主函数中将一个动态分配的 Derived 对象地址赋给一个 Base 的指针，然后通过指针释放空间，观察程序运行过程。

答：

```
#include <iostream>
using namespace std;
class Base{
```

```
    int a,b;
public:
    Base(int x, int y)
    {a = x, b = y;}
    virtual ~Base()
    {
        cout <<"基类 Base 析构函数调用:"<<endl;
        cout<<"a="<<a<<endl;
        cout<<"b="<<b<<endl;
    }
};

class Derived:public Base
{
    int c;
public:
    Derived(int x, int y, int z):Base(x,y)
    {c=z;}
    ~Derived()
    {
        cout<<"派生类 Derived 析构函数调用:"<<endl;
        cout<<"c="<<c<<endl;
    }
};
int main()
{
    Base *mp;
    mp = new Derived(10,20,30);
    delete mp;
    return 0;
}
```

第7章 模　　板

1. 什么是模板?

答：模板是用单个程序段指定一组相关函数或一组相关类，即将一段程序中所处理的对象类型参数化，就使这段程序能够处理某个范围内的各种类型的对象。这组相关函数或类的代码结构形式相同，仅在所针对的类型上各不相同。

2. 函数模板如何定义?函数模板与模板函数之间有什么关系?

答：函数模板的一般定义格式如下：

```
template <<模板参数表>>
 <返回类型> <函数名> (<参数表>)
{
    // <函数体>
}
```

函数模板是对一组函数的描述，模板函数为函数模板的实例化；一个函数模板对于某种类型的参数生成一个模板函数，不同类型参数的模板函数是重载的。函数模板与模板函数的区别:

函数模板不是一个函数，在定义中使用了参数化类型，编译系统并不产生任何执行代码；模板函数是一种实实在在的函数定义，它的函数体与某个函数模板的函数体相同。编译系统遇到模板函数调用时，将生成可执行代码。

3. 类模板如何定义?类模板与模板类之间有什么关系?

答：类模板的一般定义格式如下：

```
template <<模板参数表>>
class  <类名>
{
     <类体说明>
};
```

类模板是对一组类的描述；定义了类模板后，可以通过对模板类型参数指定某种类型，编译系统就能依据类模板自动生成一个模板类，即类模板的实例化。模板类可以用来定义对象，或者说明函数的参数或返回值，而类模板不能。

4. 类模板可以作为基类定义派生类模板吗?

答：能。

5. 分析下列程序的输出结果。

```
#include<iostream>
using namespace std;
template <class T>
T max(T a,T b)
{
    return (a>b ? a:b);
}
void main()
{
    cout<<max(8,10)<<","<<max(5.8,6.9)<<endl;
}
```

答：10, 6.9

6. 分析下列程序的输出结果。

```
#include <iostream>
#include <string>
using namespace std;
template <class T>
T max(T x,T y)
{
    return x>y? x:y;
}
char  *max( char *x,char *y)
{
    if(strcmp(x,y)>=0)
        return x;
    else
        return y;
}
void main()
{
    int a(20),b(9);
    cout<<max(a,b) <<endl;
    double m=11.2,n=9.5;
    cout<<max(m,n) <<endl;
    char x='G',y='L';
    cout<<max(x,y) <<endl;
    char *s1="cdkl",*s2="cdmn";
    cout<<max(s1,s2)<<endl;
}
```

答：20

11.2

L

cdmn

7. 分析下列程序的输出结果。

```
#include<iostream >
using namespace std;
template <class T>
class Sample
{
    T n;
    public:
        Sample(T i){n=i;}
        void operator++();
        void disp(){cout<<"n="<<n<<endl;}
};
template <class T>
void Sample<T>::operator++()
{
    n+=1;
}
```

```
void main()
{
    Sample<char> s('a');
    s++;
    s.disp();
}
```

答：n=b

8. 分析下列程序的输出结果。

```
#include<iostream >
using namespace std;
class Base_A
{
public:
    Base_A(){cout<<"创建Base_A"<<endl;}
};
   class Base_B
{
public:
    Base_B(){ cout<<"创建Base_B"<<endl;}
};
template<typename T>
class Derived:public T
{
public:
   Derived():T(){ cout<<"创建Derived"<<endl;}
};
void main()
{
    Derived<Base_A> a;
    Derived<Base_B> b;
 }
```

答：创建Base_A
创建Derived
创建Base_B
创建Derived

9. 用函数模板实现对一维数组的排序功能，并用int型、double型对其进行验证。

答：编程如下：

```
#include <iostream>
#include <string>
using namespace std;
template <class T> void Sort(T *a, int n)
{
        int i,j;
        T t;
        for(i=0;i<n-1;i++)
        for(j=0;j<n-i-1;j++)
          if (a[j]>a[j+1])
             {  t=a[j];
```

```
                a[j]=a[j+1];
                a[j+1]=t;
            }
}
template<class T> void Print (T *a, int n)
{
    int i;
    for(i=0;i<n;i++)
        cout<<a[i]<<" ";
    cout<<endl;
}
void main()
{
        int A[10]={30,22,50,-45,19,-8,26,41,100};
        double B[10]={6.07,160.34,-20.12,76.1,100.5,-89,-27.34,5.67,8.99,9.88};
        Sort<int>(A,10);
        Sort<double>(B,10);
        Print(A,10);
        Print(B,10);
      }
```

10. 设计一个数组类模板，完成对数组元素的查找功能，并用 int 型、double 型对其进行验证。

答：编程如下：

```
#include <iostream>
using namespace std;
template<class T,int n>
class Array
{
    int size;
    T *element;
  public:
    Array();
    ~ Array();
    int Search(T);
    void SetElement(int index,const T& value);
};
template<class T,int n>
Array<T,n>:: Array()
{
    size=n>1? n:1;
    element=new T[size];
}
template<class T,int n>
Array<T,n>::~ Array()
{
    delete [] element;
}
template<class T,int n>
int Array<T,n>::Search(T t)
{
    int i;
    for(i=0;i<size;i++)
```

```
        if(element[i]==t)
            return i;
    return -1;
}
template<class T,int n>
void Array<T,n>::SetElement(int index, const T &value)
{
  element[index]=value;
}
void main()
{
    Array <int,20> A;
    Array<double,20> B;
    int i,j;
    for(i=0;i<20;i++)
        A.SetElement(i,i+10);
    for(j=0;j<20;j++)
        B.SetElement(j, 2*j*0.55);
    i=A.Search(15);
    if(i>=0)
        cout<<i<<endl;
    j=B.Search(19.8);
    if(j>=0)
        cout<<j<<endl;
}
```

第 8 章　I/O 流

1. 使用 C++语句实现下列各种要求

（1）设置标志使得十六进制数中字母按大写格式输出。

答：cout.setf(ios::hex,ios::basefield);

cout.setf(ios::uppercase);

（2）按右对齐方式，域为 5 位，输出常整型数 123，并使用'#'填充空位。

答：cout.setf(ios::right,ios::adjustfield);

cout.width(5);

cout.fill('#');

const int a=123;

cout<<a<<endl;

（3）按域宽为 i，精度为 j（i 和 j 为 int 型数），输出显示浮点数 d。

答：int j=10,j=5;

cout.width(i);

coutprecision(j);

cout<<d<<endl;

（4）使用前导 0 的格式显示输出域宽为 10 的浮点数 1.2345。

答：cout.width(10);

double d=1.2345;

cout.fill('0');

cout<<d<<endl;

2. 分析下列程序的输出结果。

```
#include<iostream >
#include <iomanip>
using namespace std;

void main()
{
    int a=234;
    cout<<oct<<a<<endl;
    cout<<hex<<a<<endl;
    cout<<dec<<a<<endl;
    cout<<setfill('*')<<setw(8)<<a<<"ok"<<endl;
    double b=1.234567;
    cout<<b<<endl;
    cout<<setw(8)<<setprecision(4)<<b<<endl;
}
```

答：352

ea

234

*****234ok

1.23457

***1.235

3. 分析下列程序的输出结果。

```
#include <iostream>
#include <iomanip>
using namespace std;
ostream &out1(ostream &outs)
{
  outs.setf(ios::left);
  outs<<setw(8)<<oct<<setfill('#');
  return outs;
}
void main()
{
    int a=123;
    cout<<a<<endl;
    cout<<out1<<a<<endl;
}
```

答：123

173#####

4. 分析下列程序的输出结果。

```
#include <iostream>
#include <iomanip>
using namespace std;
void main()
{
    for(int i=1;i<6;i++)
        cout<<setfill(' ')<<setw(i)<<' '<<setfill('W')
            <<setw(11-2*i)<<'W'<<endl;
}
```

答：WWWWWWWWW

WWWWWWW

WWWWW

WWW

W

5. 分析下列程序的输出结果。

```
#include <iostream>
#include <fstream>
#include <stdlib.h>
using namespace std;
void main()
{
    fstream inf,outf;
    outf.open("my.dat",ios::out);
    if(!outf)
    {
```

```
        cout<<"Can't open file!\n";
        abort();
    }
    outf<<"abcdef"<<endl;
    outf<<"123456"<<endl;
    outf<<"ijklmn"<<endl;
    outf.close();
    inf.open("my.dat",ios::in);
    if(!inf)
    {
      cout<<"Can't open file!\n";
      abort();
    }
    char ch[80];
    int a(1);
    while(inf.getline(ch,sizeof(ch)))
        cout<<a++<<':'<<ch<<endl;
       inf.close();
}
```

答：1:abcdef

2:123456

3:ijklmn

6. 分析下列程序的输出结果。

```
#include <iostream>
#include <fstream>
#include <stdlib>
using namespace std;
void main()
{
    fstream f;
    f.open("my1.dat",ios::out|ios::in);
    if(!f)
    {
        cout<<"Can't open file!\n";
        abort();
    }
    char ch[]="abcdefg1234567.\n";
    for(int i=0;i<sizeof(ch);i++)
        f.put(ch[i]);
    f.seekg(0);
    char c;
    while(f.get(c))
        cout<<c;
    f.close();
}
```

答：abcdefg1234567.

7. 分析下列程序的输出结果。

```
#include <iostream >
#include <fstream >
```

```
#include <stdlib>
using namespace std;
struct student
{
    char name[20];
    long int number;
    int totalscore;
}stu[5]={"Li",502001,287,"Gao",502004,290,"Yan",5002011,278,"Lu",502014,285, "Hu",502023,279};
void main()
{
    student s1;
    fstream file("my3.dat",ios::out|ios::in|ios::binary);
    if(!file)
    {
        cout<<"Can't open file!\n";
        abort();
    }
    for(int i=0;i<5;i++)
        file.write((char *)&stu[i],sizeof(student));
    file.seekp(sizeof(student)*2);
    file.read((char *)&s1,sizeof(stu[i]));
    cout<<s1.name<<'\t'<<s1.number<<'\t'<<s1.totalscore<<endl;
    file.close();
}
```

答：Yan　　　5002011　278

8. 编程计算从键盘输入的字符串中子串"xy"出现的次数。

提示：可使用函数 peek()返回输入流中的下一个字符，并不提取该字符。

答：编程如下：

```
#include <iostream>
using namespace std;
void main()
{
    int ch,n=0;
    cout<<"输入含有若干个 xy 子串的字符序列，以<Ctrl+z>结束：\n";
    while((ch=cin.get())!=EOF)
        if(ch=='x'&&cin.peek()=='y')
            n++;
    cout<<"出现 xy 子串的次数为 "<<n<<endl;
}
```

9. 编程统计一个文本文件中字符的个数。

答：编程统计已存文件 abc.txt 中字符个数，程序如下：

```
#include <iostream>
#include <fstream>
#include <stdlib>
using namespace std;
void main()
{
    fstream f;
    f.open("abc.txt",ios::in);
```

```
    if(!f)
    {
        cout<<"abc.txt can't open.\n";
        abort();
    }
    char ch;
    int n=0;
    while(!f.eof())
    {
        f.get(ch);
        n++;
    }
    cout<<"该文件字符数为 "<<n<<endl;
    f.close();
}
```

10. 编程给一个文件的所有行上加行号，并存到另一个文件中。

答：将 del.cpp 文件编写行号后存入 del22.cpp 文件中，程序如下：

```
#include <iostream>
#include <fstream>
#include <stdlib>
using namespace std;
void main()
{
    fstream inf,outf;
    inf.open("del.cpp",ios::in);
    if(!inf)
    {
        cout<<"Can't open.\n";
        abort();
    }
    outf.open("del22.cpp",ios::out);
    if(!outf)
    {
        cout<<"Can't open.\n";
        abort();
    }
    char s[80];
    int n=1;
    while(!inf.eof())
    {
        inf.getline(s,sizeof(s));
        outf<<n++<<": "<<s<<endl;
    }
    inf.close();
    outf.close();
}
```

第9章　异常处理

1. 什么是异常处理?

答：异常是指程序在运行过程中遇到的不正常情况。异常处理是指程序中独立开发的各部分能够就异常进行相互通信，并处理这些问题。

2. C++中的异常处理机制是如何实现的?

答：C++的异常处理机制包括 try（检查）、throw（抛出）和 catch（捕捉）三个部分。

3. 当在 try 语句块中抛出异常后，程序最后是否回到 try 语句块中继续执行后面的语句?

答：否。

4. 异常类存在继承关系吗?

答：存在。

5. 读程序、写出下列程序的运行结果。

（1）下列程序的运行结果是________。

```
#include<iostream>
using namespace std;
int Div(int x, int y)
{
    if (y==0)  throw  y;
    else  return   x/y;
}
void main( )
{
    try
    {
        cout<<"9/6="<<Div(9,6)<<endl;
        cout<<"19/0="<<Div(19,0)<<endl;
        cout<<"6/3="<<Div(6,3)<<endl;
    }
    catch(int)
    {
        cout<<"除数为 0"<<endl;
    }
}
```

答：9/6=1

　　除数为 0

（2）下列程序的运行结果是________。

```
#include<iostream>
using namespace std;
void Test(int m)
{
    try
    {
        if (m) throw m;
```

```
        else throw "Value is zero!";
    }
    catch(int i)
    {
        cout <<"Caught int: "<<i<<endl;
    }
    catch(char *a)
    {
        cout <<"Caught a string: "<<a<<endl;}
    }
void main()
{
    Test(800);
    Test(-9);
    Test(0);
 }
```

答：Caught int: 800

Caught int: −9

Caught a string: Value is zero!

（3）下列程序的运行结果是________。

```
#include<iostream>
using namespace std;
class A
{
    public:
    ~A( )
    {
        cout<<"A"<<" ";
    }
};
char fun()
{
    A a;
    throw('B');
    return '0';
}
void main()
{
    try
    {
        cout<<fun()<<" ";
    }
    catch(char b)
    {
        cout<<b<<" ";
    }
    cout<<endl;
}
```

答：A B

（4）下列程序的运行结果是________。

```
#include <iostream >
using namespace std;
int A[]={18, 83, 2, 45, 78, 5, 45, 34, 22, 6, 12};
int l=sizeof(A)/sizeof(A[0]);
int fun( int m)
{
    if(m>=l)
    throw m;
    return A[m];
}
void main()
{
    int i, t=0;
    for( i=0;i<=l;i++)
    {
        try
        {
            t=t+fun(i);
        }
        catch(int)
        {
            cout<< "数组下标越界! "<<endl;
        }
    }
    cout<<"t="<<t<<endl;
}
```

答：数组下标越界!

t=350

6. 编写一个程序，定义一个异常类 excep_A，其成员函数 Report()显示异常的类型。定义一个函数 fun()抛出异常，在主函数 try 语句块中调用 fun()，在 catch 语句块中捕获异常，观察程序执行流程。

答：

```
#include <iostream>
using namespace std;
enum{EXCEP_A , EXCEP_B, EXCEP_C};
class excep_A
{
public:
    excep_A(int n)
    { R=n; }
    ~excep_A (){}
    void Report() { cout <<"Exception:"<< R<< endl; }
private:
    int R;
};
void fun()
{
```

```
    throw new excep_A(EXCEP_C);
}
void main(){
    try
    {
        fun();
    }
    catch(excep_A* e)
    {
        e->Report();
    }
}
```

参考文献

[1] 吕凤翥，王树彬．C++语言程序设计教程[M]．2 版．北京：人民邮电出版社．2013.

[2] 刘蕾．21 天学通 C++[M]．3 版．北京：电子工业出版社．2014.

[3] 谭浩强．C++程序设计[M]．2 版．北京：清华大学出版社．2011.

[4] 沈学东．C++面向对象程序设计实用教程[M]．上海：上海交通大学出版社．2011.

[5] 全国计算机等级考试命题研究中心．全国计算机等级考试无纸化考试通关必做 500 题——二级 C++[M]．北京：机械工业出版社．2013.